面向新工科普通高等教育系列教材

Python 编程基础与应用

张少娴　赵洪华　许　博　主　编

王　真　夏　彬　谢　钧　副主编

李　悦　陈　涵　张文宇　王　坤　参　编

机械工业出版社

本书共分为三部分。第一部分是 Python 语言基础，介绍 Python 的基础编程、数据结构、结构化编程、函数以及模块和包等内容；第二部分是 Python 编程进阶，包括面向对象编程、数据分析与可视化以及数据持久化等内容；第三部分是使用 PyQt 进行界面开发。

本书既可以作为高等院校计算机软件相关专业的教材，也可以作为计算机专业人员、经济/金融领域人员的自学或参考用书。

本书配有授课电子课件，需要的教师可登录 www. cmpedu. com 免费注册，审核通过后下载，或联系编辑索取（微信：15910938545，电话：010-88379739）。

图书在版编目（CIP）数据

Python 编程基础与应用 / 张少娴，赵洪华，许博主编．—北京：机械工业出版社，2021.7（2024.8 重印）
面向新工科普通高等教育系列教材
ISBN 978-7-111-68316-2

Ⅰ．①P…　Ⅱ．①张…　②赵…　③许…　Ⅲ．①软件工具-程序设计-高等学校-教材　Ⅳ．①TP311.561

中国版本图书馆 CIP 数据核字（2021）第 096248 号

机械工业出版社（北京市百万庄大街 22 号　邮政编码 100037）
策划编辑：郝建伟　　责任编辑：郝建伟
责任校对：张艳霞　　责任印制：邓　博
北京盛通数码印刷有限公司印刷

2024 年 8 月第 1 版·第 3 次印刷
184mm×260mm·18.25 印张·449 千字
标准书号：ISBN 978-7-111-68316-2
定价：75.00 元

电话服务
客服电话：010-88361066
010-88379833
010-68326294

网络服务
机　工　官　网：www. cmpbook. com
机　工　官　博：weibo. com/cmp1952
金　　书　　网：www. golden-book. com
机工教育服务网：www. cmpedu. com

前　言

党的二十大报告中强调“教育、科技、人才是全面建设社会主义现代化国家的基础性、战略性支撑”，首次将教育、科技、人才一体安排部署，赋予教育新的战略地位、历史使命和发展格局。需要紧跟新兴科技发展的动向，提前布局新工科背景下的计算机专业人才的培养，提升工科教育支撑新兴产业发展的能力。程序设计语言是计算机基础教育的最基本的内容之一。

Python 是一门简单易学且功能强大的编程语言。它拥有高效的数据结构，能够用简单而高效的方式进行面向对象编程。Python 优雅的语法和动态类型，再结合它的解释性，使其在大多数平台的众多领域成为编写脚本或开发应用程序的理想语言。

本书从 Python 最基础的知识入手，可以作为 Python 编程的入门书籍使用，但本书的目的绝不仅仅是入门。本书包含了大量真正的编程技巧，有大型专业案例系统做支撑，Python 编程的登堂入室，有此一本书足矣。但一本书毕竟篇幅有限，只能选择最通用的技术。编者将一些很通用也很重要的内容放到配套资源中，让读者获得更多知识。

如果您是计算机专业人士，已经有多种编程语言的学习经历，您会发现本书非常符合您的学习习惯。如果您是计算机专业的在校学生，本书在帮助您快速打下 Python 编程基础之后，运用多个教学案例，让您直接升级为编程高手，在有限的课时中达到更好的学习效果。

如果您是非专业软件开发人员，学习编程是为了辅助本领域的研究工作，无需达到顶级专业软件开发人员的水平。本书可以帮助您用最短的时间，取得不错的效果。

如果您是经济领域的专业人士，本书所涉及的数据分析方面的知识，已经足够您应付工作中主要的数据分析工作，还能让您的程序获得漂亮的界面。

如果您是金融领域的专业人士，或者您只是量化交易爱好者，使用本书，在学习 Python 编程的同时，还能接触到先进的量化交易技术。如果您还是经济或金融专业的学生，掌握本书内容对您今后就业会有较大帮助。

本书共分为三部分。第一部分是 Python 语言基础，介绍 Python 的基础编程、数据结构、结构化编程、函数以及模块和包等内容，掌握了这一部分可以算是 Python 编程基本入门。第二部分是 Python 编程进阶，包括面向对象编程、数据分析与可视化以及数据持久化等内容，掌握了这一部分可以进行 Python 的专业编程实践。第三部分是使用 PyQt 进行界面开发，PyQt 是一种常用而强大的图形用户界面（GUI）设计工具，使用它可以设计出美观、易用的用户界面，掌握这一部分，可以在大型项目团队中完成比较核心的工作。本书提供教学课件和所有的源代码。本书附加的教学内容，会随着本书的使用以及技术的发展不断扩充和更新。

本书既可以作为高等院校计算机、软件相关专业的教材，也可以作为软件从业人员、计算机爱好者的自学用书。

本书由张少娴、赵洪华、许博主编，王真、夏彬、谢钧副主编，参与本书编写的还有李悦、陈涵、张文宇、王坤。

由于时间仓促，书中难免存在不妥之处，请读者谅解，并提出宝贵意见。

编　者

目　录

第二部分 Python 编程进阶

第三部分 使用 PyQt 进行界面开发

第一部分

Python 语言基础

Python 是一门面向对象、解释型的计算机程序设计语言，它的创始人是 Guido van Rossum。1989 年圣诞节期间，在阿姆斯特丹，为了打发圣诞节的无趣，Guido 决心开发一门新的编程语言。之所以使用 Python（大蟒蛇）这个名字，是因为他是一个叫作 Monty Python 的喜剧团体的粉丝。时至今日，Python 已经成为最受欢迎的程序设计语言之一。从 2004 年开始，Python 的使用率呈线性增长。2011 年 1 月，它被 TIOBE 编程语言排行榜评为 2010 年年度语言。

本部分介绍 Python 语言的基本知识与概念。在学习过程中，建议读者使用 Python 解释器（或者 IDLE）验证所有示例。

Python 广受欢迎的一个重要原因是它的易学性，但再易学的编程语言也要方法适当，才能达到事半功倍的效果。学习曲线是一条表示“在一定时间内获得技能或知识”的曲线，又称为练习曲线（Practice Curves），反映了学习进程中个人努力与学习效果的关系。按照不同的学习方法，会得到不同的学习曲线。学习曲线可能很复杂，可能多种多样，抽象后最有代表性的有三种，如图 0-1 中的曲线 A、B 和 C。

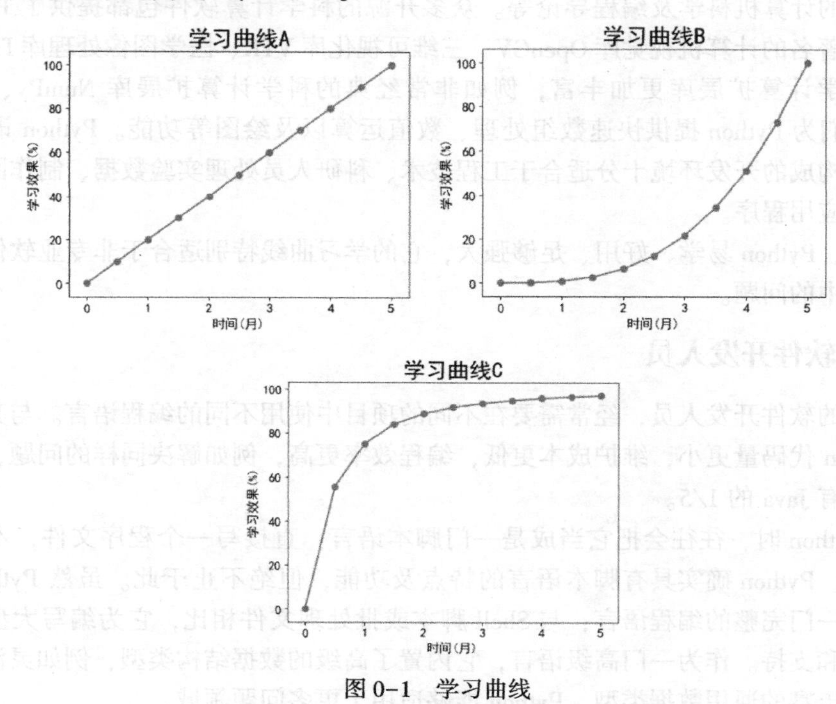

图 0-1 学习曲线

A 是所谓的“一步一个脚印”，很多人认为学习就应该是这样，其实不然。很多情况下，学习曲线是偏 B 或偏 C 的形式。B 表示初期见效慢，而一旦过了瓶颈期就会厚积薄发，努力终究会有回报。C 表示初期见效快，可以快速掌握编程技巧，并尽快用它解决实际问题，后期的学习可以边实践边进行。B 和 C 并不是两个流派的区别，只是方法不同，可以根据学习目标进行选择。按照本书的内容学习，可以达到曲线 C 的学习效果。顺便说一下，上面三张图片都是用 Python 的 matplotlib 包绘制的。

第1章 准备工作

本章介绍在使用 Python 编程之前，需要做哪些准备工作？包括 Python 的下载安装，以及 Python 解释器或者 IDLE 的使用。

1.1 为何选择 Python

无论是否为专业软件开发人员，使用 Python 编程解决问题都是不错的选择。

1.1.1 非专业软件开发人员

出色的工作往往需要计算机辅助，深入的工作往往需要自己编程解决问题。

由于 Python 语言的简洁、易读以及可扩展性，在国外用 Python 做科学计算的研究机构日益增多，一些知名大学已经采用 Python 教授程序设计课程，例如卡耐基梅隆大学的编程基础、麻省理工学院的计算机科学及编程导论等。众多开源的科学计算软件包都提供了 Python 的调用接口，例如著名的计算机视觉库 OpenCV、三维可视化库 VTK、医学图像处理库 ITK 等。Python 专用的科学计算扩展库更加丰富，例如非常经典的科学计算扩展库 NumPy、Pandas 和 matplotlib，它们为 Python 提供快速数组处理、数值运算以及绘图等功能。Python 语言及其众多的扩展库所构成的开发环境十分适合于工程技术、科研人员处理实验数据、制作图表，甚至开发科学计算应用程序。

归根结底，Python 易学、好用、足够强大，它的学习曲线特别适合于非专业软件开发人员编程解决工作中的问题。

1.1.2 专业软件开发人员

对于专业的软件开发人员，经常需要在不同的项目中使用不同的编程语言。与其他编程语言相比，Python 代码量更小，维护成本更低，编程效率更高，例如解决同样的问题，Python 的代码量往往只有 Java 的 1/5。

刚接触 Python 时，往往会把它当成是一门脚本语言：直接写一个程序文件，不需要编译即可直接运行。Python 确实具有脚本语言的特点及功能，但绝不止于此。虽然 Python 易于使用，但它却是一门完整的编程语言；与 Shell 脚本或批处理文件相比，它为编写大型程序提供了更多的结构和支持。作为一门高级语言，它内置了高级的数据结构类型，例如灵活的数组和字典等。因其丰富的通用数据类型，Python 能够适用于更多问题领域。

Python 允许将程序分割为不同的模块，以便在其他的 Python 程序中重用。Python 内置提供了大量标准库，可以将其用作编程的基础，或者作为学习 Python 编程的示例。这些标准库提供了诸如文件 I/O、系统调用、Socket 支持等功能，甚至提供类似 Tkinter 的用户图形界面（GUI）接口。

Python 是一门解释型语言，因为无需编译和链接，可以在程序开发中节省大量宝贵的时间。Python 解释器可以交互式地使用，使得验证语言的特性、编写临时程序或在自底向上的程序开发中进行测试非常容易。

Python 可以让程序编写得更加紧凑和可读。用 Python 编写的程序通常比同样的 C、C++或 Java 程序更短小，这是因为：

- 使用高级数据结构可以在一条语句中表达复杂的操作。
- 程序块使用缩进代替左右大括号来组织。
- 变量或参数无须事先声明。

Python 是可扩展的。可以将 C 语言集成进 Python，用 C 语言编写 Python 的内置函数或模块以提高性能，在 Python 中可以轻松地调用 DLL（动态链接库）中的函数。也可以将 Python 集成进 C 语言，如将 Python 解释器集成进某个 C 应用程序，并把它当作那个程序的扩展或命令行处理器。

1.2 下载安装

学习 Python 面临的第一个问题是版本选择。Python 语言是不断变化发展的，在升级到 Python3.0 时发生了较大的改变，以至于 Python 分成了 Python2 与 Python3 两个互不兼容的版本。Python 又分为 32 位和 64 位版本。32 位和 64 位在功能上区别不大，原理上 64 位的运行效率更高一些。本书选择 Python3 的 64 位版本作为示例，所有操作都在 Windows 操作系统环境下进行。

可以免费从 Python 官网，以源代码或二进制形式获得 Python 解释器及其标准库，并自由地分发。此站点同时还提供大量的第三方 Python 模块、程序和工具，及其附加文档。

可以为安装做些准备工作，以适应自己的个性化要求，例如在 D 盘创建一个目录 D:\Python，以后与 Python 相关的内容都安装或存放到该目录中。

打开 Python 官网 https://www.python.org，单击 Downloads 进入下载页面，作者写作本书时的版本是 3.8.0。在下载列表中选择 "Windows x86-64 executable installer"，得到文件 python-3.8.0-amd64.exe。双击执行该文件，安装界面如图 1-1 所示。

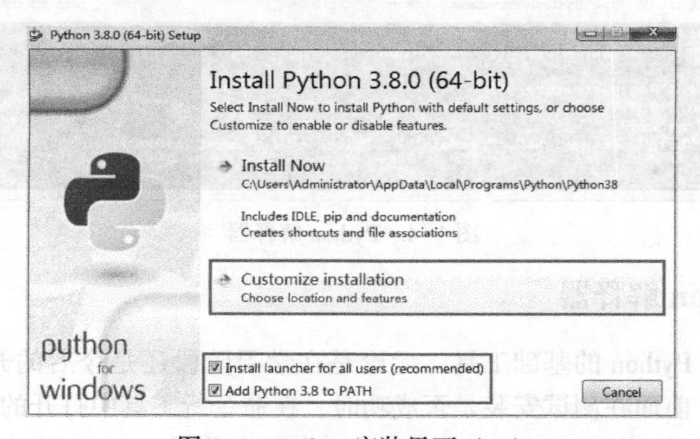

图 1-1　Python 安装界面（一）

使用 Python 编程需要安装很多内容，很多安装都涉及一个问题，就是为所有用户安装还是只为当前用户安装？本书推荐选择为所有用户安装，优点包括安装路径短、后期安装时不需要使用-U 选项等。

单击“Customize installation”，只有定制安装才能在后续步骤选择安装目录。

在 Advanced Options 界面，选择安装目录为 D:\Python\Python38，并勾选“Install for all users”，如图 1-2 所示。

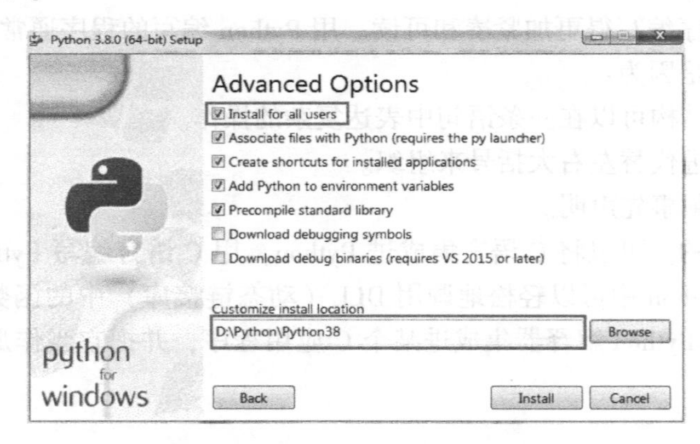

图 1-2 Python 安装界面（二）

单击 Install 按钮，等待自动完成安装。

1.3 测试安装是否成功

安装完成后，操作系统菜单中增加了如图 1-3 所示的菜单项。

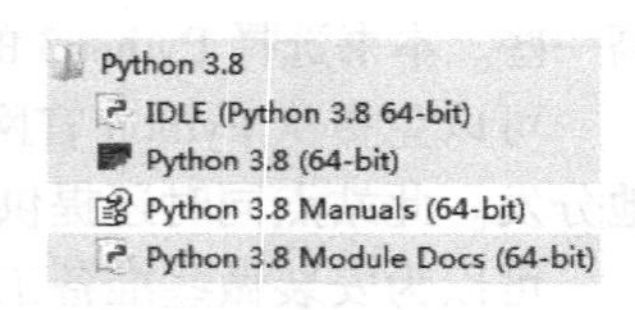

图 1-3 Python 安装后的操作系统菜单

打开 CMD 命令行工具。输入 path 命令，可以看到 Python 的安装目录被加到了系统变量 path 中。输入 python 按〈Enter〉键，或者在操作系统菜单中直接选择“Python 3.8（64-bit）”，启动 Python 解释器，能看到版本号，表示安装成功，如图 1-4 所示。

在>>>提示符下输入 exit()，退出 Python 解释器，返回到 DOS 命令状态。

图 1-4 Python 解释器

1.3.1 使用 Python 解释器

Python 解释器是 Python 的基础工具，无论是在学习阶段还是今后的开发阶段，都会经常用到 Python 解释器。前面在测试安装是否成功时，在命令行工具中打开的就是 Python 解释器。由于在安装时选择了“Add Python 3.8 to PATH”选项（见图 1-1），可以确保在操作系统的任何目录输入 python，都可以启动 Python 解释器。

启动 Python 解释器时还可以指定命令和参数，方法是：

```
python -c command [arg]...
```

本书对 Python 解释器的参数传递不做详细介绍。

可以将 Python 模块当作脚本使用，方法是：

```
python -m module [arg]...
```

例如，启动本书案例三将要介绍的 vn. py，可以在 vn. py 的安装目录中执行如下命令：

```
python run.py
```

启动 Python 解释器时如果不带任何参数，进入 Python 解释器后，解释器将工作于交互模式。在交互模式下，Python 解释器根据提示符来执行操作。主提示符通常为三个大于号（>>>），后续的部分被称为从属提示符，由三个点（...）标识。在第一行之前，解释器显示欢迎信息、版本号和授权提示：

```
Python 3.8.0 (tags/v3.8.0:fa919fd, Oct 14 2019, 19:37:50) [MSC v.1916 64 bit (AM
D64)] on win32
Type "help", "copyright", "credits" or "license" for more information.
>>>
```

平时看到的只有主提示符，当输入多行命令时，才会看到从属提示符，例如下面这个 if 语句：

```
>>>h = 1
>>> ifh:
...     print("Hello World!")
...
Hello World!
```

在主提示符下输入“h = 1”然后按〈Enter〉键。输入“if h:”然后按〈Enter〉键，系统会出现从属提示符。按〈Tab〉键，再输入 print 一句，然后按〈Enter〉键。又出现从属提示符，直接按〈Enter〉键，系统会显示“Hello World!”。其中，print()是 Python 内置的用于打印输出的函数，将会在后面介绍。

1.3.2 使用 IDLE

IDLE 是开发 Python 程序的基本 IDE（集成开发环境），具备基本的 IDE 功能，是 Python 教学及非商业 Python 开发的不错选择。IDLE 随 Python 自动安装，读者可以利用它方便地创建、运行、测试和调试 Python 程序。

在 Windows 系统菜单中选择“所有程序→Python3.8→IDLE（Python 3.8 64-bit）”，启动 IDLE，如图 1-5 所示。

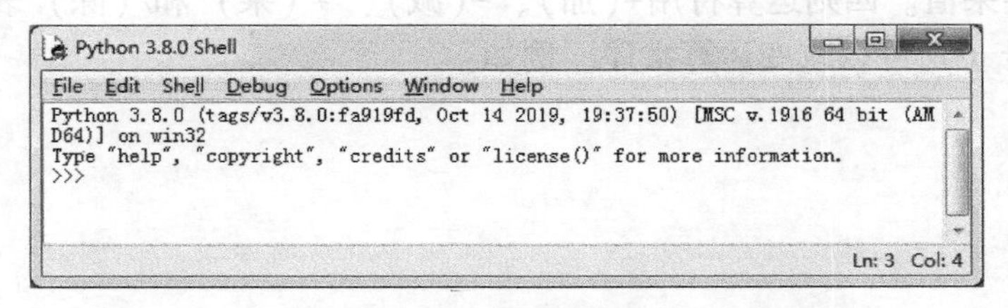

图 1-5 IDLE 的界面

IDLE 的界面与 Python 解释器略有不同，如 IDLE 中不显示从属提示符。IDLE 执行 Python 程序的效果与 Python 解释器完全相同，但使用更方便。对于不喜欢 DOS 风格界面的读者，可以在 IDLE 中验证本书的后续示例。

第2章　初识 Python 编程

从本章开始，我们将由浅入深进入到 Python 编程。从本章内容可以看出 Python 的强大功能与方便性，但本章还不能算是编程，只是对 Python 编程能力的初窥。

建议读者在 IDLE 中验证本章所有示例，为与验证环境相符，本章的示例代码都包含主提示符（>>>），读者自己练习时不需要输入这些提示符。另外，输入多行命令时，需要在最后多输入一个空行，解释器就会知道这是一个多行命令的结束。

本书的很多示例都含有注释。Python 中的单行注释以#字符开始，直至实际的行尾。注释可以从行首开始，也可以在空白或代码之后开始，但在字符串中不起注释作用。文本字符串中的#字符仅仅表示#。代码中的注释不会被 Python 执行，读者验证示例时可以忽略它们。请看下面示例：

```
>>>                 # 单行注释
>>> a=1             # 注释可以在代码后开始
>>>                 # 也可以在任意空白后开始
>>> text = "但字符串中的#不起注释作用"
```

其中第 1 行和第 3 行都只有注释作用，不会被执行，第 2 行的后半部分也是如此，但第 4 行会被完整执行。

Python 中也有需要注释很多行的时候，这时可使用多行注释。多行注释以三个引号作为开始和结束符号，这三个引号既可以是单引号，也可以是双引号。

现在就可以启动 IDLE 来一起验证本章的后续内容。

2.1　Python 简单编程

本节从四则运算开始，展示 Python 最基本的编程能力，在这种情况下，Python 看起来甚至不像“编程”，而更像是一个计算器。

2.1.1　简单计算

数值运算是编程的最基础功能。Python 的数值运算功能，可以像计算器一样执行。输入表达式，即可得到结果值。四则运算符用+(加)、-(减)、*(乘) 和/(除) 表示，乘除的优先级高于加减，括号 () 可以改变运算次序。例如：

```
>>> 1+2
3
>>> 3*4
12
>>> 5+3*4
17
>>> (6+7)/2
6.5
>>> 7/2
3.5
```

上述示例中，1、2、12 和 17 等都是整数，类型是 int；带有小数的数字（如 6.5 等）是实数，也称为浮点数，类型是 float。

除法（/）返回浮点数。如果想只返回除法结果的整数部分（截掉小数部分，不是四舍五入），可以使用//运算符。如果想返回除法的余数，可以使用%运算符。

```
>>> 11/3
3.6666666666666665
>>> 11//3
3
>>> 11%3
2
```

要想得到四舍五入的结果，可以使用 round()函数。

```
>>> round(11/3)
4
```

在整数和浮点数的混合计算中，整数被转换为浮点数。

```
>>> 2*3.5
7.0
>>> 2*3
6
>>> 2*3.0
6.0
```

在 Python 中，**是乘方运算符。

```
>>> 3**1
3
>>> 3**2
9
>>> 3**3
27
>>> 3**4
81
```

**的优先级高于乘除，也高于-(负号)。

```
>>> 4*3**2
36
>>> (4*3)**2
144
>>> -3**2
-9
>>> (-3)**2
9
```

2.1.2 使用变量

前面示例直接进行运算并显示结果，对运算量和结果都不进行保存。在 Python 中，可以使用变量保存数值，等号（=）被用于给变量赋值。赋值运算在内部执行，不显示结果。

```
>>> a=5
>>> b=10
```

变量在赋值之后才能使用，使用未赋值的变量会报错。报错的例子如下：

```
>>> a+b
15
>>> d
Traceback (most recent call last):
  File "<pyshell#36>", line 1, in <module>
    d
NameError: name 'd' is not defined
```

type()是一个 Python 内置函数，用于指出变量里存放的是什么类型的数据。

```
>>> a=1
>>> type(a)
<class 'int'>
>>>a=1.2
>>> type(a)
<class 'float'>
```

Python 对数据类型有严格的规定，但在变量的使用上非常灵活。如上例所示，同一个变量，可以赋值不同的数据类型。Python 是面向对象的编程语言，通过上述示例可以看出，Python 的所有变量都是某个类（class）的实例（对象），因此有的书籍直接将 Python 变量称为对象。面向对象的概念将在第 7 章详细介绍。

在上述的赋值过程中，变量类型是隐含确定的。如果想明确指出某个变量是什么类型的，可以使用“var: type = value”的形式，在变量名后面加上冒号进行说明。

```
>>> a:int=1
>>> type(a)
<class 'int'>
```

这种形式在复杂程序中可以增加程序的清晰度。但冒号后面的类型注释只是一种提示，并非强制性的。Python 解释器不会去校验 value 的类型是否真的是 type，示例如下：

```
>>> a:int=1.2
>>> type(a)
<class 'float'>
```

Python 还支持一种经验丰富的程序员非常喜欢的赋值形式——多重赋值。

```
>>> a, b = 0, 1
>>> a
0
>>> b
1
```

变量 a 和 b 同时获得了新的值 0 和 1。在变量赋值之前，右边首先完成计算。右边的表达式从左到右计算。所有表达式计算完成后，再统一赋值。请仔细分析下面示例：

```
>>> a, b = 0, 1
>>> a
0
>>> b
1
>>> a, b = b, a+b
>>> a
1
>>> b
```

```
1
>>> a, b = b, a+b
>>> a
1
>>> b
2
```

2.1.3 print()函数

在命令行状态下，Python 会自动显示对象的值。如前面看到的：

```
>>> 1+2
3
>>> a=5
>>> a
5
```

如果需要更美观、可控的输出格式，可以使用 Python3 的内置函数 print()，print()是最常用的打印输出函数，其语法为：

```
print( * objects, sep=' ', end='\n', file=sys.stdout, flush=False)
```

参数说明如下。

- objects：对象列表，一次可以输出多个对象。输出多个对象时，对象间用“,”分隔。
- sep：在输出结果中用来间隔多个对象，默认值是一个空格。
- end：用来设定以什么结尾。默认值是换行符\n，可以改成其他字符串。
- file：要写入的文件对象，默认为标准输出设备（显示器）。
- flush：如果输出到文件，可以使用 flush 参数。当 flush 值为 True 时，输出会被立刻刷写到文件；当 flush 值为 False（默认值）时，如何缓存或刷写取决于文件系统。

返回值：无。

请看下面 print()函数的示例。

```
>>> a=5
>>> b=6
>>> print(a)
5
>>> print(a,b)
56
>>> print(a,b,sep=',')
5,6
```

print()函数功能强大，它的其他用法将在后续章节中穿插介绍。

2.2 特殊数据类型

前节介绍了 Python 的 int 类型和 float 类型，本节介绍其他的常用数据类型。

2.2.1 其他数值类型

除 int 和 float 外，Python 还支持其他数值类型，例如十进制数（Decimal）和分数（Fraction）。

前面用 float 类型表示数学中的实数，但 float 类型数据会丢失精度。原因在于用二进制数表示十进制数时会产生误差，比如用二进制数根本无法精确表示十进制的 0.1。

```
>>> a=4.2
>>> b=2.1
>>> a+b
6.300000000000001
```

因此，Python 引入了十进制类型。

```
>>> # 要使用十进制数,需要先导入十进制数库
>>> import decimal
>>> a = Decimal('4.2')
>>> b = Decimal('2.1')
>>> a + b
Decimal('6.3')
```

库的概念将在第 6 章介绍。注意，上例中 Decimal 函数传入浮点数时加了引号，表示字符串形式（字符串将在 2.3 节介绍）。Decimal 函数不建议直接传入浮点型数据，因为浮点型数据本身是不精确的。

```
>>> Decimal(1.22)
Decimal('1.2199999999999999733546474089962430298328399658203125')
```

传入整数是可以的，不用加引号。

```
>>> x = Decimal(3)
>>> y = Decimal(1)
>>> x + y
Decimal('4')
```

Decimal 数值的类型是 decimal. Decimal。

```
>>> type(x)
<class 'decimal.Decimal'>
```

可以用 from_float( ) 函数将浮点数据转换成 Decimal，但同样存在精度问题。

```
>>> Decimal.from_float(1.22)
Decimal('1.2199999999999999733546474089962430298328399658203125')
```

为避免过长的小数部分，可使用 getcontext( ). prec 设定有效小数位。

```
>>>getcontext().prec = 4
>>> Decimal(1) / Decimal(3)
Decimal('0.3333')
```

需要说明的是，与 Decimal 相比 float 类型的运算效率更高，因此在不要求十进制精度的场合，如保存水位、雨量等指标的监测值，建议还是使用 float 类型。

分数是另一种准确表示数值的方法。

```
>>> # 要使用分数,需要导入分数库
>>> from fractions import Fraction
>>> print(Fraction(4,3))
4/3
>>> Fraction(1,3) + Fraction(1,3)
Fraction(2, 3)
```

Python 还支持复数，使用后缀 j 或 J 表示虚数部分（例如，3+5j）。示例如下：

```
>>> a = 3+5j
>>> b = 4+6j
>>> print(a+b)
(7+11j)
```

2.2.2 布尔（bool）类型

Python 提供了 bool 类型来表示真（对）或假（错），比如常见的 5>3 比较表达式，这个表达式是正确的，在程序世界中称之为真（对），用 True 表示；再比如 4>20 比较表达式，这个表达式是错误的，在程序世界中称之为假（错），用 False 表示。True 和 False 是 Python 的保留字，输入代码时一定要注意大小写，否则解释器会报错。

```
>>> 5>3
True
>>> 4>20
False
```

注：保留字（也称为关键字）是 Python 语言中一些已经被赋予特定意义的单词，开发者在开发程序时，不能用这些保留字作为标识符，给变量、函数、类以及其他对象命名。

在 Python 中，所有对象都可以进行真或假的测试，包括字符串、元组、列表和字典等。Python 认为以下对象都是“假的”(False)。

- None。
- Decimal(0)。
- Fraction(0,1)。
- 空序列和集合："" 、()、[]、{}、set()和 range()。

None、字符串、元组、列表和字典等将在后面介绍。

2.2.3 空值（None）

在 Python 中，有一个特殊的常量 None。和 False 不同，它不表示 0，也不表示空字符串。它表示没有值，也就是空值。

```
>>> None is 0
False
>>> None is""
False
```

注：“is”操作符用于判断“是否为同一个对象”，将在 2.3 节介绍。

而 None 有自己的数据类型。

```
>>> type(None)
<class 'NoneType'>
```

可以看到，它属于 NoneType 类型。None 是 NoneType 数据类型的唯一值（其他编程语言可能称这个值为 null、nil 或 undefined 等），也就是说不能再创建其他 NoneType 类型的变量，但是可以将 None 赋值给任何变量。

如前文所述，Python 中变量无须事先声明。但实际编程中，为了方便阅读与维护程序，经常需要预先集中声明一些变量，如类定义中集中声明的属性（见第 7 章）。但在声明时，这些变量可能还没有值，就可以先将它们赋值为 None。

2.3 字符串

计算机最初的用途是科学计算，但当前在字符处理方面的应用已经远超科学计算，字符处理已经成为程序设计的基本要求。字符不仅是字母，通常包括字母、数字、标点符号和一些控制符等[1]。

2.3.1 字符串定义

连接在一起的多个字符称为字符串，在 Python 中表现为用单引号或双引号括起来的多个字符，形如'...'或"..."，如前面见到的"Hello World!"。

```
>>> a="Hello World!"
>>> print(a)
Hello World!
```

在上述赋值语句中，Hello World! 是字符串的内容，双引号为字符串标志。字符串标志用单引号和双引号都可以。

```
>>> b='Hello Python'
>>> print(b)
```

单引号和双引号都可以作字符串标志，增加了使用字符串的灵活性。

```
>>> print('"Yes," he said.')
"Yes," he said.
>>> print("Sorry, I don't know.")
Sorry, I don't know.
```

字符串内容中的反斜杠（\）被称为转义字符，可以用来转义引号。

```
>>> print('Sorry, I don't know.')
SyntaxError: invalid syntax
>>> print('Sorry, I don\'t know.')
Sorry, I don't know.
```

上述第一句报语法错，第二句则可以得到期望的结果。也就是跟在反斜杠后面的引号是内容，并不是字符串标志符号。

反斜杠除了可以转义引号外，还有其他作用，如可以用\n 表示换行，用\t 表示横向制表符（Tab）等。

```
>>> s='这是第一行\n\t第二行缩进\n这是第三行'
>>> print(s)
这是第一行
	第二行缩进
这是第三行
```

可以看到，字符串在显示时被分成三行，其中第二行还缩进了一个制表位。

如果希望特殊字符不被\转义，可在第一个引号前面加上一个字母 r，表示放弃字符串中的转义功能。

```
>>> s='创建一个名为 d:\name 的目录'
>>> print(s)
创建一个名为 d:
```

```
ame 的目录
>>> s=r'创建一个名为 d:\name 的目录'
>>> print(s)
创建一个名为 d:\name 的目录
```

Python 中常用的转义字符见表 2-1。

表 2-1　转义字符及其说明

转义字符	描　述	转义字符	描　述
\	（在行尾时）续行符，即一行没输入完，转入下一行	\f	换页
\\	反斜杠符号	\n	换行
\'	单引号	\r	回车
\"	双引号	\t	横向制表符
\a	响铃	\v	纵向制表符
\b	退格（Backspace）	\xyy	二位十六进制数 yy 代表的字符

2.3.2　字符串的一般操作

可以用+操作符将两个字符串连接到一起，这可以理解为字符串的加法运算。

```
>>> a='Python'
>>> b='programming'
>>> print(a+' '+b)
Python programming
```

可以用 * 操作符表示字符串的重复，这可以理解为字符串的乘法运算。

```
>>> print(3*'祖国您好！')
祖国您好！祖国您好！祖国您好！
>>> print('武汉加油！'*3)
武汉加油！武汉加油！武汉加油！
```

可以使用 is 操作符判断两个字符串是否相等。

```
>>> a='Python'
>>> b='Python'
>>> a is b
True
>>> c='C#'
>>> a is c
False
```

可以用 in 操作符判断一个字符串中是否包含特定的字符或子字符串。

```
>>> 'P' in a
True
>>> 'r' in a
False
>>> 'p' in a
False
>>> 'th' in a
True
```

len()是一个 Python 内置函数，用于计算序列类对象的长度，可应用于字符串。

```
>>> len(a)
6
>>> len(c)
2
```

2.3.3 字符串的索引和切片

字符串可以被索引，也可以被截取。Python 没有单独的字符类型，一个字符就是一个长度为 1 的字符串。字符串中的每个字符都有其索引，第一个字符的索引为 0，然后依次增加。

```
>>>a='Hello Python'
>>>a[0]          # 首字符的索引为 0
'H'
>>> a[4]         # 取索引为 4 的字符
'o'
>>> a[5]         # 取索引为 5 的字符
' '
```

可以看到，索引为 5 的字符是一个空格。

另外，所谓“索引为 4 的字符”，按平常人的理解是第五个字符，但程序员都习惯称其为“第 4 个字符”。程序员应该习惯于从 0 开始计数。本书尽量遵循一个习惯，从 0 开始计数的用阿拉伯数字，如“第 4 个字符”；按平常人习惯从 1 开始计数的，用中文数字，如“第一行”。

还有一点需要注意，用 print()函数输出字符串，只输出它的内容，并不会在两端加引号；而由 Python 自行输出的字符串，Python 会为其加上引号。

索引可以用负数，表示从右侧开始计数。例如：

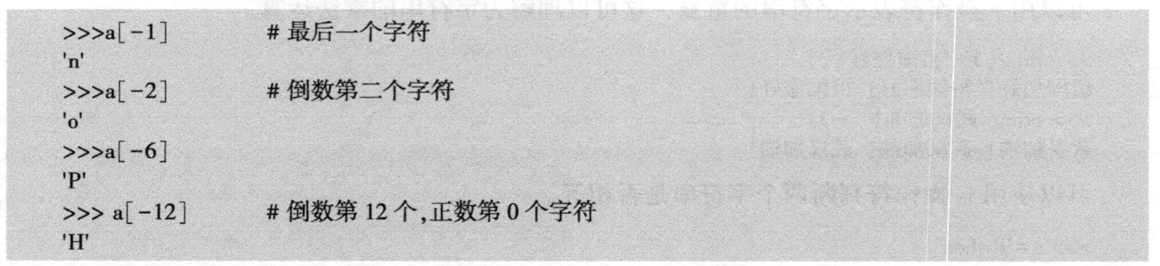

```
>>>a[-1]          # 最后一个字符
'n'
>>>a[-2]          # 倒数第二个字符
'o'
>>>a[-6]
'P'
>>> a[-12]        # 倒数第 12 个,正数第 0 个字符
'H'
```

可以看到，当从右侧开始计数时，索引并不是从-0 开始。-0 就是 0，仍然表示左侧第一个字符，右侧第一个字符从-1 开始计数。字符串中的索引可按如图 2-1 所示的方式理解。

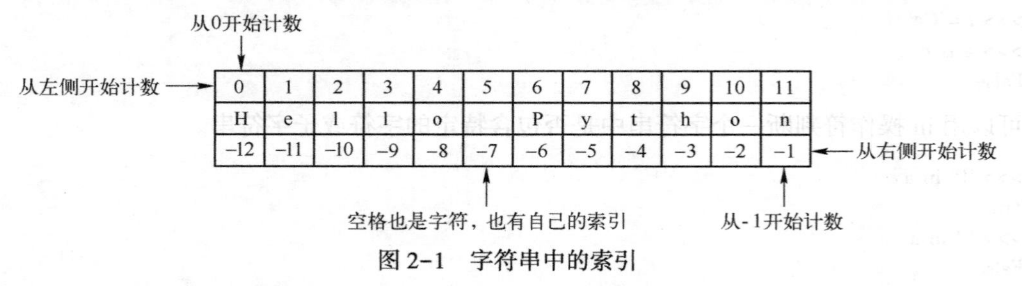

图 2-1 字符串中的索引

注意，两个单词之间的空格也是字符，也有自己的索引。

可以截取字符串中的一部分字符，Python 称为“切片”。索引用于获得单个字符，切片用于获取子字符串。

```
>>>a[0:2]            # 取第 0 个(包括)到第 2 个(不包括)字符
'He'
>>>a[2:5]            # 取第 2 个(包括)到第 5 个(不包括)字符
'llo'
```

切片时根据索引，包含首索引的字符，不包含尾索引的字符。首尾索引中可以省略其中的一个或者两个，省略的第一个索引默认为 0，省略的第二个索引默认为字符串的长度。

```
>>> a[:3]            # 省略的首索引默认为 0
'Hel'
>>> a[3:]            # 省略的尾索引默认到最后一个字符
'lo Python'
>>> a[:]             # 首尾都省略的,表示整个字符串
'Hello Python'
```

根据上述规定，可以得知 s[:i] + s[i:]永远等于 s。

```
>>>a[:3] + a[3:]
'Hello Python'
>>>a[:6] + a[6:]
'Hello Python'
```

切片时也可以使用负值索引。

```
>>>a[-2:]            # 取从倒数第 2 个到最后一个字符
'on'
```

可以这样理解：切片时的索引是在两个字符之间。左边第一个字符的索引为 0，而长度为 n 的字符串其最后一个字符的右界索引为 n，可按如图 2-2 所示的方式理解。

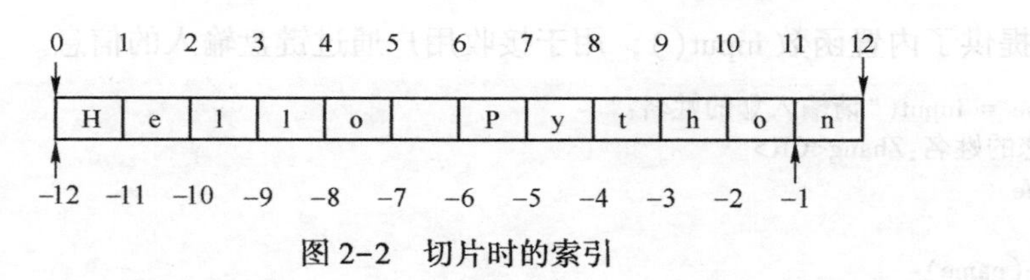

图 2-2 切片时的索引

按照图 2-2，切片是从 i 到 j 两个数值标示的边界之间的所有字符。

取单个字符时，使用超出范围的索引会报错。

```
>>> a[99]
Traceback (most recent call last):
  File "<pyshell#34>", line 1, in <module>
    a[99]
IndexError: string index out of range
```

其他如 a[-99]和 a[12]也都会报同样的错误。但在实际切片时，如果索引超出范围则会得到智能化的处理。一个过大的索引值（即下标值大于字符串实际长度）将被字符串的实际长度所代替；当首索引比尾索引大时返回空字符串。

```
>>> a[6:99]
'Python'
>>> a[99:6]
''
```

```
>>> a[99:]
''
```

2.3.4 字符串的修改

Python 的字符串是不可变的，不能被修改，试图修改字符串的局部会报错。

```
>>> a = 'Hello Python'
>>> a[6] = 'p'
Traceback (most recent call last):
  File "<pyshell#3>", line 1, in <module>
    a[6]='p'
TypeError: 'str' object does not support item assignment
```

但下面的语句不会报错。

```
>>> a = 'Python'
>>> a = 'Hello Python'
```

这不是对字符串的“修改”，而是创建了一个新的字符串对象，并将该对象重新赋值给变量 a。如果需要一个不同的字符串，则必须创建一个新的字符串对象。

```
>>> a = 'Hello Python'
>>> b = a[:6]+'World'
>>> print(b)
Hello World
```

2.3.5 键盘输入

Python 提供了内置函数 input()，用于接收用户通过键盘输入的信息。

```
>>> name = input("请输入您的姓名:")
请输入您的姓名:Zhang<CR>
>>> name
'Zhang'
>>> type(name)
<class 'str'>
```

input()函数带有一个字符串参数，作为提示。操作时输入：

```
name = input("请输入您的姓名:")
```

之后按〈Enter〉键，显示该提示。按照提示继续输入姓名“Zhang”，然后按〈Enter〉键（示例中的<CR>表示按〈Enter〉键）。

input()函数的返回值是一个字符串类型的对象，在上述示例中，该对象被赋值给变量 name，后续的两句验证了此结果。

无论通过键盘输入什么字符，input()函数的返回值都是字符串。

```
>>> age = input("How old are you?")
How old are you?20<CR>
>>> age
'20'
>>> type(age)
<class 'str'>
```

如果需要输入其他类型的数据，需要对 input()函数返回的字符串进行转换，如用 int()函数将字符串转换为整数。

```
>>> age = int(input("How old are you?"))
How old are you?20<CR>
>>> age
20
>>> type(age)
<class 'int'>
```

2.3.6 将值转换为字符串

在实际的编程当中，经常需要将数据在不同类型之间进行转换，其中最常用的是将其他类型的值转换为字符串，str()函数可完成此工作，str()函数用于将值转换为适合于人阅读的字符串。str()函数的参数可以是任意类型的值。例如：

```
>>> str(1)
'1'
>>> str(1.2)
'1.2'
>>> str(1/7)
'0.14285714285714285'
>>> str(1+2j)
'(1+2j)'
>>> str('Hello')
'Hello'
>>> str(None)
'None'
>>> str(True)
'True'
```

以上是一些最常见的转换实例，读者在阅读本书后续章节时，还可以尝试用str()函数将列表、字典等类型的值转换为字符串，并观察其结果。

2.3.7 字符串的方法

字符串是对象类型，有丰富的方法供开发者使用，这些方法都是内置的，开发者可以直接使用。

注：面向对象的概念，包括类和方法等，将在第7章详细介绍。在面向对象的概念中，类型通过类（class）来定义，不同的类定义代表不同的数据类型，通过类声明的变量称为对象或实例。在其他的编程语言（如C++）中，最常用的数据类型是简单类型，如整型、浮点型等，仅对应内存中的几个字节，并没有将它们定义成类；有类定义的变量通常结构复杂，可以统称为对象类型。Python是“纯”的面向对象语言，所有变量都是某个类的对象，其实都是对象类型。但基于程序员的编程习惯，只将那些结构复杂，往往需要使用其内部方法进行处理的类型称为对象类型，如字符串就可以被称为对象类型。这样做只是为了与那些结构简单的类型相区别，便于交流，至于复杂与简单的界限在哪儿并不明确。

例如，字符串的index方法用于得到字符串中某个字符的索引。

```
>>> a = "Hello World!"
>>>i = a.index("e")
>>>i
1
```

注意，返回的索引值从 0 开始计数，所以字符 e 在字符串中的索引值为 1。

在使用 Python 编程的过程中，会用到很多内置或第三方的对象类型。没有人能通晓所有对象类型的用法，但可以通过 Python 内置的 dir( ) 和 help( ) 函数进行自学。下面以字符串对象的 index 方法为例，介绍 dir( ) 和 help( ) 函数的使用方法。

内置函数 dir( ) 用于按模块名搜索定义，它返回一个字符串类型的列表（列表的概念见 3.1 节）。

```
>>> dir(str)
['__add__', '__class__', '__contains__', '__delattr__', '__dir__', '__doc__', '__eq__', '__format__', '__ge__', '__getattribute__', '__getitem__', '__getnewargs__', '__gt__', '__hash__', '__init__', '__init_subclass__', '__iter__', '__le__', '__len__', '__lt__', '__mod__', '__mul__', '__ne__', '__new__', '__reduce__', '__reduce_ex__', '__repr__', '__rmod__', '__rmul__', '__setattr__', '__sizeof__', '__str__', '__subclasshook__', 'capitalize', 'casefold', 'center', 'count', 'encode', 'endswith', 'expandtabs', 'find', 'format', 'format_map', 'index', 'isalnum', 'isalpha', 'isascii', 'isdecimal', 'isdigit', 'isidentifier', 'islower', 'isnumeric', 'isprintable', 'isspace', 'istitle', 'isupper', 'join', 'ljust', 'lower', 'lstrip', 'maketrans', 'partition', 'replace', 'rfind', 'rindex', 'rjust', 'rpartition', 'rsplit', 'rstrip', 'split', 'splitlines', 'startswith', 'strip', 'swapcase', 'title', 'translate', 'upper', 'zfill']
```

通过 dir(str) 可以看到字符串类型的所有属性和方法，可以粗略地划分为两类：一类是名称以双下划线开始和结尾的，称为特殊方法和特殊属性；另一类是看起来很普通且有明确含义的名称，如 index，称为方法和属性。

当知道了某类对象都有哪些方法后，就可以用 help( ) 函数了解该方法的具体用法，例如：

```
>>> help(str.index)
Help on method_descriptor:

index(...)
    S.index(sub[, start[, end]]) -> int

    Return the lowest index in S where substring sub is found,
    such that sub is contained within S[start:end].  Optional
    arguments start and end are interpreted as in slice notation.

    RaisesValueError when the substring is not found.
```

通过阅读，可以理解 index 方法的用法如图 2-3 所示。

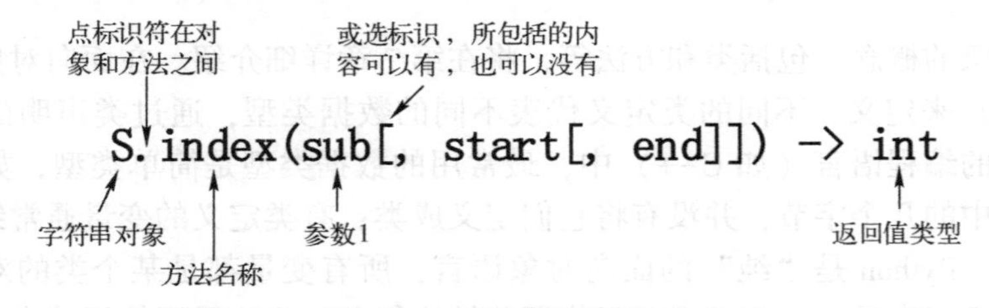

图 2-3　index 方法的用法

在使用字符串方法时，字符串对象可以是字符串变量，也可以是字符串常量。

```
>>> "Hello World!".index("e")
1
```

在对象和方法名之间，用“.”进行分隔。有的参数为必选参数，如图中的 sub 表示要定位的子字符串；有的参数为可选参数，如图中的 start 和 end 规定查找索引范围，如果没有给出，则默认为在整个字符串中查找。

```
>>> a="Hello World!"
>>> i=a.index("o")
>>> i
4
>>> i=a.index("o",5)
>>> i
7
```

在整个字符串范围内查找字符 o，第 1 次出现的索引是 4；如果从索引为 5 的位置开始查找，第 1 次出现的索引是 7。注意，即使从中间开始查找，返回的索引也是从字符串的最左侧开始计数。

学会上述方法之后，读者可以自行学习字符串类型各方法的使用。自学需要经验的积累，本节先介绍字符串类型的几种常用方法，帮助读者积累经验。

1. “is” 开头的方法

仔细观察 dir(str)的结果，发现其中有好几个以 “is” 开头的方法。这些方法都返回布尔类型的结果。

isdigit 用来判断当前字符串对象是否完全由数字组成，如果是，则返回 True；否则返回 False。

```
>>> "12".isdigit()
True
>>> "ab12".isdigit()
False
>>> "12ab".isdigit()
False
>>> "-12".isdigit()
False
```

isdigit 方法只有在字符串完全由数字组成时才返回 True，连正负号都不能有。

2. 分割和组合

split 方法用于根据某个符号分割字符串的内容，得到一个字符串列表。

```
>>> a = "Hello World!"
>>> a.split(" ")
['Hello', 'World!']
```

与之相反，join 方法将一个列表中所有的字符串，用指定分隔符连接成一个字符串。

```
>>>b = ["Python","is","very","good!"]
>>> "-".join(b)
'Python-is-very-good!'
```

3. 数值字符串处理

有些方法专门用于处理数值字符串，例如 str.zfill 方法用于向数值字符串左侧填充 0，如果已经超过指定的宽度则不再填充。该方法可以正确理解正负号和小数点。

```
>>>'12'.zfill(5)
'00012'
>>> '-3.14'.zfill(7)
'-003.14'
>>> '3.14159265359'.zfill(5)
'3.14159265359'
```

2.3.8 格式化输出

如 2.1 节所述，当使用 print()函数输出多个值时，不同的值之间用空格分隔。在对输出格式要求不高的情况下，这种效果可以接受。如果想对输出做更多的格式控制，以获得更美观或更合理的效果，则应对输出进行格式化。格式化输出有多种方法，包括：

- 使用前面介绍的字符串运算，通过字符串的分割和组合等操作，创建任何想要的输出形式。
- 使用 str.format 方法。
- 使用 f-strings 格式化。

1. 使用 str.format 方法

str.format 的基本用法如下：

```
>>> print('My name is {0}, {1} years old.'.format('Zhang', 19))
My name is Zhang, 19 years old.
```

str.format()的参数被传入对应的大括号中。大括号中的数值指明使用哪个参数，从 0 开始计数。如果严格按照参数次序使用，大括号中可以不带数值。

```
>>> print('My name is {}, {} years old.'.format('Zhang', 19))
My name is Zhang, 19 years old.
```

如果使用不同的次序，则大括号中需要带数值。

```
>>> print('My name is {1}, {0} years old.'.format(19, 'Zhang'))
My name is Zhang, 19 years old.
```

在 str.format 方法中可以使用关键字参数，大括号中可以通过参数名来引用参数值。

```
>>> print('My name is {name}, {age} years old.'.format(name='Zhang', age=19))
My name is Zhang, 19 years old.
```

位置参数和关键字参数可以灵活组合。

```
>>> print('My name is {1}, {0} years old. {question}'.format(19, 'Zhang', question='How old are you? '))
My name is Zhang, 19 years old. How old are you?
```

大括号中需要传入值的地方称为字段，大括号中的数值或关键字称为字段名。字段名后允许可选的':'和格式指令，从而对格式进行更深入的控制。在字段后的':'后面加一个整数会限定该字段的最小宽度，以达到美化输出的效果。

```
>>> print('Name:{0:10} Age:{1:8}'.format('Zhang', 19))
Name:Zhang      Age:       19
```

可以看出，字符串自动左对齐，数值自动右对齐。对于浮点数，可以指定它的精度，如下示例将 Pi 精确到小数点后面三位。

```
>>> # 需要导入数学库
>>> import math
>>> print('The value of PI is approximately {0:.3f}.'.format(math.pi))
The value of PI is approximately 3.142.
```

2. 使用 f-strings 格式化

f-strings 是 Python 中一种新的字符串格式化方法，其中以{}包含的表达式会进行值替换。

```
>>> name='Zhang'
>>> age=19
>>> f'My name is {name}, {age} years old.'
'My name is Zhang, 19 years old.'
```

大括号内不仅可以使用变量，还可以使用表达式。

```
>>> f"I'll be {age + 1} years old next year"
"I'll be 20 years old next year"
```

使用 f-strings 同样可以控制小数精度。

```
>>> PI = 3.141592653
>>> f"Pi is {PI:.2f}"
'Pi is 3.14'
```

与 str.format 方法相比，f-strings 在大多数情况下更为方便。

2.4 习题

注：本书的习题有的需要用文字回答，但大多数习题是编程题，读者最好能够在计算机上执行并验证。

1. 如何在 Python 代码中加入单行注释和多行注释？
2. 使用 Python 解释器计算：

1）123456+7890

2）123456-7890

3）123456 * 7890

4）123456/7890

5）123456//7890

6）123456%7890

7）7890 ** 3

3. 定义两个变量 x 和 y，分别赋值为 123456 和 7890，重新完成题 2 的所有运算。
4. 用 print()函数输出题 2 的运算结果。
5. 用分数库计算 2/3 加 3/4、2/3 减 3/4、2/3 乘 3/4 和 2/3 除以 3/4 的值。
6. 将复数 5+6j 和 7+8j 分别赋值给变量 x 和 y，然后计算它们的和、差、积和商。
7. 布尔型数据可以有哪些取值？
8. 将字符串“How's life?”赋给一个变量 x，并用 print()输出 x 的值。
9. 用三个 print()语句，显示以下信息：

```
===================================
=           欢迎进入到身份认证系统 V1.0
= 1. 登录
= 2. 退出
= 3. 认证
= 4. 修改密码
```

10. 假设有一段英文，其中有一个字母“I”误写为“i”，请编写程序进行纠正。
11. 假设有变量定义：

```
name = " aleX "
```

请自行查找资料，主要使用字符串的方法，结合本章其他内容，实现下面的每个功能。注意，下面每个功能都在前一个功能正确执行的基础上继续执行。

1）移除 name 对应的值两边的空格，并输出移除后的结果。

2）判断 name 是否以"al"开头。

3）判断 name 是否以"X"结尾。

4）将 name 中的"l"替换为"p"。

5）将 name 根据"p"分割。

6）将 name 变大写。

7）将 name 变小写。

8）输出 name 的第 2 个字符。

9）输出 name 的前 3 个字符。

10）输出 name 的后两个字符。

11）输出 name 中"e"所在索引位置。

12. 编写程序，用户输入一个三位以上的整数，输出其百位以上的数字。例如用户输入1234，则程序输出 12。

13. 编写程序，从键盘输入所需信息，然后按照下面格式输出：

```
====================================
姓名:****
性别:*
年龄:**
====================================
```

14. 实现一个整数加法计算器：输入形如 5+6 的字符串，输出计算结果。提示：可使用字符串的 split 方法。

第3章 数据结构

前一章介绍的字符串是Python的一种序列类型。所谓序列，是指一块可存放多个值的连续内存空间，这些值按一定顺序排列，可通过每个值所在位置（称为索引）访问它们。Python支持多种序列类型，除字符串外，还有列表、元组、集合和字典等。

3.1 列表

列表（list）是Python的一个内置对象类型，它具有强大的功能。Python程序员在处理一组数据时，往往会首先考虑使用list。

本节首先介绍列表的索引、切片和修改等基本操作。在此基础上，读者可以参照2.3节方法，使用dir()和help()函数详细研究列表的使用方法。为了更有针对性，本节还会介绍一些列表的特定功能，如排序、堆栈和队列等。

3.1.1 列表的索引和切片

在Python中，列表表示为用中括号（方括号）括起来，用逗号分隔的一系列值。例如，值小于10的斐波那契子序列可用列表表示为：

```
>>> fib = [1,1,2,3,5,8]
>>> print(fib)
[1, 1, 2, 3, 5, 8]
```

像字符串一样，列表以及其他大多数内建的序列类型，都可以被索引和切片。例如：

```
>>> fib[0]
1
>>> fib[2]
2
>>> fib[-1]
8
>>> fib[0:3]
[1, 1, 2]
>>> fib[-2:]
[5, 8]
```

列表的切片操作返回一个新的列表，而不是原列表的局部，如下的切片操作返回列表的一个新的副本。

```
>>> fib[:]
[1, 1, 2, 3, 5, 8]
```

in和not in操作符用于判断一个元素是否在列表中。

```
>>> fib = [1,1,2,3,5,8]
>>> 1 in fib
True
```

```
>>> 3 in fib
True
>>> 6 in fib
False
>>> 6 not in fib
True
```

需要说明的是，in 和 not in 操作符适用于所有的 Python 序列类型，包括字符串、元组、字典和集合等，在后续介绍相关内容时，对 in 和 not in 操作符不再赘述。

3.1.2 列表的修改

与字符串不同的是，列表是可变的，可以修改它的元素。

1. 修改列表的元素和切片

既可以修改列表的单个元素，也可以对列表的切片进行修改。

```
>>> fib = [1,1,2,3,5,8]
>>> fib[0] = 0                    # 得到一个不正确的斐波那契数列
>>> fib
[0, 1, 2, 3, 5, 8]
>>> fib[0:2] = [1,1]              # 恢复正确
>>> fib
[1, 1, 2, 3, 5, 8]
```

2. 列表的连接与追加

列表也支持连接操作。

```
>>> fib = fib + [13,21,34]
>>> fib
[1, 1, 2, 3, 5, 8, 13, 21, 34]
```

但只能是列表的连接，不能直接连接元素。

```
>>> fib = fib + 55
Traceback (most recent call last):
  File "<pyshell#27>", line 1, in <module>
    fib = fib + 55
TypeError: can only concatenate list (not "int") to list
```

可以使用 append 方法在列表的末尾添加新的元素。

```
>>> fib.append(55)
>>> fib
[1, 1, 2, 3, 5, 8, 13, 21, 34, 55]
```

注：append 方法只能追加元素。

```
>>> fib.append([89,144])
>>> fib
[1, 1, 2, 3, 5, 8, 13, 21, 34, 55, [89, 144]]
```

上述示例说明两个问题：

1）列表的元素可以是不同类型，例如：

```
>>> languages = [1,'Python',2,'C#']
>>> languages
[1, 'Python', 2, 'C#']
```

2）列表可以嵌套，即允许一个列表中包含其他列表，一个列表可以是另一个列表的元素。例如：

```
>>> a = ['a', 'b', 'c']
>>> n = [1, 2, 3]
>>> x = [a, n]              # x 中有两个元素,每个元素都是一个列表
>>> x
[['a', 'b', 'c'], [1, 2, 3]]
>>> x[0]
['a', 'b', 'c']
>>> x[0][1]
'b'
```

上面提到的 fib. append([89,144])，其实是将一个列表作为新的元素追加到原列表的末尾处。要想将一个列表的所有元素追加到另一个列表的末尾，除上述的连接操作外，还可以使用 extend 方法。例如：

```
>>> fib = [1,1,2,3,5,8]
>>> fib. extend([13,21,34])
>>> fib
[1, 1, 2, 3, 5, 8, 13, 21, 34]
```

3. 列表的插入

除在末尾处追加外，还可以使用 insert 方法，向列表的任意位置插入新元素。插入时需要指定新元素的索引和值。

```
>>> fib = [1,1,2,3,5,13,21]
>>> fib. insert(5,8)
>>> fib
[1, 1, 2, 3, 5, 8, 13, 21]
```

4. 列表的删除

从列表中删除元素有多种方法。如果知道要删除的元素在列表中的位置，可以使用 del 语句删除元素。

```
>>> fib = [1,1,2,3,5,8,13,21]
>>> del fib[5]
>>> fib
[1, 1, 2, 3, 5, 13, 21]
```

del 语句还可以从列表中删除切片或清空整个列表。

```
>>> fib = [1,1,2,3,5,8,13,21]
>>> del fib[1:3]
>>> fib
[1, 3, 5, 8, 13, 21]
>>> del fib[:]
>>> fib
[]
```

del 语句也可以删除整个变量。删除整个变量后，再试图引用该变量会引发错误，直到另一个值赋给它为止。例如：

```
>>> del fib
>>> fib
```

```
Traceback (most recent call last):
  File "<pyshell#43>", line 1, in <module>
    fib
NameError: name 'fib' is not defined
```

注：del 不是只能删除列表，而是能删除任何变量。

方法 pop 可删除列表末尾的元素，已删除的元素作为 pop 方法的返回值，可以继续使用。

```
>>> fib = [1,1,2,3,5,8,13,21]
>>> a = fib.pop()
>>> a
21
>>> fib
[1, 1, 2, 3, 5, 8, 13]
```

pop 方法一般是在将列表作为堆栈时使用，此时插入和删除都在列表末尾处进行。pop 方法一般不带参数。实际上，可以使用 pop 方法来删除列表中任何位置的元素，只要在 pop 方法中带上参数指明元素的位置即可。

```
>>> fib = [1,1,2,3,5,8,13,21]
>>> a = fib.pop(5)
>>> a
8
>>> fib
[1, 1, 2, 3, 5, 13, 21]
```

如果不知道要删除元素的位置，只知道要删除元素的值，可以使用 remove 方法。

```
>>> fib = [1,1,2,3,5,8,13,21]
>>> fib.remove(8)
>>> fib
[1, 1, 2, 3, 5, 13, 21]
```

如果列表中有多个等值的元素，则 remove 方法一次只能删除一个。

```
>>> fib.remove(1)
>>> fib
[1, 2, 3, 5, 13, 21]
```

3.1.3 列表排序

有时需要将列表中无序的元素重新排列使其有序，Python 提供了多种方法对列表排序，读者可根据需要选用。

1. 使用 sort 方法对列表进行永久性排序

可以使用 sort 方法对列表中的元素进行原地排序。

```
>>> cars = ['haval','byd','bmw','audi']
>>> cars.sort()
>>> print(cars)
['audi', 'bmw', 'byd', 'haval']
```

可以看出，经过 sort()排序后，列表的元素次序已经永久性地改变。

在调用 sort 方法时如果加上参数 reverse=True，则可以按与字典序相反的次序排序。

```
>>> cars.sort(reverse=True)
```

```
>>> print(cars)
['haval', 'byd', 'bmw', 'audi']
```

2. 使用函数 sorted( )对列表进行临时排序

要保留列表元素原来的排列次序，同时用排序后的结果显示，可以使用函数 sorted( )。

```
>>> cars = ['haval','byd','bmw','audi']
>>> # 原始列表
>>> print(cars)
['haval', 'byd', 'bmw', 'audi']
>>> # 排序后的结果
>>> print(sorted(cars))
['audi', 'bmw', 'byd', 'haval']
>>> # 原始列表并未改变
>>> print(cars)
['haval', 'byd', 'bmw', 'audi']
```

可以看出，执行函数 sorted( )以后，原始列表并未改变。同样可以为函数 sorted( )加上参数 reverse=True。

3. 使列表逆序

要反转列表元素的排列次序，可使用 reverse 方法。

```
>>> cars = ['haval','byd','bmw','audi']
>>> cars.reverse()
>>> print(cars)
['audi', 'bmw', 'byd', 'haval']
```

可以看出，逆序是永久性的。

3.1.4 堆栈和队列

列表的 append 和 pop 方法，使得列表可以很方便地作为堆栈来使用。堆栈中最先进入的元素最后被释放（后进先出），是非常常用的数据结构。用 append 方法可以把一个元素添加到堆栈顶。用不指定索引的 pop 方法可以把一个元素从堆栈顶释放出来。

```
>>> stack = [3, 4, 5]
>>> stack.append(6)
>>> stack.append(7)
>>> stack
[3, 4, 5, 6, 7]
>>> stack.pop()
7
>>> stack
[3, 4, 5, 6]
>>> stack.pop()
6
>>> stack.pop()
5
>>> stack
[3, 4]
```

还可以把列表当作队列使用。队列中最先进入的元素最先释放（先进先出），也是非常常用的数据结构。不过，列表这样使用效率并不高。虽然向列表末尾添加元素很快，但在头部弹出元素的效率并不高，这是由列表的内部实现决定的（弹出头部元素，要移动整个列表中的所有元素）。

如果要实现队列，可以使用 collections. deque，它是为在首尾两端快速插入和删除而设计的。

```
>>> from collections import deque
>>> queue = deque(["Zhang", "Wang", "Li"])
>>> queue.append("Zhao")                # Zhao 来了
>>> queue.append("Qian")                # Qian 来了
>>> queue.popleft()                     # 最先到达的人离开
'Zhang'
>>> queue.popleft()                     # 第二个到达的人离开
'Wang'
>>> queue                               # 仍然保持人员的到达次序
deque(['Li', 'Zhao', 'Qian'])
```

collections 是 Python 的一个标准库，提供了许多有用的集合类。collections 中的 deque 类似于 list，但在队列头部和尾部添加、删除元素的效率更高。除 deque 之外，collections 还提供元组、字典和集合等序列的特色实现，与 Python 的原生数据结构相比，功能往往更强大，针对性更强，有兴趣的读者可以自行了解。

3.2 元组

列表是可修改的，非常适合于存储在程序运行期间可能变化的数据集。如果需要创建一系列不可修改的元素，比如用于参数传递，再如取数据库中的一条记录，都可以使用元组。与列表相比，元组的数据结构更简单，处理速度更快。

1. 元组的声明

元组看起来像列表，但是使用圆括号而不是方括号来标识。元组的元素类型可以互不相同，元素索引及切片的规定与列表相同。

```
>>> a = (123,321,'Python')
>>> a
(123, 321, 'Python')
>>> a[0]
123
>>> a[2]
'Python'
>>> a[1:]
(321, 'Python')
```

元组在输出时总是有括号，以便正确表现元组的逻辑结构。在输入时可以不使用圆括号。

```
>>> b = 1,'Zhang',28
>>> b
(1, 'Zhang', 28)
```

但在编程过程中，使用圆括号往往是必须的，例如元组是一个更大的表达式的一部分，不使用圆括号可能就会产生混淆。所以，在任何情况下都使用圆括号是个好的习惯。

可以用 len()函数查看元组的长度（元素数）。

```
>>> a = (123,321,'Python')
>>> len(a)
3
```

同样可以用 in 和 not in 操作符判断一个元素是否在元组中。

```
>>> 123 in a
True
>>> 222 in a
False
```

2. 尝试修改

元组是不可修改的，即不能给元组的一个独立的元素赋值。

```
>>> a = (123,321,'Python')
>>> a[0] = 111
Traceback (most recent call last):
  File "<pyshell#8>", line 1, in <module>
    a[0] = 111
TypeError: 'tuple' object does not support item assignment
```

但元组变量可以重新赋值。

```
>>> a = (123,321,'Python')
>>> a = (123,321)
>>> a
(123, 321)
```

3. 元组的封装和拆封

为了方便多值与序列的转换，Python 支持元组的封装和拆封操作。前述示例

```
>>> b = 1,'Zhang',28
```

就是元组的封装，封装的逆操作称为拆封。

```
>>> c,d,e = b
>>> c
1
>>> d
'Zhang'
>>> e
28
```

在上述示例中，元组的三个元素被分别赋值给左侧的三个变量。

事实上，等号右边可以是任何线性序列，如列表。

```
>>> b = [1,'Zhang',28]
>>> b
[1, 'Zhang', 28]
>>> c,d,e = b
>>> c
1
>>> d
'Zhang'
>>> e
28
```

但在实际编程中，元组的封装与拆封使用得最多，如可变参数和多返回值等，详见第 5 章。需要注意的是，拆封要求左侧的变量数量与序列的元素个数严格相同。

```
>>> b = (1,'Zhang',28)
>>> c,d = b
```

```
Traceback (most recent call last):
  File "<pyshell#14>", line 1, in <module>
    c,d = b
ValueError: too many values to unpack (expected 2)
```

3.3 字典

另一个非常有用的 Python 序列是字典。字典和列表有相似之处，列表使用[ ]来定义，而字典使用{}，元素则是用逗号(,)分隔。不同的是，列表的索引是从 0 开始的有序整数，而字典的索引是键（关键字）。字典的键可以是任意不可变类型，如数字、字符串和元组等，一般用字符串，键与值之间用冒号(:)分隔[4]。不能用列表作关键字，因为列表可以用索引、切割或者 append 和 extend 等方法来改变。与前面介绍的序列类型不同，字典以及下一节将要介绍的集合，都不支持索引、切片和相加等操作。

```
>>>dict1 = {'姓名':'张三','年龄':19,'年级':'大二','成绩':'及格'}
>>> print(dict1)
{'姓名': '张三', '年龄': 19, '年级': '大二', '成绩': '及格'}
```

字典中的键必须是唯一的，且不可变；字典中的值则可以不唯一，且可变。字典的最常用操作是依据键来存取值。

```
>>>dict1['姓名']
'张三'
```

可以使用 values 方法访问所有值。

```
>>>dict1.values()
dict_values(['张三', 19, '大二', '及格'])
>>> type(dict1.values())
<class 'dict_values'>
>>> list(dict1.values())
['张三', 19, '大二', '及格']
```

在 Python 的当前版本中，values 方法返回的是一种称为 dict_values 的序列类型，它支持成员测试以及迭代等操作。可以使用 list()函数创建值的列表。

可以使用 keys 方法访问所有键。

```
>>>dict1.keys()
dict_keys(['姓名', '年龄', '年级', '成绩'])
>>> type(dict1.keys())
<class 'dict_keys'>
>>> list(dict1.keys())
['姓名', '年龄', '年级', '成绩']
```

keys 方法返回的是一种称为 dict_keys 的类型，也可以使用 list()函数创建键的列表。

可以使用 items 方法来访问字典中的所有键和值。

```
>>>dict1.items()
dict_items([('姓名', '张三'), ('年龄', 19), ('年级', '大二'), ('成绩', '及格')])
>>> type(dict1.items())
<class 'dict_items'>
>>> list(dict1.items())
[('姓名', '张三'), ('年龄', 19), ('年级', '大二'), ('成绩', '及格')]
```

items 方法返回的是一种称为 dict_items 的类型。在 dict_items 中，每个元素都是一个由键和值组成的元组，同样可以使用 list( ) 函数创建字典元素列表。

字典是可修改的，可以向字典中添加新的元素，修改字典中原有元素的值，或者删除字典中的某一个元素。

```
>>>dict1['性别'] = '男'                # 添加新的元素
>>> print(dict1)
{'姓名': '张三', '年龄': 19, '年级': '大二', '成绩': '及格', '性别': '男'}
>>>dict1['成绩'] = '优秀'              # 修改原有元素的值
>>> print(dict1)
{'姓名': '张三', '年龄': 19, '年级': '大二', '成绩': '优秀', '性别': '男'}
>>> deldict1['成绩']                   # 删除一个元素
>>> print(dict1)
{'姓名': '张三', '年龄': 19, '年级': '大二', '性别': '男'}
```

从上面示例能够看出，可以用 del 删除字典项。但是，试图从一个不存在的键中取值，或者删除一个不存在的字典项，都会导致错误。

```
>>>dict1['民族']
Traceback (most recent call last):
  File "<pyshell#12>", line 1, in <module>
    dict1['民族']
KeyError: '民族'>>> del dict1['民族']
Traceback (most recent call last):
  File "<pyshell#11>", line 1, in <module>
    deldict1['民族']VKeyError: '民族'
```

使用 clear 方法可以删除字典内所有元素。

```
>>>dict1.clear()
>>> print(dict1)
{}
```

可以使用一对大括号{}创建一个空的字典。

```
>>>dict2={}
>>> print(dict2)
{}
>>>dict2['语言'] = 'Python'
>>> print(dict2)
{'语言': 'Python'}
```

使用 dict( ) 构造函数可以直接从键值对列表中创建字典。

```
>>>dict3 = dict([('语言','Python'),('平台','Windows'),('数据库','MySQL')])
>>> print(dict3)
{'语言': 'Python', '平台': 'Windows', '数据库': 'MySQL'}
```

如果键是字符串，有时通过关键字参数指定键值对更方便。

```
>>>dict4 = dict(语言='Python',平台='Windows',数据库='MySQL')
>>> print(dict4)
{'语言': 'Python', '平台': 'Windows', '数据库': 'MySQL'}
```

3.4 集合

集合是一个无序不重复元素的序列，分为两种：

● set：可变集合。集合中的元素可以动态地增加或删除。

● frozenset：不可变集合。集合中的元素不可改变。

可以说 frozenset 是 set 的不可变版本，本节介绍 set。

集合可以用大括号{}或 set()函数来创建。如果想要创建空集合，只能用 set()函数，因为{}已被用来创建空字典。

```
>>> set1 = {'Python','C++','Java'}
>>> print(set1)
{'Java', 'Python', 'C++'}
>>> set2 = set(['Python','C++','Java','Java'])
>>> print(set2)
{'Java', 'Python', 'C++'}
>>> set3 = set('abracadabra')
>>> print(set3)
{'c', 'a', 'r', 'd', 'b'}
>>> set4 = set('alacazam')
>>> print(set4)
{'c', 'a', 'l', 'z', 'm'}
>>> set5 = set()
>>> print(set5)
set()
```

上面示例演示了集合的创建方法，同时演示了集合的去重复特性。试图通过索引访问集合元素，会引发错误。

```
>>> set1 = {'Python','C++','Java'}
>>> set1[0]
Traceback (most recent call last):
  File "<pyshell#13>", line 1, in <module>
    set1[0]
TypeError: 'set' object is not subscriptable
```

集合中的元素可以动态地增加或删除。

```
>>> set1 = {'Python','C++','Java'}
>>> set1.add('C#')
>>> set1
{'C#', 'Python', 'C++', 'Java'}
>>> set1.remove('Java')
>>> set1
{'C#', 'Python', 'C++'}
```

集合支持并（运算符 |）、交（运算符 &）、差（运算符-）和异或（运算符^）等数学运算。

```
>>> set3 = set('abracadabra')
>>> set3
{'c', 'a', 'r', 'd', 'b'}
>>> set4 = set('alacazam')
>>> set4
{'c', 'a', 'l', 'z', 'm'}
>>> set3 | set4
{'c', 'a', 'r', 'd', 'l', 'z', 'm', 'b'}
>>> set3 & set4
```

```
{'c', 'a'}
>>> set3 - set4
{'d', 'b', 'r'}
>>> set3 ^ set4
{'z', 'm', 'b', 'r', 'd', 'l'}
```

3.5 Python 集成开发环境

本书前面的示例，每个命令都只有一行，而真正的 Python 程序会大量使用多行命令。在命令行状态下（无论是 Python 解释器还是 IDLE），输入多行命令都需要一定技巧，见 1.3 节。在命令行状态下，输入多行命令比较麻烦，更不用说调试和纠错了。

使用 IDLE 或者 Python 解释器非常适合于简单程序，但对于大型的编程项目则力不从心，这时就需要选择一个合适的集成开发环境。

集成开发环境（Integrated Development Environment，IDE）是专用于软件开发的程序。IDE 将支持软件开发的一系列工具集成到一起，这些工具至少包括一个专门处理代码的编辑器（比如提供语法高亮和自动补全等功能），还应该包括构建、执行、调试和版本控制工具等。

3.5.1 集成开发环境介绍

能够进行 Python 程序开发的集成开发环境很多，本小节介绍几款 Windows 环境下常用的 Python 语言集成开发环境。

1. Visual Studio

由 Microsoft 建立的 Visual Studio 是一款全功能集成开发平台。Visual Studio 仅兼容 Windows 和 Mac OS 操作系统，它既提供免费版（社区版）也提供付费版（专业版和企业版）。随着 Visual Studio 版本的升级，对 Python 的支持度越来越高。

2. Visual Studio Code

与完全版的 Visual Studio 不同，Visual Studio Code（也称作 VS Code）是一款兼容 Linux、Mac OS X 和 Windows 平台的全功能代码编辑器。在 Anaconda 中，VS Code 是选装组件，使用非常方便，Anaconda 的介绍见 6.5 节。

3. PyCharm

PyCharm 是专门面向 Python 的全功能集成开发环境。拥有付费版（专业版）和免费开源版（社区版），无论在 Windows、Mac OS X 还是 Linux 操作系统中都支持其快速安装和使用。在 PyCharm 中可直接运行和调试 Python 程序，并且支持源码管理和项目。

4. Spyder

Spyder 是一款为数据科学工作做了优化的开源 Python 集成开发环境。它附在 Anaconda 发行版中，随 Anaconda 自动安装。Spyder 的目标受众是使用 Python 的数据科学家，它很好地集成了一些诸如 SciPy、NumPy 和 matplotlib 这样的公共 Python 数据科学库。

5. Eric6

Eric6 是一个用 Python 语言编写的 Python IDE。Eric6 是用 PyQt 开发的，因此它的运行重度依赖几个 Python 包，如 PyQt 等，这意味着使用 Eric6 要先理解 Python 的包管理，对初学者稍显麻烦。但 Eric6 本身是用 PyQt 所开发的，使用它特别适合开发 PyQt 程序。

3.5.2 PyCharm 的安装与使用

PyCharm 是 Python 语言开发中一个很受欢迎的 IDE，界面与主流大型 IDE（如 Visual Studio 等）相类似，集成的功能也很多。无论是有经验的程序员还是初学者，选择 PyCharm 作为 Python 开发环境都是不错的选择。

1. 下载安装

可以到 JetBrains 的官网 https://www.jetbrains.com/下载 PyCharm。PyCharm 分为专业版（Professional）和社区版（Community），下载社区版即可。写作本书时的版本是 2019.3.1，下载得到可执行文件 pycharm-community-2019.3.1.exe。

执行该文件进行安装。安装是向导式风格，本书未提示的界面，单击 Next 按钮即可。在 Choose Install Location 界面，可以改变安装路径，如图 3-1 所示。

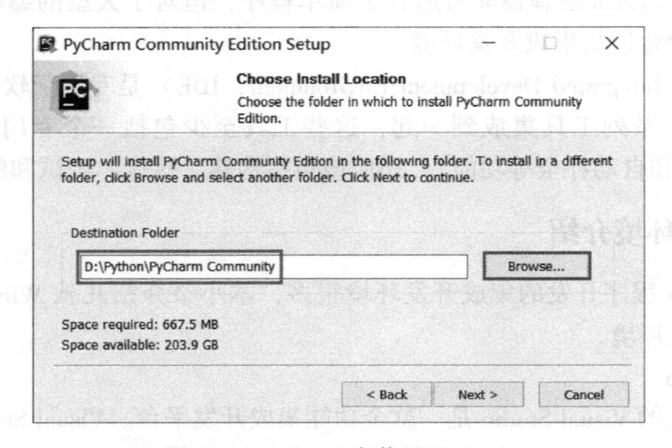

图 3-1 PyCharm 安装界面（一）

在 Installation Options 界面，选中所有复选框，如图 3-2 所示。

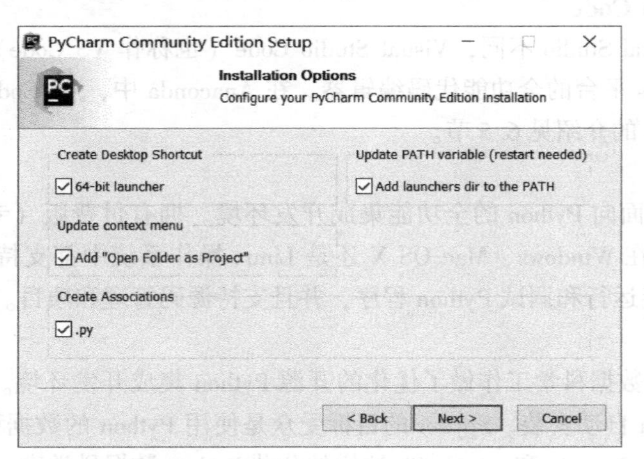

图 3-2 PyCharm 安装界面（二）

安装完成后重启计算机。

2. 首次运行配置

PyCharm 第一次启动时需要进行一些配置，步骤如下。

第一步设置 IDE 的配置信息，如果以前没有保存，选择 Do not import setting 即可，如图 3-3 所示。

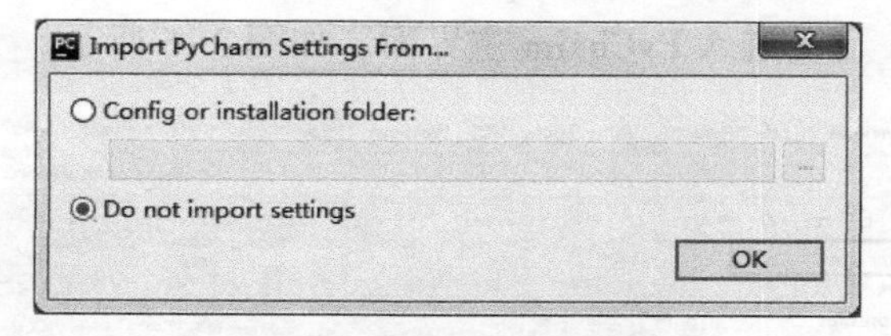

图 3-3　PyCharm 首次运行

第二步是界面主题的选择，有 Darcula 和 Light 两个选择，可以看到效果图，请读者根据自己的喜好选择。

第三步是 Customize PyCharm 页，不需要做任何改变。

3. 编程示例

启动 PyCharm，首先进入欢迎界面，如图 3-4 所示。

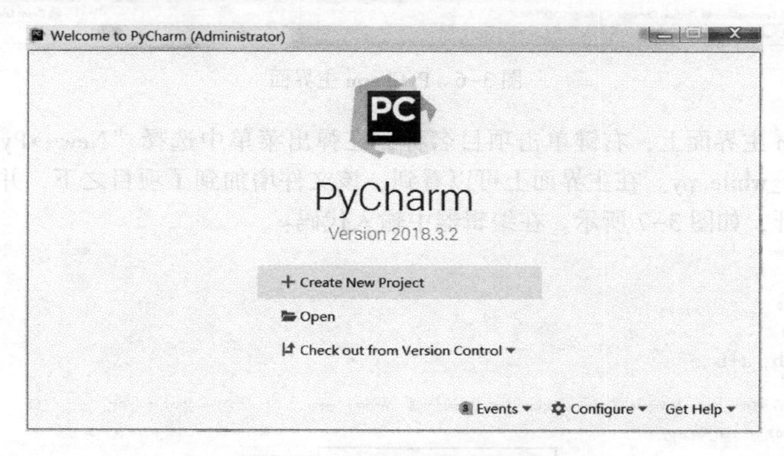

图 3-4　PyCharm 欢迎界面

PyCharm 以目录为项目进行管理。预先创建一个目录，如 E:\PyCharmProjects，用于保存所有的 PyCharm 项目。

在图 3-4 界面中选择“Create New Project”创建一个新项目，弹出如图 3-5 所示界面。

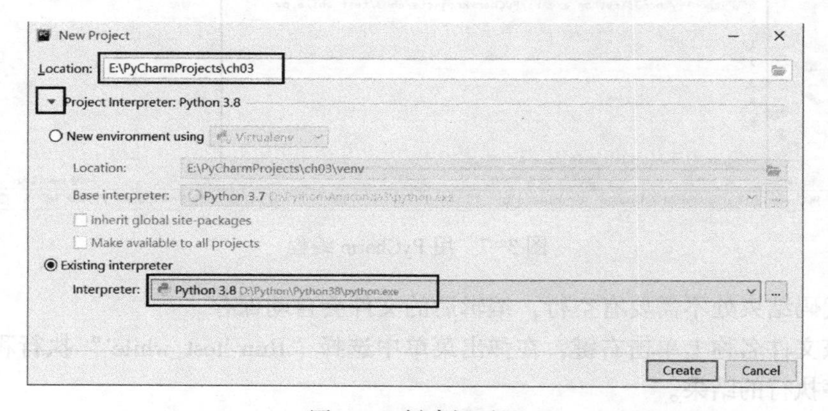

图 3-5　创建新项目

在 Location 处输入或选择想要保存项目的目录。该目录不一定要事先存在，PyCharm 会自动创建。为新项目选择一个解释程序（Interpreter）。

新项目创建成功后，自动进入 PyCharm 主界面，如图 3-6 所示。

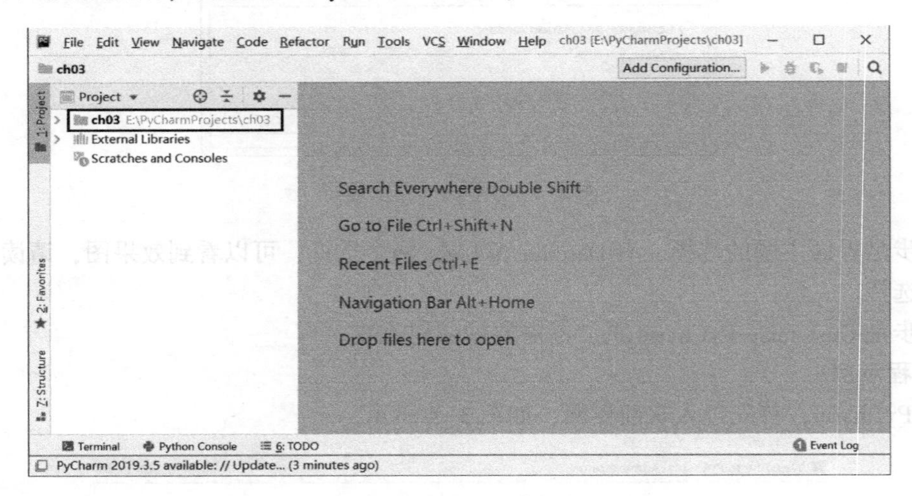

图 3-6 PyCharm 主界面

在 PyCharm 主界面上，右键单击项目名称，在弹出菜单中选择“New→Python File”，创建一个文件 test_while. py。在主界面上可以看到，该文件增加到了项目之下，并已在右侧的编辑器中自动打开，如图 3-7 所示。在编辑器中输入代码：

```
a, b = 0, 1
while b < 10:
    print(b)
    a, b = b, a+b
```

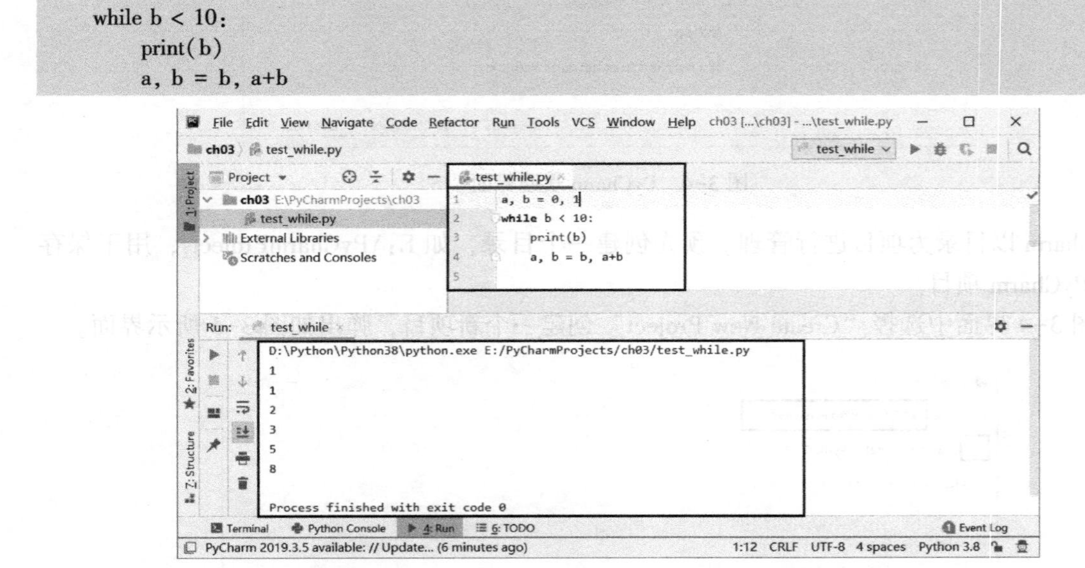

图 3-7 用 PyCharm 编程

注：在代码结束处不需要有空行，编辑后的文件会自动保存。

在左侧该文件名称上单击右键，在弹出菜单中选择“Run 'test_while'”执行程序，界面下部会显示程序执行的结果。

上面讲解了 Python 项目的开发过程。在实际开发中：

- 再次启动 PyCharm 时，会自动打开上次的项目。想要切换或创建新的项目，请先在菜单中选择“File-Close Project”关闭当前项目，并自动进入欢迎界面。
- 图形化的编辑界面，程序代码可以反复修改执行，比在命令行工具中方便。
- 必要时可以使用调试（Debug）模式，跟踪程序的执行并检错纠错，这是使用 IDE 的最大优势。

在本书的后续内容中，将根据需要使用 IDLE 或者 PyCharm 来验证代码。两者各有利弊，使用 IDLE 更容易理解程序的执行步骤，使用 PyCharm 程序结构更清晰。使用 IDLE 时，代码中包含提示符；使用 PyCharm 时，会指明项目和文件名称，所以不会混淆。

3.6 习题

1. 使用 dir()和 help()函数详细研究列表的使用方法。

2. 用一个列表表示平方序列：

```
sq = [1,4,9,16,25]
```

要求完成以下功能：

1）取第 1 个元素值。

2）取倒数第 1 个元素值。

3）取包含前 3 个元素的子列表。

4）检查数据 6 和 9 是否在列表中。

5）在列表的末尾追加一个值 38。

6）将刚追加的值改为 36。

7）将列表[49,64,81]的元素追加到原列表的末尾。

8）在列表的首部插入一个值 0。

9）删除列表中的第 5 个元素。

10）删除列表中值为 9 的元素。

3. 创建一个字符串列表，包含一周中每天的英文简称，如 Mon、Tue 等。要求：

1）输出该列表的逆序。

2）对该列表进行永久性排序。

3）用 str()函数将列表转换为字符串，观察其结果。

4. 实现字符串反转：输入 str="string"，输出'gnirts'。

5. 有如下列表：

```
li = ['alex','eric','rain']
```

要求完成以下功能：

1）计算列表长度并输出。

2）列表中追加元素"seven"，并输出添加后的列表。

3）在列表的第 1 个位置插入元素"Tony"，并输出添加后的列表。

4）将列表第 2 个位置的元素修改为"Kelly"，并输出修改后的列表。

5）删除列表中的元素"eric"，并输出修改后的列表。

6）删除列表中的第 2 个元素，并输出删除的元素的值和删除元素后的列表。

7）删除列表中的第 3 个元素，并输出删除元素后的列表。

8）删除列表中的第 2 至 4 个元素，并输出删除元素后的列表。

9）将列表所有的元素反转，并输出反转后的列表。

6. 假设有两个列表，a=[1,2,3]，b=[4,5,6]，请将两个列表合并。

7. 创建一个存储学生信息的元组，有 4 个字段，分别为：学号=101、姓名='xiaoming'、年龄=19、成绩=59.5。显示该生的学号和姓名。将该元组拆封到 a、b、c 和 d 共 4 个变量中，并显示。

8. 创建一个存储学生信息的字典，有 4 个元素，分别为：学号=101、姓名='xiaoming'、年龄=19、成绩=59.5。显示该生的学号和姓名。将该生的成绩改为 60。显示该字典的键列表、值列表、元素列表。

9. 将字符串"k:1 | k1:2 | k2:3 | k3:4"，处理成 Python 字典{'k':'1', 'k1':'2', 'k2':'3', 'k3':'4'}。

10. 定义一个篮子集合：

```
basket = {'apple', 'orange', 'apple', 'pear', 'orange', 'banana'}
```

要求完成以下功能：

1）显示 basket。

2）检查'crabgrass'是否在 basket 中。

3）将'crabgrass'添加到 basket，显示 basket。

4）向 basket 中再添加一个'apple'，显示 basket。

5）删除 basket 中的'orange'。

11. 有列表 li=[1,1,6,3,1,5,2]，删除其中的重复元素。

提示：可以预习下一章内容，并使用循环语句完成；也可以使用集合作为转换的中间结果。

12. 比较列表、元组、字典和集合的特点及用法。

13. 有如下字典：

```
dic = {'k1':"v1","k2":"v2","k3":[11,22,33]}
```

要求完成以下功能：

1）输出所有的 key。

2）输出所有的 value。

3）输出所有的 key 和 value。

4）在字典中添加一个键值对"k4":"v4"，输出添加后的字典。

5）修改字典中"k1"对应的值为"alex"，输出修改后的字典。

6）在 k3 对应的值中追加一个元素 44，输出修改后的字典。

7）在 k3 对应的值的第 1 个位置插入一个元素 18，输出修改后的字典。

14. 完成以下转换：

1）将字符串 s="alex"转换成列表。

2）将字符串 s="alex"转换成元组。

3）将列表 li=["alex","seven"]转换成元组。

4）将元组 tu=('alex',"seven")转换成列表。

第4章　结构化编程

前一章介绍了Python的多种数据结构，使用这些灵活、高级的数据结构能够给编程带来极大方便。但只有数据结构是不够的，要想编程解决问题，还需要有灵活、规范的执行流程。Python程序由一条条语句构成，程序的执行也就是一条条语句的执行。

程序设计是编程解决问题的过程，程序设计往往以某种程序设计语言为工具，编写出这种语言的程序。最常用的程序设计方法有面向结构的方法和面向对象的方法，其中，面向结构的方法是其他所有方法的基础。使用面向结构的方法编写的程序称为结构化程序，其只有三种结构：顺序结构、选择（分支）结构和循环结构。这三种结构共同的特点是：都只有一个入口和一个出口。已经证明，一个任意大而且复杂的程序总能转换成这三种基本控制结构的组合。

2.1节介绍的赋值语句、函数调用语句（如print()语句）等都是顺序结构语句，本章将继续介绍Python的选择结构语句和循环结构语句。

使用PyCharm创建一个新的项目ch04，用来验证本章示例。

4.1　条件表达式

无论是选择结构还是循环结构，语句中都要用到条件表达式，本节先介绍与条件表达式相关的内容。

编程时经常需要检查一系列条件，并据此决定采取什么措施。条件判断的核心是一个结果值为True或False的表达式，这种表达式称为条件表达式。条件表达式通常由对象的比较运算和逻辑运算构成。

本节代码仍然在IDLE中验证。

4.1.1　比较运算符

Python常用的比较运算符见表4-1。

表4-1　比较运算符

运算符	说　明	举例（假设a=1,b=2,c=2）
==	等于，判断两个对象是否相等	a==b 返回 False b==c 返回 True
!=	不等于，判断两个对象是否不相等	a!=b 返回 True b!=c 返回 False
>	大于，判断左侧的对象是否大于右侧的对象	b>a 返回 True b>c 返回 False
<	小于，判断左侧的对象是否小于右侧的对象	a<b 返回 True b<c 返回 False
>=	大于等于，判断左侧的对象是否大于等于右侧的对象	b>=a 返回 True b>=c 返回 True
<=	小于等于，判断左侧的对象是否小于等于右侧的对象	b<=a 返回 False b<=c 返回 True

注意，为了与赋值号“=”相区别，Python 使用“==”符号比较两个对象是否相等。

```
>>> a=1
>>> b=2
>>> c=2
>>> a==b
False
>>> b==c
True
```

除数字外，字符串之间也可以比较大小，字符串之间的比较按字典序进行。所谓字典序（也称词典序）就是先比较第一个字符，按其值（ASCII 码值）大小排列；如果第一个字符一样，那么比较第二个、第三个以及后面的字符。如果比到最后两个字符串不一样长（比如，sigh 和 sight），则认为短的那个的值更小。例如：

```
>>> "a"<"b"
True
>>> "abc"=="abc"
True
>>> "abb"<"abc"
True
>>> "ab"<"abc"
True
```

Python 不支持不同类型对象的比较。

```
>>> "a">"123"
True
>>> "a">123
Traceback (most recent call last):
  File "<pyshell#13>", line 1, in <module>
    "a">123
TypeError: '>' not supported between instances of 'str' and 'int'
```

Python 保留字 is 用于判断“是否为同一个对象”，同一个对象肯定是相等的。

```
>>> a=1
>>> b=1
>>> a==b
True
>>> a is b
True
>>> a="abc"
>>> a is "abc"
True
```

但相等的不一定是同一个对象。例如：

```
>>> a="abc"
>>> b="abc"
>>> a is b
True
>>> h1="Hello World"
>>> h2="Hello World"
>>> h1 is h2
False
```

```
>>> h1==h2
True
```

为什么上面两个 is 返回的结果不同？这是由 Python 的字符串池（String Pooling）机制决定的。a 和 b 引用字符串池中的同一个对象，is 就返回 True；h1 和 h2 引用字符串池中不同的对象，is 则返回 False。相同的对象其 id 值相同（从底层来看，相同 id 值代表引用同一块内存区域）。至于在字符串池中为什么“abc”被合并而“Hello World”没有，这是由 Python 的实现决定的，不同版本的 Python 结果也可能不同，将来可能还会改变，所以 is 要慎重使用。

```
>>> id(a)
37465264
>>> id(b)
37465264
>>> id(h1)
48677552
>>> id(h2)
48678000
```

读者应该注意“=”、“==”和“is”的区别。操作符 is not 的含义与 is 相反。

```
>>> a="abc"
>>> b="abc"
>>> a is not b
False
>>> h1="Hello World"
>>> h2="Hello World"
>>> h1 is not h2
True
```

比较运算符的优先级低于算术运算符。

```
>>> 3<2+2
True
>>> 3>2+2
False
```

在上面示例中，2+2 总是先被运算，然后进行比较。为了使程序清晰，可以采用空格或加括号的形式。

```
>>> 3 > 2+2
False
>>> 3 > (2+2)
False
```

比较操作可以传递，例如 a < b == c 表示检查是否“a 小于 b 并且 b 等于 c”。

4.1.2 比较序列和其他类型

除字符串外，其他序列对象也可以与相同类型的其他对象比较。比较操作按字典序进行，字符串在比较时是逐字符比较大小，其他序列对象比较时是逐元素比较大小。如果两个元素本身就是同样类型的序列，就递归地按字典序比较。下面是同类型序列之间比较的一些例子，其结果都为 True。

```
(1, 2, 3) < (1, 2, 4)
[1, 2, 3] < [1, 2, 4]
```

```
(1, 2, 3, 4) < (1, 2, 4)
(1, 2) < (1, 2, -1)
(1, 2, 3) = = (1.0, 2.0, 3.0)
```

4.1.3 逻辑运算符

对布尔值进行逻辑运算，逻辑运算符有三个：and、or 和 not。逻辑运算符的含义见表 4-2。

表 4-2 逻辑运算符

a	b	not a	a and b	a or b
True	True	False	True	True
True	False	False	False	True
False	True	True	False	True
False	False	True	False	False

逻辑运算符的优先级又低于比较运算符。

and 是逻辑“与”运算，只有当参与运算的两个对象都为 True 时，结果值才为 True，否则结果为 False。

```
>>> 3>2 and 4<5
True
>>> 3<2 and 4<5
False
```

or 是逻辑“或”运算，只要参与运算的两个对象中有一个为 True，结果值就为 True；只有当参与运算的两个对象都为 False 时，结果值才为 False。

```
>>> 3>2 or 4<5
True
>>> 3<2 or 4<5
True
>>> 3<2 or 4>5
False
```

not 是逻辑“非”运算。not 是单目运算符，即该运算符只有一个运算对象。当该对象值为 True 时，结果为 False；当该对象值为 False 时，结果为 True。

```
>>> not (3>2)
False
>>> not (3<2)
True
```

在三个逻辑运算符中，优先级由高到低的次序是 not > and > or。例如：

```
>>> not False or True
True
```

先计算 not False，结果为 True；再与 True 进行或（or）运算，最终结果为 True。根据需要可以用括号改变计算次序。例如：

```
>>> not (False or True)
False
```

逻辑运算符的优先级低于算术运算符和比较运算符。例如：

```
>>> not 3 > 2
False
```

先计算 3 > 2，结果为 True；再进行逻辑非（not）运算，最终结果为 False。相当于：

```
>>> not (3>2)
False
```

4.2 if 语句

理解了条件表达式之后，本节讨论 if 语句。Python 的选择结构语句只有一种，就是 if 语句，但 if 语句有多种形式，选择使用哪种形式取决于要检查的条件数。本节从最基本的 if 语句开始讨论。

1. 单向分支

单向分支的 if 语句是 if 语句的最简单形式，其一般格式为：

```
if 表达式:
    语句块
```

例如：

```
if a>b:
    print("A is bigger!");
```

单向分支 if 语句的执行流程如图 4-1 所示。首先计算 if 后面表达式的值，如果它的值为 True，就执行后面缩进的语句块，语句块可以是一条语句，也可以是多条；如果表达式的值为 False，就转到 if 语句的下一条同级语句（缩进与 if 相同）去执行。

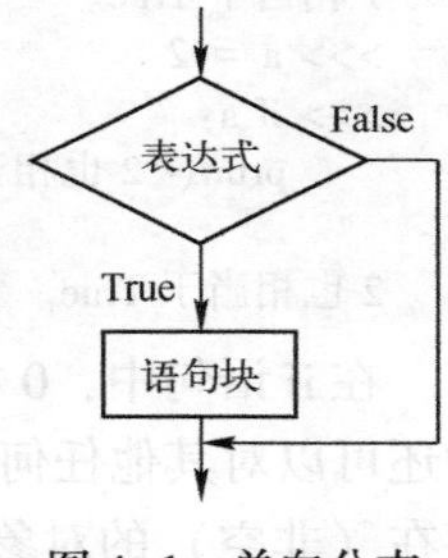

图 4-1　单向分支

创建一个 Python 文件 test_if1. py，代码如下：

```
a = int(input("请输入一个整数:"))
if a < 0:
    a = -a
print(f"这个数的绝对值为{a}。")
```

执行结果：

```
请输入一个整数:-10<CR>
这个数的绝对值为10。
```

执行时先显示“请输入一个整数:”，输入一个整数，如-10，然后按〈Enter〉键，显示该整数的绝对值为 10。

2. True、False 与数值的关系

if 语句中的表达式通常为条件表达式，但也可以是算术表达式。

上节讨论的条件表达式，其结果是布尔类型值，也就是 True 和 False 之一。而算术表达式的结果是一个数值，布尔值与数值之间有什么关系呢？

从 True 和 False 的内部表示来看，True 用 1 表示，False 用 0 表示。

```
>>> print(True==0)
False
>>> print(True==1)
True
```

```
>>> print(True==2)
False
>>> print(False==0)
True
>>> print(False==1)
False
>>> print(False==2)
False
```

但是，当数值用于 if 语句（包括后面将要介绍的循环语句）时，逻辑又稍有不同，请看下面示例：

```
>>> a = 0
>>> if a:
    print("0 相当于 False。");

>>> a = 1
>>> if a:
    print("1 相当于 True。");

1 相当于 True。
>>> a = 2
>>> if a:
    print("2 也相当于 True。");

2 也相当于 True。
```

在 if 语句中，0 相当于 False，所有的非 0 值都相当于 True。事实上，除数值外，在 if 语句中还可以对其他任何类型的对象进行判断。通常情况下，None、空序列和集合等相当于 False，存在（非空）的对象相当于 True。

3. 双向分支

if 语句更一般的形式是双向分支形式，单向分支形式其实是双向分支形式的一个特例。双向分支的一般格式为：

```
if 表达式:
    语句块 1
else:
    语句块 2
```

例如：

```
if a > b:
    print(a)
else:
    printf(b)
```

双向分支 if 语句的执行流程如图 4-2 所示。首先计算 if 后面表达式的值，如果表达式的值为 True，就执行语句块 1；如果表达式的值为 False，就执行语句块 2。

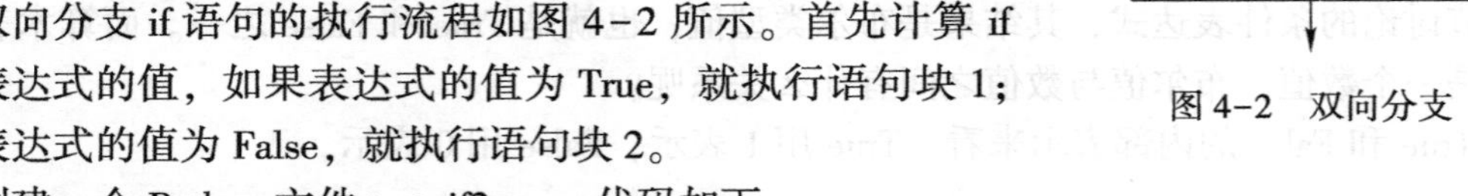

图 4-2　双向分支

创建一个 Python 文件 test_if2. py，代码如下：

```
a = int(input("请输入整数 a:"))
b = int(input("请输入整数 b:"))
```

```
if a > b:
    max = a
else:
    max = b
print(f"较大的一个值为{max}。")
```

执行结果：

```
请输入整数 a:1<CR>
请输入整数 b:2<CR>
较大的一个值为 2。
```

在 if 语句中，两个语句块都要缩进，else 需要与 if 对齐。语句块 1 和语句块 2 可以是单个语句，也可以是多个语句。

修改文件 test_if2. py，代码如下：

```
a = int(input("请输入整数 a:"))
b = int(input("请输入整数 b:"))
if a > b:
    max = a
    min = b
else:
    max = b
    min = a
print(f"较大的一个值为{max},\n较小的一个值为{min}。")
```

执行结果：

```
请输入整数 a:1<CR>
请输入整数 b:2<CR>
较大的一个值为 2,
较小的一个值为 1。
```

可以看到，当 a 等于 b 时执行 else 分支。如果读者对此结果不认可，需要在程序中增加对 a==b 这种情况的处理，就需要用到下面将要介绍的 if 语句嵌套。

4. if 语句嵌套（多向分支）

if 语句中的语句块 1 和语句块 2 本身又可以是一个 if 语句，这就是 if 语句的嵌套，用这种嵌套可实现多向分支。下面是 if 语句嵌套的最常用的格式 elif 结构：

```
if 表达式 1:
    语句块 1
elif 表达式 2:
    语句块 2
…
elif 表达式 n:
    语句块 n
else:
    语句块 n+1
```

其含义是：如果表达式 1 为 True，则执行语句块 1；否则，如果表达式 2 为 True，则执行语句块 2；……；依次类推，如果表达式 n 为 True，则执行语句块 n；如果各表达式都不为 True，则执行语句块 n+1，执行流程如图 4-3 所示。

编写一个求解符号的程序，要求：

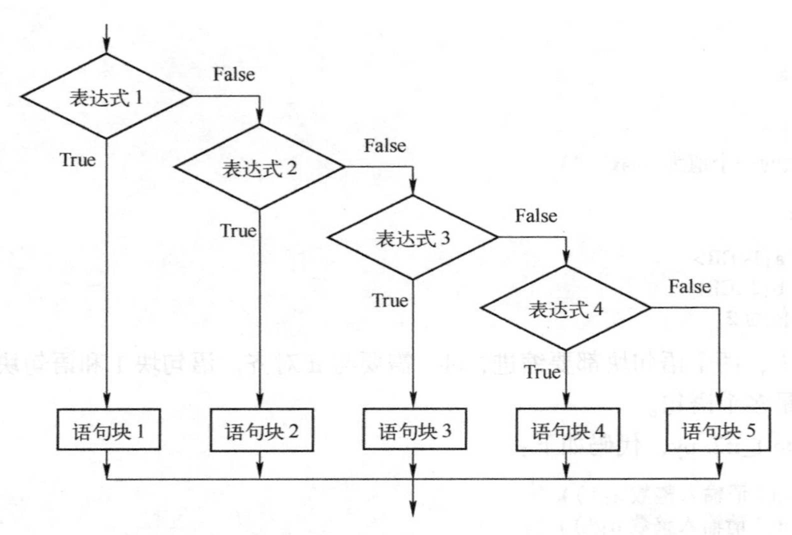

图 4-3　if 语句嵌套（多向分支）

$$\mathrm{Sign}(a)=\begin{cases}1, & a>0\\ 0, & a=0\\ -1, & a<0\end{cases}$$

创建一个 Python 文件 test_if3. py，代码如下：

```
a = int(input("请输入一个整数:"))
if a > 0:
    sign = 1
elif a == 0:
    sign = 0
else:
    sign = -1
print(f"这个数的符号为{sign}。")
```

执行结果：

```
请输入一个整数:-10<CR>
这个数的符号为-1。
```

编写一个程序，要求输入百分制成绩，然后按此成绩输出成绩等级（90~100 为 A，80~89 为 B，70~79 为 C，60~69 为 D，60 以下为 E）。

创建一个 Python 文件 test_if4. py，代码如下：

```
score = int(input("请输入一个成绩:"))
if score >= 90:
    print('A')
elif score >= 80:
    print('B')
elif score >= 70:
    print('C')
elif score >= 60:
    print('D')
else:
    print('E')
```

执行结果：

```
请输入一个成绩:88
B
```

如果上面的 elif 结构还不能解决问题，则可以使用一般形式的 if 语句嵌套，即 if 后面和 else 后面的语句块都可以再包含 if 语句。例如：

```
if 表达式 1：
    if 表达式 2：
        语句块 1
    else：
        语句块 2
```

这里有两个 if 和一个 else，因为使用了缩进结构，很容易区分 else 是与哪个 if 配对。

4.3 while 语句

在编程解决实际问题时，很多时候需要有规律地重复某些操作，因此程序中就需要将某些语句重复执行，这就是循环。循环结构是结构化程序设计的基本结构之一，它和顺序结构、选择结构共同作为各种复杂程序的基本构造单元。熟练掌握循环结构的概念及使用方法是程序设计的最基本要求。

本节介绍 Python 常用的一个循环语句——while 语句。while 语句的一般格式为：

```
while 表达式：
    语句块(即循环体)
```

其中，while 是 Python 保留字。语句块要缩进，其可以是一条语句，也可以是多条，这个语句块又称作循环体。

while 语句的执行过程是：先计算 while 后面表达式的值，如果表达式的值为 True，则执行后面的语句块，即循环体；然后再次计算表达式，并重复上述过程，直到表达式的值为 False 时，退出循环。while 语句的特点是先判断表达式的真/假，后执行循环体，其执行流程如图 4-4 所示。

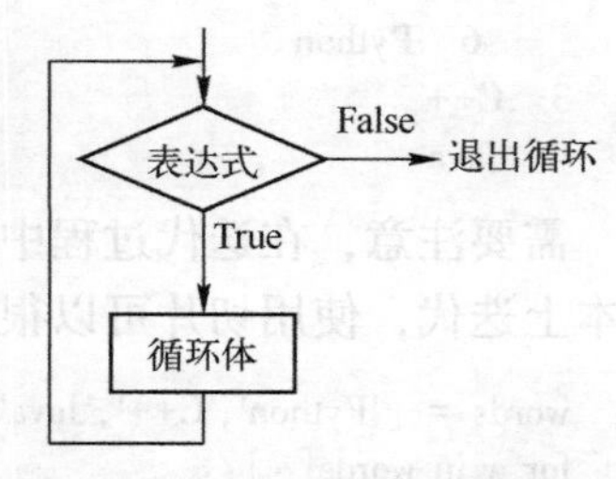

图 4-4　while 语句的执行流程

下面示例编写程序，求 1～100 自然数之和。创建一个 Python 文件 test_while1. py，代码如下：

```
i = 1
sum = 0
while i <= 100：
    sum = sum + i
    i = i + 1
print(sum)
```

执行结果：

```
5050
```

使用 while 语句时应注意：

1）while 语句先判断表达式，后执行循环体，如果表达式的值一开始就为 False，则循环一次也不执行。

2）循环体要缩进；当循环体有多条语句时，缩进要一致。

3）在循环体中应该有使表达式的值有所变化的语句，如示例中的 i=i+1，以使循环趋于终止，否则会形成死循环。

4.4 for 语句

Python 的 for 语句与其他编程语言（如 C、Java 等）有所不同，Python 的 for 语句结构更简单、更容易理解，但对于使用过其他编程语言的读者，可能需要作一些观念上的改变。Python 的 for 语句可遍历任意序列（列表或字符串）中的元素，按它们在序列中的顺序进行迭代。

4.4.1 循环处理序列中的元素

下面示例演示在列表和元组上使用 for 语句进行遍历。创建一个 Python 文件 test_for1.py，代码如下：

```
fib = [1, 1, 2, 3, 5, 8]
for f in fib:
    print(f, end=',')

print('\n')
words = ('Python', 'C++', 'Java')
for w in words:
    print(len(w), w, sep='\t')
```

执行结果：

```
1,1,2,3,5,8,


    6   Python
3   C++
4   Java
```

需要注意，在迭代过程中修改迭代序列是不安全的，如果确实要修改原序列，可以在它的复本上迭代，使用切片可以很方便地做到这一点。

```
words = ['Python','C++','Java']
for w in words[:]:
    if len(w) > 4:
        words.insert(0, w)
print(words)
```

执行结果：

```
['Python', 'Python', 'C++', 'Java']
```

上述代码中如果不使用 words[:]切片，而是直接使用 words，将陷入死循环。

4.4.2 range()函数

使用 Python 内置函数 range()可以很方便地生成一个等差整数数列。range()函数有三种格式：

```
range(stop)                    # 需要一个参数
```

```
range(start, stop)                    # 需要两个参数
range(start, stop, step)              # 需要三个参数
```

参数说明：

- start：计数从 start 开始。默认从 0 开始，例如 range(5)等价于 range(0,5)。
- stop：计数到 stop 结束，但不包括 stop。例如 range(0,5)是[0,1,2,3,4]，没有 5。
- step：步长，默认为 1。例如，range(0,5)等价于 range(0,5,1)。

返回值：

range()函数的功能随着 Python 版本的变化有所改变。在 Python 早期的版本中，range()返回一个列表，在 IDLE 有如下执行结果。

```
>>>range(5)
[0, 1, 2, 3, 4]
```

Python 的当前版本，range()函数的返回值是一个特定的 range 对象类型。

```
>>> range(5)
range(0, 5)
>>> type(range(5))
<class 'range'>
```

在 Python 内部，range 类型被称为 iterable 类型，是一种可以迭代的对象。当迭代它时，能够像序列一样返回连续项，但为了节省空间，它并不真正构造列表。可以使用 for 来遍历 range 对象，使用 list()函数将结果转化为列表类型。

```
>>> list(range(5))
[0, 1, 2, 3, 4]
```

range(5)生成一个包含 5 个值的序列，用序列的值填充这个长度为 5 的列表。

可以让 range()操作从其他数值开始，也可以指定一个不同的步进值。这个步进值也被称为"步长"，步长可以是负数。例如：

```
>>> list(range(5,10))
[5, 6, 7, 8, 9]
>>> list(range(0,10,3))
[0, 3, 6, 9]
>>> list(range(-10, -100, -30))
[-10, -40, -70]
```

range()函数返回的可迭代对象，特别适合于在 for 循环中使用。

```
>>> for i in range(5):
    print(i)

0
1
2
3
4
```

如果需要迭代列表索引，可结合使用 range()和 len()函数。

```
>>> words = ('Python','C++','Java')
>>> for i in range(len(words)):
    print(i, words[i])
```

```
0 Python
1 C++
2 Java
```

4.4.3 序列上的循环技巧

前面已经介绍了如何在列表、元组等序列上循环遍历所有元素，本小节进一步介绍在序列上使用循环的更加灵活的技巧。

1. 序列的遍历

在序列上循环时，索引位置和对应值可以使用 enumerate()函数同时获得。

enumerate()是 Python 的内置函数，对于一个可迭代的对象（如列表、字符串等），enumerate()将其组成为一个索引序列，利用它可以同时获得索引和值。enumerate()函数的语法为：

```
enumerate(iterable[,start=0])
```

参数：

- iterable：可迭代对象，包括字符串、列表、元组和字典等。
- start：序号起始位置，默认为 0。

返回值：

enumerate（枚举）对象。

```
>>> a = ['Python','C++','Java']
>>> list(enumerate(a))
[(0, 'Python'), (1, 'C++'), (2, 'Java')]
>>> list(enumerate(a,start=11))
[(11, 'Python'), (12, 'C++'), (13, 'Java')]
```

enumerate()多用于在 for 循环中得到计数。创建一个 Python 文件 test_loop1. py，代码如下：

```
a = ['Python', 'C++', 'Java']
for i, v in enumerate(a):
    print(i, v)
```

执行结果：

```
0 Python
1 C++
2 Java
```

如果需要同时遍历两个或更多的序列，可以使用 zip()函数打包。创建一个 Python 文件 test_loop2. py，代码如下：

```
fields = ['Name', 'Sex', 'Age']
values = ['Zhang', 'F', 19]
for f, v in zip(fields, values):
    print('{0:10}:{1}'.format(f, v))
```

执行结果：

```
Name      :Zhang
Sex       :F
Age       :19
```

如果需要反向遍历序列，可以使用 reversed()函数。创建一个 Python 文件 test_loop3. py，代码如下：

```
a = ['Python', 'C++', 'Java']
for v in reversed(a):
    print(v, end=',')
```

执行结果：

```
Java,C++,Python,
```

如果要按排序后的顺序遍历序列，可使用 sorted()函数，它不改动原序列，而是生成一个新的已排序序列。读者可以将 test_loop3. py 中的 reversed 改为 sorted 进行验证。

在字典中循环时，关键字和对应的值可以使用 items 方法同时读取出来。创建一个 Python 文件 test_loop4. py，代码如下：

```
dict1 = {'姓名': '张三', '年龄': 19, '年级': '大二', '成绩': '及格'}
for k, v indict1.items():
    print(k, v)
```

执行结果：

```
姓名 张三
年龄 19
年级 大二
成绩 及格
```

2. 序列的创建

序列除了可以使用前一章的一般方法创建外，还可以用循环推导式的方式创建。

用列表推导式可以从任意序列创建列表。

```
>>> a = [x for x in 'abracadabra']
>>> a
['a', 'b', 'r', 'a', 'c', 'a', 'd', 'a', 'b', 'r', 'a']
```

类似地，可以用集合推导式创建集合。

```
>>> a = {x for x in 'abracadabra'}
>>> a
{'b', 'r', 'a', 'd', 'c'}
```

推导式也可以增加条件。

```
>>> a = {x for x in 'abracadabra' if x not in 'abc'}
>>> a
{'r', 'd'}
```

用字典推导式可以从任意的键值表达式中创建字典。

```
>>> a = {x: x**2 for x in (2, 4, 6)}
>>> a
{2: 4, 4: 16, 6: 36}
```

4.5 循环控制

正常情况下，循环语句按照前两节介绍的流程执行。但在某些情况下，需要改变执行流程，如提前终止整个循环或提前终止本次循环。本节介绍改变循环流程的 break 和 continue 语句，以及循环中的 else 子句。

4.5.1 else 子句

while 循环语句和 for 循环语句都可以带一个 else 子句，当循环正常结束时，该 else 子句后面的语句块被执行。修改文件 test_while1.py，为 while 循环语句增加 else 子句，代码如下：

```
i = 1
sum = 0
while i <= 100:
    sum = sum + i
    i = i + 1
else:
    print("while 循环正常结束。")
print(sum)
```

执行结果：

```
while 循环正常结束。
5050
```

创建一个 Python 文件 test_else1.py，验证 for 循环语句的 else 子句，代码如下：

```
fib = [1, 1, 2, 3, 5, 8]
for f in fib:
    print(f, end=',')
else:
    print("\nfor 循环正常结束。")
```

执行结果：

```
1,1,2,3,5,8,
for 循环正常结束。
```

4.5.2 break 语句

break 语句用于跳出最近的一级 for 或 while 循环。

作为循环体的语句块完成一次执行后，会进入下一次的条件表达式判断。但如果在执行过程中遇到了 break 语句，则不再进行条件判断而直接终止最内层的循环。而且，遇到 break 语句终止的循环，将不再执行 else 子句的语句块。

编写程序，求 10 以内的所有素数。创建一个 Python 文件 test_break1.py，代码如下：

```
for n in range(2, 10):
    for x in range(2, n):
        if n % x == 0:
            print(n, '不是素数,它等于', x, '*', n//x)
            break
    else:
        print(n, '是素数')
```

执行结果：

```
2 是素数
3 是素数
4 不是素数,它等于 2 * 2
```

```
5 是素数
6 不是素数,它等于 2 * 3
7 是素数
8 不是素数,它等于 2 * 4
9 不是素数,它等于 3 * 3
```

本例是一个多层循环的示例，有内外两层循环。外层循环处理从 2 到 9 的整数，内层循环判断当前整数 n 是否为素数。

在内层循环中，检查从 2 到 n-1，看它们能否整除 n。只要有一个数能整除，就说明 n 不是素数，显示结果后就可以终止循环（终止的是内层循环），不用继续检查后面的数，也不会执行 else 子句。如果从 2 到 n-1 都不能整除 n（说明 n 是素数），内层循环正常结束，执行 else 子句，输出 "n 是素数"。

4.5.3 continue 语句

当在循环体中遇到 continue 语句时，continue 后面的语句不再执行，直接进行下一次的条件表达式判断。

编写一个程序，用来计算整数列表中正数的平均值。创建一个 Python 文件 test_continue1.py，代码如下：

```
lst = [68, -40, 44, -20, 48, 65, -3, 0, -7, 12]
sum = 0
n = 0
for i inlst:
    if i < 0:
        continue
    sum = sum + i
    n = n + 1
print(sum / n)
```

执行结果：

```
39.5
```

在程序的初始部分定义了一个列表，其中有正数有负数。变量 sum 用于保存正数之和，变量 n 用于对正数计数。在循环体中，判断列表元素 i 的值。如果其值为负，不执行后面的语句，直接处理列表中的下一个数；如果其值为正，则求和且计数加 1。循环结束后求平均值并输出。

4.6 习题

1. 写出下列表达式的值（设 a=3,b=4,c=5）：

1） a-b < c+1

2） a>=b and b>=c+1

3） not(b-a) or not (c-8)

4） a>b and a+c==b

2. 用 Python 描述下面命题：

1） a 小于 b 或小于 c。

2）a 和 b 都大于 c。

3）a 和 b 中至少有一个小于 c。

4）a 是偶数。

5）a 不能被 b 整除。

3. 请说明操作符“=”“==”和“is”的区别。

4. 有三个整数 a、b、c，由键盘输入，输出其中最小的数。

5. 编程计算下面的分段函数：

1）
$$y=\begin{cases}1, & (x=0)\\ \dfrac{\sin x}{x}, & (x\neq 0)\end{cases}$$

提示：请上网查询如何求 sinx，或者预习本书 6. 3. 3 节。

2）
$$y=\begin{cases}x, & (x<1)\\ 2x-1, & (1\leqslant x<10)\\ 3x-11, & (x\geqslant 10)\end{cases}$$

6. 已知三角形的三条边长 a、b、c，判断它们是否能够构成三角形，如果能，请计算三角形的面积。构成三角形的条件是 $a+b>c$，且 $|a-b|<c$。

7. 编写程序，从键盘获取用户名和密码。如果用户名和密码都正确（预先设定一个用户名和密码），就显示“欢迎 xxx 登陆”，否则显示“用户名或密码错误”。

8. 输入一个字符，如果是大写字母，转换为小写；如果不是大写字母，则不转换，最后输出。提示：既可以使用 if 语句，也可以使用字符串的相关方法。

9. 编程指出一个整数是否为 3、5、7 的倍数。

10. 编写计算器程序，实现简单的四则运算。可参考第 2 章习题 14 继续实现，要求：

1）用户输入合法的四则运算表达式，如 5+6，程序显示计算结果。

2）支持+、-、*和/四种运算。提示：因为要支持四种运算，不能再使用字符串的 split 方法。

3）上述过程循环执行，直到用户输入一个字符 Q，程序才退出。

11. 输入一个正整数 m，判别其是否为素数（只能被 1 和其本身整除）。若是，则输出 m “is a prime number.”；否则，输出 m “is not a prime number.”。

12. 编写程序，求 100~200 之间所有的素数。

13. 编程求满足下列不等式的 n 的最小值：

$$1+\frac{1}{2}+\frac{1}{3}+\cdots+\frac{1}{n}>\text{limit}$$

式中 limit 是大于 1 的任意数（注意：limit 值不要取得太大，否则运行时间太长）。

14. 计算 1/2+1/4+1/6+……+1/50 的值。

15. 用 5 分、2 分、1 分的硬币 10 枚组成 2 角 4 分钱，有多少种不同的组成方法？

16. 将 50~100 之间的不能被 3 整除的数输出。

17. 打印九九乘法表。

18. 如果一个三位的正整数等于它每一位数字的三次方之和，则这个数被称为“水仙花数”。求出 100~999 之间的全部水仙花数。

19. 请写出下面代码的执行结果：

```
x=5
l=[]
for i in range(x):
    l.append(i*i)
print(l)
```

20. 有 li = [-2, 1, 3, -6]，实现按照绝对值大小，从小到大将 li 中内容排序。

21. 有如下值集合[11,22,33,44,55,66,77,88,99]，将所有大于 50 的数保存至字典的第一个 key 的值中，将小于 50 的值保存至第二个 key 的值中，即：

```
{'k1':大于 50 的所有值,'k2':小于 50 的所有值}
```

22. 字符串是否可迭代？如果可以，请使用 for 遍历每一个字符。

23. 有如下列表：

```
li = [1,2,3,4,5,6,6]
```

编程计算，能组成多少个互不相同且不含重复数字的两位数。

24. 输入一个字符串，编程计算该字符串中有几个十进制数字？有几个字母？

25. 编写程序，输入一个字符串，统计各个字符在该字符串中出现的次数。

26. 使用 while，完成以下图形的输出。

```
*
* *
* * *
* * * *
* * * * *
* * * *
* * *
* *
*
```

27. 使用 while，完成以下图形的输出。

```
    *
   ***
  *****
 *******
*********
 *******
  *****
   ***
    *
```

28. 有如下列表：

```
nums = [2,7,11,15,1,8,7]
```

请找出列表中任意两个元素相加能够等于 9 的元素集合，如[(2,7),(1,8)]。

29. 编写程序计算：

公鸡 5 文钱一只，母鸡 3 文钱一只，小鸡 3 只一文钱，用 100 文钱买 100 只鸡，其中公鸡、母鸡、小鸡都必须要有，问公鸡、母鸡、小鸡要买多少只刚好凑足 100 文钱？

30. 使用循环语句：

1）求 2-3+4-5+6-…+100 的结果。

2）求 1-2+3-4+5-…+99 的结果。

3）输出 1~100 内的所有奇数。

31. 编程实现：输入一个十进制整数，输出该整数的二进制表示。

32. 自学使用冒泡排序法进行排序。

33. 编写程序，判断用户输入的年份是否闰年。

34. 编写程序，输入某年某月某日，判断这一天是这一年的第几天？

提示：可能需要考虑是否闰年。

35. 输入年份，编程计算从公元元年开始到今年为止共有多少个闰年？

36. 编写日历程序，要求：输入年份，输出该年的日历，形如：

```
年份:2020
1月
一  二  三  四  五  六  日
             1   2   3   4
 6   7   8   9  10  11  12
13  14  15  16  17  18  19
……

2月
一  二  三  四  五  六  日
……
```

曾经，本书作者每学习一门编程语言，都会用这门语言编写一下日历程序，对于熟悉语法和锻炼逻辑都非常有帮助。

难点：

- 每月的 1 日是星期几？
- 当年是否闰年？

提示：

- 公元元年的元旦是星期一。
- 平年每年有 365 天，即 52 周多 1 天。也就是说正常每年元旦的星期几比去年加 1。
- 闰年有 366 天，闰年的第二年，元旦的星期几比去年加 2。
- 从公元元年到今年经历了多少年，再加上经历了多少个闰年，除以 7 的余数，就是今年元旦的星期几。

37. 改进日历程序。

如果能够顺利完成上一题目，说明已经具有了合格的编程基本功。但优秀的程序员永远都会追求做得更好，而且事实上，程序也确实永远都有继续改进的余地。

比如可以改进输出格式。花这么大精力编写的程序，理应有一个更漂亮的外观。前面一题是纵向输出，每行只有 1 个月。如果能够改成每行 4 个月，每年的 12 个月共占 3 行，输出格式会更接近平常见到的日历。

对比上一题与本题，如果不是作业，您能自觉地做到哪一题的要求？这是普通程序员和优秀程序员的重要区别。上一题只是完成功能，本题才是满足用户需求。想想看，您的日历程序还有哪些可以改进的地方？

第5章　函　　数

本章介绍函数。函数是带名字的代码块，用于完成特定的任务[2]。要执行函数定义的特定任务，可调用该函数。使用函数，当需要在程序中多次执行同一任务时，就无需重复编写完成该任务的代码。通过使用函数，程序的编写、阅读、测试和修改都更容易。

使用 PyCharm 创建一个新的项目 ch05，用来验证本章示例。

5.1　定义函数

Python 的函数有三类[3]。

- 内建函数：Python 语言自带了许多内建函数，如之前用过的 print( )、type( ) 等都是 Python 内建函数，可以直接使用。
- 自定义函数：编程人员可以自己创建函数，叫作自定义函数。设计并实现自定义函数是程序设计的主要工作。
- API 函数：别人创建的、封装好的函数。使用者并不知道它是怎样实现的，但可以直接使用，使用方法与前两类函数无本质区别。

本节主要介绍自定义函数。

1. 最简单的函数

下面示例用最简单的函数形式，说明函数定义与调用的过程。创建一个 Python 文件 test_def1. py，代码如下：

```
def say_hello( ):# ①
    """②显示问候语"""
    print("Hello!")# ③

say_hello( )# ④
```

执行结果：

```
Hello!
```

test_def1. py 说明了最简单的函数结构。第①行使用 def 保留字告诉 Python 要定义一个函数，该行称为函数定义。def 保留字之后必须跟函数名和包括形式参数的圆括号。本例的函数名是 say_hello。括号中可以向函数传递参数，也就是告诉函数完成任务需要什么样的信息；本例不需要参数，括号内为空。该行要以冒号结束。

函数体语句从函数定义的下一行开始，必须是缩进的。第②行的文本是被称为文档字符串(Docstring）的注释，描述了函数是做什么的。文档字符串用三引号括起来，有些工具通过文档字符串自动生成在线的或可打印的文档；即使不生成文档，文档字符串也会让程序员之间的交流变得更加顺畅，在代码中包含文档字符串是一个好的习惯。

第③行是本例函数体唯一的一行执行代码，它的功能是调用 print( ) 函数显示问候语。

要想使用这个函数，可以调用它，如本例的第④行。函数调用让 Python 执行函数中的代码。函数调用需要指明函数名，以及用括号括起来的实际参数。本例不需要参数，因此括号内为空。

2. 向函数传递参数

对 test_def1. py 进行修改，使其在显示问候语时加上用户名，代码如下：

```
def say_hello(username):
    """显示问候语"""
    print("Hello, " + username + "!")

say_hello("Zhang")
```

执行结果：

```
Hello, Zhang!
```

在函数定义的括号内增加了参数 username，通过该参数，函数可以接收调用时给出的任何值。本例在调用时指定了参数值为"Zhang"，函数的显示结果就是“Hello，Zhang!”。如果函数调用改为 say_hello("Xu")，函数的显示结果就是“Hello，Xu!”。

3. 实参和形参

前面笼统地使用术语“参数”，后面更深入的讨论需要将参数分为形参和实参。

在函数定义中，括号内要求的参数（如 username）被称为形式参数，简称形参，函数体中根据这些形参进行操作。当调用函数时，需要指定参数的实际值（如 say_hello("Zhang")中的"Zhang"），称为实际参数，简称实参。

5.2 返回值

5.1 节示例函数 say_hello()的功能只是单纯输出。在很多情况下，函数在经过处理之后，需要将处理结果返回给调用者，这时候就要用到返回值。

5.2.1 return 语句

在函数体中，由 return 语句指定函数的返回值。创建一个 Python 文件 test_return1. py，代码如下：

```
def max(x, y):
    a = x
    if x < y:
        a = y
    return a

m = max(6, 9)
print(m)
```

执行结果：

```
9
```

函数 max 接收两个形式参数，使用 if 语句，将两个参数中值比较大的一个赋值给变量 a，然后用 return 语句返回 a 的值。

语句 m = max(6, 9)，是先将实际参数 6 和 9 传递给函数 max，再将函数返回的结果赋值给变量 m。

需要说明的是，即使函数体中没有 return 语句，函数运行结束后也会隐含地返回一个 None 作为返回值，None 的说明见 2.2 节。

5.2.2 多分支 return 语句

Python 函数使用 return 语句返回“返回值”，可以将返回值赋给其他变量作其他的用途。所有函数都有返回值，即使返回的是 None。

一个函数可以有多个 return 语句，遇到任何一个 return 语句，函数立即返回，函数中的其他语句都不再执行，也就是说最多只有一个 return 语句会被执行。如果执行到函数结束也没有遇到 return 语句，就隐式地执行 return None。如果有必要，也可以显式地执行 return None，明确返回一个 None 作为返回值，return None 可以简写为 return。

对 test_return1.py 进行修改，将相关代码修改为：

```
def max(x, y):
    if x < y:
        return y
    else:
        return x
```

执行结果完全相同。

5.2.3 返回值类型

可以用 type() 函数查看函数返回值的类型。

对 test_return1.py 进行修改，将调用部分代码改为：

```
m = max(6, 9)
print(m)
print(type(max(6, 9)))
```

执行结果：

```
9
<class 'int'>
```

Python 的 return 语句只能返回单值，如果需要返回多个值，需要使用复合数据类型，如列表、元组等。

创建一个 Python 文件 test_return2.py，代码如下：

```
def show_list():
    return [1, 2, 3]

print(show_list())
print(type(show_list()))
```

执行结果：

```
[1, 2, 3]
<class 'list'>
```

可以看到返回的是列表类型。

对 test_return2.py 的 return 语句进行修改，将代码改为：

```
return (1, 2, 3)
```

执行结果：

```
(1, 2, 3)
<class 'tuple'>
```

继续对 test_return2. py 的 return 语句进行修改，将代码改为：

```
return 1, 2, 3
```

执行结果仍然为：

```
(1, 2, 3)
<class 'tuple'>
```

return 1, 2, 3 看似返回多个值，其实隐式地被 Python 封装成了一个元组返回，本例验证了 Python 函数只能返回单值。但利用元组的封装和拆封功能，可以使 Python 函数达到返回多个值的效果。例如：

```
defshow_list():
    return 1, 2, 3

a, b, c = show_list()
print(a)
print(b)
print(c)
```

在本例中，return 语句先将多个值封装成元组，“a, b, c = show_list()”一句再将函数返回的元组拆封成三个变量。

5.3 参数的传递方式

在函数定义中可以包含若干个参数，称为形式参数（形参）。调用时将实际的参数值传入，称为实际参数（实参）。本节讨论实参是如何传递给形参的，也就是参数的传递方式。要理解 Python 的参数传递方式，最好与其他语言（如 C 语言）进行对照，并借用其术语。

C 语言采用的是值传递方式，即形参和实参分配不同的内存地址，在调用时将实参的值复制到形参，在这种情况下，在函数内部修改形参的值不会影响到实参。C++增加了“引用”这个概念，即在函数定义时，在形参前加一个 & 符号，表示传递参数的引用，实参与形参指向共同的内存地址，在函数内修改形参的值会影响到实参，这种参数传递的方式被称为引用传递。那么，Python 是值传递还是引用传递呢？下面看两个例子。

示例一：创建一个 Python 文件 test_tran1. py，代码如下：

```
def swap(x, y):
    """试图交换两个变量的值"""
    temp = x
    x = y
    y = temp
    print(f"函数内部:x={x},y={y}")

a, b = 5, 9
print(f"交换之前:a={a},b={b}")
```

```
swap(a, b)
print(f"交换之后:a={a},b={b}")
```

执行结果:

```
交换之前:a=5,b=9
函数内部:x=9,y=5
交换之后:a=5,b=9
```

可以看到，在 swap 函数内部对形参 x 和 y 进行了交换，但在函数的外部，a 和 b 的值仍然是函数调用之前的值，没有改变。按照这个示例，Python 采用的是值传递方式。

示例二：创建一个 Python 文件 test_tran2. py，代码如下：

```
def proc_list(m):
    """对列表进行修改"""
    m.append(10)
    print(f"函数内部:{m}")

n = list(range(5))
print(f"调用之前:{n}")
proc_list(n)
print(f"调用之后:{n}")
```

执行结果:

```
调用之前:[0, 1, 2, 3, 4]
函数内部:[0, 1, 2, 3, 4, 10]
调用之后:[0, 1, 2, 3, 4, 10]
```

函数 proc_list 接受一个列表，并在列表的尾部追加一个值。在函数调用之后，外部传入的实参值发生了变化，也就是说，函数内外操作的是同一个列表。按照这个示例，Python 采用的是引用传递方式。

Python 的参数传递方式与内存使用机制有关，不能确定是值传递还是引用传递，随着版本的变化还可能会改变。回顾 4.1.1 节关于 is 操作符及 id() 函数的使用，可以有助于对本节内容的理解。如果在程序中适合的位置使用 id() 函数，可以看到，在示例一中，a 和 x 的 id 不同，而在示例二中，n 和 m 的 id 相同。通常情况下，简单对象（如 int）采用值传递，复杂对象（如列表）采用引用传递。

5.4 参数类型

在使用 Python 的内置函数（如 print() 函数）时，相信读者已经领略到 Python 参数的灵活性。与其他编程语言相比，Python 的一大优势就是其参数类型及传递形式丰富而灵活。Python 中参数的定义形式有多种，不仅包括位置参数、默认值参数、关键字参数等一般形式，还可以使用元组参数、字典参数的封装与拆封，进一步增强参数传递的灵活性。这些形式可以单独使用也可以混合使用。

5.4.1 位置参数

位置参数是参数定义的最基本形式，本章前面的函数定义采用的都是位置参数。

创建一个 Python 文件 test_para1. py，代码如下：

```
def f(a, b, c):
    print(a, b, c)

f(1, 2, 3)
```

执行结果：

```
1 2 3
```

位置参数必须以函数定义中的顺序来传递，如函数调用 f(1, 2, 3) 中的 1、2 和 3 分别对应函数定义 f(a, b, c) 中的 a、b 和 c。

5.4.2 默认值参数

可以为一个或多个参数指定默认值，这样，在调用时就可以传入比定义时更少的实际参数。创建一个 Python 文件 test_para2.py，代码如下：

```
def f(a, b=10, c=20):
    print(a, b, c)


f(1, 2, 3)
f(1, 2)
f(1)
f()# 调用时会报错
```

执行结果：

```
Traceback (most recent call last):
  File "E:/PyCharmProjects/ch04/test_para2.py", line 7, in <module>
    f()
TypeError: f() missing 1 required positional argument: 'a'
1 2 3
1 2 20
1 10 20
```

参数 a 是位置参数，调用时必须传入。参数 b 和 c 给出了默认值，调用时这些参数如果不指定实参，将采用默认值。这个函数可以通过几种不同的方式调用。

(1) 位置参数调用时必须传入：

```
f()# 调用时会报错
```

(2) 只给出必要的参数：

```
f(1)
```

(3) 给出部分可选的参数：

```
f(1, 2)
```

(4) 给出所有的参数：

```
f(1, 2, 3)
```

需要注意的是：对于引用传递的参数（实参值在函数内部可能改变），即使函数被多次调用，默认值也只会被赋值一次，参数值的改变可能在多次调用中累积。请看下面示例，创建一个 Python 文件 test_para3.py，代码如下：

```
def f(a, li=[]):
li.append(a)
return li

print(f(1))
print(f(2))
print(f(3))
```

执行结果：

```
[1]
[1, 2]
[1, 2, 3]
```

如果不想让默认值在后续调用中累积，可以将函数改为如下形式：

```
def f(a, li=None):
    if li is None:
        li = []
    li.append(a)
    return li
```

这个示例的实质是将参数的引用传递改成值传递，这样，参数值的改变就不会在多次调用中累积。

5.4.3 关键字参数

函数调用时可以通过关键字参数的形式来传递参数，形如 keyword=value。下面示例说明关键字参数的用法，创建一个 Python 文件 test_para4.py，代码如下：

```
def f(a, b=10, c=20):
    print(a, b, c)


# 最一般的调用方式
f(1, 2, 3)
#其他正确的调用方式
f(a=1, b=2, c=3)
f(1, c=2)
f(a=1)
f(b=2, c=3, a=1)
#其他错误的调用方式
f(a=1, 2)          # 关键字参数之后不能再使用非关键字参数
f(1, a=2)          # 重复指定了参数 a 的值
f(b=2)             # 参数 a 的值未指定
f(1, d=2)          # 没有名称为 d 的参数
```

函数定义与前例相同，接受一个必选参数（a）和两个可选参数（b 和 c）。前面是正确的调用形式，执行结果：

```
1 2 3
1 2 3
1 10 2
1 10 20
1 2 3
```

正确的调用方式如下：

- 位置参数也可以用关键字参数的形式来指定值，如 f(a=1)是正确的。
- 指定关键字参数的顺序可以任意，如 f(b=2, c=3, a=1)是正确的。

错误的调用方式如下：

- 在函数调用中，关键字的参数必须跟随在位置参数的后面，如 f(a=1, 2)是错的。
- 任何参数都不可以多次赋值，如 f(1, a=2)是错的。
- 传递的所有关键字参数必须与函数接受的某个参数相匹配，如 f(1, d=2)是错的。

关键字参数是 Python 程序员非常喜欢的一种参数传递方式，希望读者能够熟练掌握。

5.4.4 元组参数的封装与拆封

本书 3.2 节介绍了元组封装与拆封的概念，5.2 节介绍了函数返回值如何使用元组的封装与拆封，本节介绍元组的封装与拆封如何用于参数传递。

在定义函数时，有时并不知道会传入多少个参数。这时候，采用形如“*name”形式，可传递可变个数的参数，这些参数被封装进一个元组。

创建一个 Python 文件 test_para5.py，代码如下：

```
def func(*name):
    print(type(name))
    print(name)

func(1, 2, 3)
func(1, 2, 3, 4, 5, 6)
```

执行结果：

```
<class 'tuple'>
(1, 2, 3)
<class 'tuple'>
(1, 2, 3, 4, 5, 6)
```

可见，形参可被当成元组来操作，从而可以知道实参的数量及各参数的值。

这样传递的参数元组必须在位置参数和默认参数之后。将文件 test_para5.py 修改为：

```
def func(a, b=2, *name):
    print(type(name))
    print(name)

func(1, 2, 3)
func(1, 2, 3, 4, 5, 6)
func(1)
```

执行结果：

```
<class 'tuple'>
(3,)
<class 'tuple'>
(3, 4, 5, 6)
<class 'tuple'>
()
```

可以看出，在前两个调用中，前两个实参被传递给了形参 a 和 b，剩余的参数被封装传递给形参 name。第三个调用只有一个实参，该实参传递给形参 a，形参 b 使用默认参数，而 name 只能接收到一个空元组。

注意，第一个调用显示的元组为（3,），这是单元素元组的显示形式，在单元素的后面要加一个逗号。

在函数定义中，任何出现在 * name 后面的参数都被当成是关键字参数。将文件 test_para5. py 修改为：

```
def func(a, b=2, *name, last_para):
    print(type(name))
    print(name)
    print(last_para)


func(1, 2, 3, last_para='OK!')
func(1, 2, 3, 4, 5, 6, last_para='Yes!')
```

执行结果：

```
<class 'tuple'>
(3,)
OK!
<class 'tuple'>
(3, 4, 5, 6)
Yes!
```

上面示例说明了元组参数的封装，相反的过程就是元组参数的拆封。

创建一个 Python 文件 test_para6. py，代码如下：

```
def func(a, b, c):
    print(a, b, c)


args = (1, 2, 3)
func(*args)
```

执行结果：

```
1 2 3
```

需要注意：

- 调用时元组名前面需要加一个 * 号。
- 元组的元素数量必须与函数接受的参数数量一致。在上例中，如果 args 有两个或四个元素，调用时都会报错，请读者自行验证。

封装参数可以与一般参数组合使用，修改文件 test_para6. py，函数定义部分不做修改，只修改调用部分，代码如下：

```
def func(a, b, c):
    print(a, b, c)

args = (2, 3)
func(1, *args)
```

执行结果：

```
1 2 3
```

执行结果与修改前相同。

5.4.5 字典参数的封装与拆封

与元组参数的封装与拆封相似，可以使用形如“ **dict”的形式，利用字典传递数量可变的关键字参数。创建一个 Python 文件 test_para7.py，代码如下：

```
def func( **dic):
    print(type(dic))
    print(dic)

func(a=1, b=2, c=3)
func(语言='Python', 平台='Windows', 数据库='MySQL')
```

执行结果：

```
<class 'dict'>
{'a': 1, 'b': 2, 'c': 3}
<class 'dict'>
{'语言': 'Python', '平台': 'Windows', '数据库': 'MySQL'}
```

可见，可变的键：值对被封装成字典，传递给函数，在函数中对形参字典进行处理。相反的过程就是字典参数的拆封。

创建一个 Python 文件 test_para8.py，代码如下：

```
def func(a, b, c):
    print(a, b, c)

args = {'a': 1, 'b': 2, 'c': 3}
func( **args)
```

执行结果：

```
1 2 3
```

从元组参数和字典参数的拆封示例可以看出，函数定义仍然是最一般的形式，但在调用时既可以使用一般的实参形式，也可以使用元组和字典，充分体现了 Python 的灵活和方便。

5.5 变量的作用域

编程中要经常使用变量，变量在编程中起着重要的作用。事实上，程序的作用主要是处理数据，而数据在程序中大多以变量的形式存在。前面注意的主要是变量的数据类型，在学习了函数的概念后，需要进一步关注变量的另一方面的属性——作用域。初学者理解作用域的概念可能有难度，解决方法是认真阅读，反复执行本节的示例。

根据作用域的不同，变量可分为全局变量和局部变量。全局变量对应全局作用域，在全局范围内起作用；局部变量对应局部作用域，仅在函数内部起作用。一个变量是全局变量还是局部变量，通常可根据它定义的位置区分。定义在函数内的变量是局部变量，只能在函数内使用，不能在函数外使用；定义在函数外的变量是全局变量，可以在全局范围内使用，包括可以在函数内部使用。

通常情况下，全局变量的作用域是本模块，除非被导入到其他模块（模块的概念见第 6 章）。因为 Python 允许函数嵌套定义，即可以在一个函数内部定义它的子函数（详见 5.5.3 节），所以局部变量还有层级的区分。由于全局变量与不同层级的局部变量的名称可以相同，所以 Python 规定了变量的引用顺序为：当前作用域局部变量→外层作用域变量→全局变量→Python 内置变量。

5.5.1 局部变量

局部变量在函数内部定义。创建一个 Python 文件 test_area1. py，代码如下：

```
x = 100

def func():
    x = 50
    print(f'局部变量 x 的值为{x}。')
    x = 58
    print(f'局部变量 x 的值改为{x}。')

func()
print(f'局全局变量 x 的值为{x}。')
```

执行结果：

```
局部变量 x 的值为 50。
局部变量 x 的值改为 58。
局全局变量 x 的值为 100。
```

上例中分别定义了全局变量 x（初始值为 100）和局部变量 x（与全局变量 x 同名，初始值为 50）。函数内部访问 x 时，默认访问的是局部变量 x，对局部变量 x 的修改不影响全局变量。

除函数体内部定义的局部变量外，函数的形式参数也是局部变量。locals()函数会以字典类型返回当前位置的所有局部变量。将文件 test_area1. py 修改为：

```
x = 100

def func(x):
    print(f'局部变量 x 的值为{x}。')
    x = 58
    print(f'局部变量 x 的值改为{x}。')
    y = 60
    print(locals())

func(50)
print(f'局全局变量 x 的值为{x}。')
```

执行结果：

```
局部变量 x 的值为 50。
局部变量 x 的值改为 58。
{'x': 58, 'y': 60}
局全局变量 x 的值为 100。
```

通过调用 locals()函数可以看到，x 和 y 都是 func()的局部变量。

5.5.2 全局变量

在函数内部可以访问全局变量。创建一个 Python 文件 test_area2. py，代码如下：

```
x = 100

def func():
    print(x)

func()
print(x)
```

执行结果：

```
100
100
```

由于函数内部没有与全局变量同名的局部变量，所以函数内部的 print(x)输出的也是全局变量的值。但如果函数内部有与全局变量同名的局部变量，按照前面所介绍的引用顺序，会先访问同名的局部变量，这可能引起混淆。修改文件 test_area2. py，增加两行代码：

```
x = 100

def func():
    print(x)
    x = 2            # 新增的语句
    print(x)         # 新增的语句

func()
print(x)
```

执行结果：

```
Traceback (most recent call last):
  File "E:/PyCharmProjects/ch05/test_area2.py", line 8, in <module>
    func()
  File "E:/PyCharmProjects/ch05/test_area2.py", line 4, in func
    print(x)
UnboundLocalError: local variable 'x' referenced before assignment
```

可以看到，报错的是函数内部第一个 print(x)，在第 4 行，报错的原因是“在赋值之前引用局部变量 x”。由于有第 5 行的 x = 2，Python 编译器把 x 理解为局部变量，因此不允许在该句之前引用变量 x。

在函数体内声明的变量，默认都是局部变量，除非有特别说明，如全局变量的声明要用保留字 global。继续将文件 test_area2. py 修改为：

```
x = 100

def func():
    global x        # 新增的语句
    print(x)
    x = 2
    print(x)

func()
print(x)
```

执行结果：

```
100
2
2
```

在函数内部首先声明 x 为全局变量，因此无论在函数内外，访问的都是全局变量 x，包括 x = 2 一句也是给全局变量赋值，而不是新声明一个局部变量。

即使没有函数外的全局变量定义，只要在函数内部使用 global，声明的变量就是全局变量。继续将文件 test_area2. py 修改为：

```
def func():
    global x
    x = 100          #本句由函数外移到了函数内
    print(x)
    x = 2
    print(x)

func()
print(x)
```

执行结果：

```
100
2
2
```

因为在函数内部声明了全局变量 x，所以程序的最后一句 print(x)才可以访问“看起来未声明的全局变量”。但这不是好习惯，全局变量最好在函数外有显式的声明，方便程序的阅读理解。

5.5.3 nonlocal

Python 允许函数嵌套定义，即可以在一个函数内部定义它的子函数，子函数只能被它外层的父函数调用。nonlocal 用于在函数的嵌套定义中，在子函数中访问外层函数的变量。本书作者不推荐这种做法，仅给出一个简单示例，保持知识的完整性，而不做详细介绍。创建一个 Python 文件 test_area3. py，代码如下：

```
x = 100

def outer():
    def inter():
        nonlocal x
        x = x + 10

    x = 50
    inter()
    print(x)

outer()
print(x)
```

执行结果：

```
60
100
```

程序中定义了全局变量 x，其值为 100。还定义了一个函数 outer()，outer()函数中又定义了一个子函数 inter()。inter()函数中的 nonlocal x 一句，声明 x 为外层函数的变量，inter()函数的功能是将该变量的值加 10。外层函数 outer()中的 x = 50 一句声明了一个局部变量 x，调用 inter()函数将该局部变量的值改成了 60。

在最外层，先调用 outer()，在 outer()中输出的局部变量的值为 60；再调用 print(x)，输出的是全局变量 x 的值 100。

5.6 与函数有关的其他内容

本章前面介绍了与函数有关的主要内容，掌握这些内容已经可以编写出功能合理的函数。本节集中介绍一些与函数相关的辅助内容，掌握这些内容可以使编写的函数结构更合理，更易于阅读和交流。

5.6.1 pass 语句

pass 语句什么都不做，但它的存在是有价值的，很多其他编程语言也都有类似的语句。它用在那些语法上必须要有语句，但程序却什么都不需要做的场合。例如在自顶向下的程序设计当中，往往先设计好程序结构，划分好程序的各个模块，然后逐个实现每个模块的内部功能。

假设已经准备要设计一个名称为 my_func()的函数，可用如下方式：

```
def my_func():
    pass # 功能待实现
```

这样的程序编译能够通过，该函数的不完整不影响程序整体的运行。

再比如要创建一个类（类将在第 7 章介绍），可用如下方式：

```
class MyClass:
    pass # 功能待实现
```

先确定类名，内部功能以后再实现。

还有其他一些应用场合，不再一一说明。

5.6.2 文档字符串

文档字符串是一个重要工具，既可以使程序更清晰、更容易理解，还可以用工具自动生成文档。在函数体的第一行，可以使用一对三单引号 ''' 或者一对三双引号 """ 来定义文档字符串。如前所述，三个引号是多行注释的语法，放在函数体的第一行，除一般的注释意义外，还具有了文档字符串的特殊意义。

文档字符串使用的惯例是：首行简述函数功能，第二行为空行，从第三行开始描述函数的具体功能。可以用函数的__doc__（注意是双下划线）属性获得函数的文档字符串。

创建一个 Python 文件 test_def2. py，代码如下：

```
def func():
    """简述函数功能

    函数的具体描述"""
```

```
    pass

print(func.__doc__)
```

执行结果：

```
简述函数功能

    函数的具体描述
```

可以看到，Python 不会从多行的文档字符串中去除缩进，所以必要时应当自己清除缩进。

函数的功能多种多样，需要的参数、返回的结果也各不相同，具体怎么使用，需要看函数作者提供的说明文档，或者根据函数内的具体代码自己分析。函数内的代码不一定看得到，看到也不一定看得懂，能看懂也可能很辛苦。所以一般函数的用法要看函数作者提供的说明文档。对于 Python 编程来说，看懂文档中的函数说明是一种重要能力。

5.6.3 函数注解

函数注解是用户自定义的、完全可选的、随意的元数据信息，用于为函数声明中的参数和返回值附加元数据（Metadata，描述数据的数据，此处用于描述函数的属性）。Python 本身或者标准库中都没有使用函数注解，但有些程序员喜欢使用，在很多第三方包（包的概念见第 6 章）中被大量使用。本节只介绍语法，免得读者在看到带注解的程序时产生困惑。

创建一个 Python 文件 test_annotations.py，代码如下：

```
def func(text: str, str_len: 'int > 0' = 80) -> str:
    """函数注解示例"""
    pass

print(func.__annotations__)
```

执行结果：

```
{'text': <class 'str'>, 'str_len': 'int > 0', 'return': <class 'str'>}
```

函数注解的用法如下：

- 参数注解（Parameter annotations）是定义在形参名称的“:”后面，紧随着一个用来表示注解的表达式。
- 如果参数有默认值，注解放在参数名和“=”之间。
- 如果函数有返回值，返回注解（Return Annotation）在函数定义的右括号“)”和末尾的“:”之间增加“->”和一个表达式。
- 表达式可以是任何类型。注解中最常用的类型是类（如 str 或 int）或字符串（如 'int > 0'）。
- 注解以字典形式存储在函数的__annotations__属性中，对函数的其他部分没有任何限制。

函数注解通常用来对参数和返回值的类型加以说明，但仅仅是说明，Python 不做检查，不做强制，不做验证，什么操作都不做。注解对 Python 解释器没有任何意义，只是元数据，可以供 IDE、框架和装饰器等工具使用。

5.6.4 编码风格

本书前面的示例代码都比较短小，实际编程时需要编写更长更复杂的 Python 程序，编码风格就显得特别重要。编程语言对编码风格没有硬性规定，但使用规范的、被广泛接受的编码风格，可以使代码更容易阅读，检错、纠错以及团队之间的交流都会更加容易。良好的编码风格是程序员水平的重要体现。

对于 Python，PEP 8 引入了大多数项目遵循的风格指导。PEP 是 Python Enhancement Proposal 的缩写，也就是 Python 增强建议书。它给出了一个高度可读、视觉友好的编码风格，是对所有 Python 开发者的建议：

- 使用 4 空格缩进。在小缩进（可以嵌套更深）和大缩进（更易读）之间，4 空格是一个很好的折中。
- 每行不超过 79 个字符。这有助于小显示器用户阅读，也可以让大显示器能并排显示几个代码文件。
- 用两个空行分隔顶层函数和类定义。类中的方法定义用一个空行分隔。
- 可以使用额外的空白行来分隔函数中的代码块。
- 可能的话，注释独占一行。
- 使用文档字符串。
- 把空格放到操作符两边，以及逗号后面，但是括号里侧不加空格，例如：
  a = f(1, 2) + g(3, 4)
- 统一函数和类命名。
  - 类名用驼峰命名法。骆驼式命名法又称驼峰命名法，是计算机程序编写时的一套命名规则（惯例）。正如它的名称 CamelCase 所表示的那样，是指混合使用大小写字母来构成类的名字。
  - 函数和方法名用小写加下划线（_）。总是用 self 作为方法的第一个参数（类和方法的介绍见第 7 章）。
- 尽量使用 UTF-8 编码。
- 不要使用非 ASCII 字符的标识符。

本书为了书籍排版的需要，未能全面遵循上述规定，但读者在编程时应该遵守。真诚希望本书的读者在今后的编程实践中，能够理解并遵循上述建议。

5.7 错误和异常

即使有经验的程序员，在编写代码时也会犯各种错误。在提高自己编程水平的过程中，一方面要尽量减少错误，另一方面要提高处理错误的能力和水平。

Python 中有两种错误：语法错误（Syntax Errors）和异常（Exceptions）。错误和异常不是函数所专有的，在任何地方都可能遇到，但将这部分内容放到本章的最后，既有助于对前面内容的理解，也可为后续内容打下基础。

5.7.1 语法错误

语法错误，也被称作解析错误，是初学者最容易遇到的错误。创建一个 Python 文件 test_exception1.py，代码如下：

```
print("Hello World')
```

执行结果：

```
D:\Python\Python38\python.exe E:/PyCharmProjects/ch05/test_exception1.py
  File "E:/PyCharmProjects/ch05/test_exception1.py", line 1
    print("Hello World')
                       ^
SyntaxError: EOL while scanning string literal
```

语法分析器指出发生错误的代码行，并且在检测到错误的位置下面显示一个向上的小"箭头"。错误由箭头前面的代码引起（语法分析器这么认为，不一定准确）。在这个例子中，字符串使用出现了错误，前面用双引号，后面用单引号，造成语法分析器认为字符串没有正确结束。根据出错信息中的文件名和行号，很容易找到错误所在。

同样的错误，在 Python 解释器、IDLE 和不同的 IDE 中提示方式都可能略有不同。为了指导读者在 IDE 中检错纠错，本节即使是只有一行的程序，也已经在 PyCharm 中创建 Python 文件并运行。如果不做特别说明，本节后续代码都在文件 test_exception1.py 中修改并运行。

5.7.2 异常

即使语法正确，执行结果也不一定正确。编译正确的代码在执行时也可能引发错误，像这样在运行期间检测到的错误称为"异常"。未处理的异常将导致程序终止运行。在学习如何在 Python 程序中处理异常之前，先来看一下未处理的异常会引发什么现象。请看下面几个示例。

将程序代码修改为：

```
10 * (1/0)
```

执行结果：

```
D:\Python\Python38\python.exe E:/PyCharmProjects/ch05/test_exception1.py
Traceback (most recent call last):
  File "E:/PyCharmProjects/ch05/test_exception1.py", line 1, in <module>
    10 * (1/0)
ZeroDivisionError: division by zero
```

将程序代码修改为：

```
a+5
```

执行结果：

```
D:\Python\Python38\python.exe E:/PyCharmProjects/ch05/test_exception1.py
Traceback (most recent call last):
  File "E:/PyCharmProjects/ch05/test_exception1.py", line 1, in <module>
    a+5
NameError: name 'a' is not defined
```

将程序代码修改为：

```
'3'+5
```

执行结果：

```
D:\Python\Python38\python.exe E:/PyCharmProjects/ch05/test_exception1.py
Traceback (most recent call last):
  File "E:/PyCharmProjects/ch05/test_exception1.py", line 1, in <module>
    '3'+5
TypeError: can only concatenate str (not "int") to str
```

在错误信息中，前半部分列出异常发生的位置，通常包含文件名和源代码行。

错误信息的最后一行指出发生了什么错误。异常也有不同的类型，异常类型作为错误信息的一部分被显示出来，如上面示例中的零除异常（ZeroDivisionError）、命名异常（NameError）和类型异常（TypeError）。这一行的后半部分是关于该异常类型的详细说明。

如果程序中有多行代码，程序在报错后会终止运行，后面的代码将不再执行。

5.7.3 异常处理

专业程序都会尽量处理可能的异常，而不是听任其发生，处理的方法是使用 try 语句。下面示例要求用户输入一个整数，如果用户输入的并非整数，则要求用户重新输入，直到输入一个合法的整数为止。创建一个 Python 文件 test_exception2. py，代码如下：

```
while True:
    try:
        x = int(input("请输入一个整数:"))
        break
    exceptValueError:
        print("您输入的不是整数,请重新输入。")
```

执行结果：

```
请输入一个整数:aa
您输入的不是整数,请重新输入。
请输入一个整数:0a
您输入的不是整数,请重新输入。
请输入一个整数:6
```

try 语句按如下方式工作：

- 执行 try 子句（在 try 和 except 保留字之间的语句块）。
- 如果 try 子句中没有异常发生，不会执行 except 子句。
- 如果在 try 子句执行过程中发生了异常，try 子句的剩余部分不再执行，转去执行异常处理。
- 异常处理：用所发生的异常与 except 保留字后面指定的异常类型进行匹配。
    - 有匹配类型，就执行对应的 except 子句。然后继续执行 try 语句之后的代码。
    - 在 except 子句中没有找到匹配的分支，就会将异常传递到上一级语句，交给上一级的 try 语句处理（如果有的话）。
    - 如果最终仍然找不到对应的处理语句，它就会成为一个未处理异常，终止程序运行，显示提示信息。

一个 try 语句可能包含多个 except 子句，分别指定处理不同的异常，但最多只会有一个分支被执行。异常处理程序只会处理对应的 try 子句中发生的异常，在同一个 try 语句中，其他子句（如某个 except 子句）中发生的异常则不作处理。一个 except 子句可以在括号中列出多个异常的名字，例如：

```
except (ZeroDivisionError, NameError, TypeError):
    pass
```

最后一个 except 子句可以省略异常类型，前面 except 子句不能匹配的异常都会在此子句中得到处理。下面示例不但要求输入一个整数，输入的整数还不能为 0。创建一个 Python 文件

test_exception3. py，代码如下：

```
while True：
    try：
        x = int(input("请输入一个整数作为除数："))
        y = 10/x
        break
    except ZeroDivisionError：
        print("除数不能为 0,请重新输入。")
    except：
        print("您输入的不是整数,请重新输入。")

print(y)
```

执行结果：

```
请输入一个整数作为除数:0
除数不能为 0,请重新输入。
请输入一个整数作为除数:aa
您输入的不是整数,请重新输入。
请输入一个整数作为除数:3
3.3333333333333333
```

在 except 子句中，可以为异常指定一个变量，用于对异常进行进一步的处理。继续修改文件 test_exception3. py，修改第二个 except 分支，相关代码如下：

```
except BaseException as ex：
    print(type(ex))
    print(ex.args)
```

执行结果：

```
请输入一个整数作为除数:aa
<class 'ValueError'>
("invalid literal for int() with base 10: 'aa'",)
请输入一个整数作为除数:2
5.0
```

BaseException 是所有异常的基类（类的概念见第 7 章），能够匹配任意类型的异常，效果与省略异常类型的 except 分支相同。本例为匹配的异常指定了变量名 ex，并在该 except 分支中显示异常的类型及更详细的信息。实际编程中经常用此方法，先捕获可能的异常，并在后续开发中不断细化程序。

try 语句可以带有一个 else 子句，该子句只能出现在所有的 except 子句之后。当 try 语句没有抛出异常时，如果需要执行一些代码，可以使用这个子句。

修改文件 test_exception3. py，增加 else 子句，代码如下：

```
while True：
    try：
        x = int(input("请输入一个整数作为除数："))
        y = 10/x
    except ZeroDivisionError：
        print("除数不能为 0,请重新输入。")
    except BaseException as ex：
        print(type(ex))
```

```
            print(ex.args)
    else:
        print(f"除数为{x}。")
        break

print(y)
```

执行结果：

```
请输入一个整数作为除数:2
除数为2。
5.0
```

注意，本例中break语句的位置有所改变。当try子句中没有break等语句退出循环时，else子句才会执行。在本例中，读者可自行验证，如果break语句还在原来的位置，执行结果如何。

try语句的else子句与循环语句的else子句非常相似，与if语句的else子句则非常不同。

5.7.4 定义清理行为

try语句还可以带一个可选的finally子句。不管有没有异常发生，finally子句在程序离开try后都一定会执行。当try语句中发生了未被except捕获的异常（或者在except或else子句中发生了异常），在finally子句执行完后，该异常会被重新抛出。即使try子句经由break、continue或return等语句退出，也一样会执行finally子句。

创建一个Python文件test_exception4.py，代码如下：

```
def divide(x, y):
    try:
        result = x / y
    except ZeroDivisionError:
        print("发生除0错误。")
    else:
        print("结果为:", result)
    finally:
        print("finally子句总会被执行。")

def main():
    try:
        print('执行divide(2, 1):')
        divide(2, 1)
        print('执行divide(2, 0):')
        divide(2, 0)
        print('执行divide("2", "1"):')
        divide("2", "1")
    except BaseException as ex:
        print(type(ex))
        print(ex.args)

main()
```

执行结果：

```
执行 divide(2, 1):
结果为: 2.0
finally 子句总会被执行。
执行 divide(2, 0):
发生除 0 错误。
finally 子句总会被执行。
执行 divide("2", "1"):
finally 子句总会被执行。
<class 'TypeError'>
("unsupported operand type(s) for /: 'str' and 'str'",)
```

这是一个复杂示例，不但演示了 finally 子句，还演示了异常向上级传递的过程。

程序中包含两个函数，main()为主调函数，divide()为被调函数。在主调函数中三次调用被调函数，代表了三种情况。

- 执行 divide(2, 1)时，未发生异常，显示相除后的结果。
- 执行 divide(2, 0)时，发生除 0 错误，异常在被调函数中被捕获并处理。
- 执行 divide("2", "1")时，发生数据类型异常，该异常在被调函数中未被捕获，传递到主调函数中被捕获并处理。

无论上述哪种情况，finally 子句总会被执行。

在实际编程中，finally 子句通常用于释放外部资源（如文件或网络连接等），无论它们在使用过程中是否出错。

5.8 习题

1. 在 5.3 节的两个示例中加上 id()函数，对实参和形参是否同一个对象进行考查。

2. 编写一个函数 digit(n,k)，它返回 n 的从右向左的第 k 个十进制数字位值（n 和 k 都是整数，k 从 0 开始计数）。例如，调用 digit(1357,2)将返回 3。

3. 编写两个函数，分别求两个整数的最大公约数和最小公倍数，并编写代码调用这两个函数。

4. 假设有下面的函数定义，参数值的改变会在多次调用中累积吗？为什么？请写出下面程序执行的结果。

```
def f(a, b=10):
    b = b+a
    print(a, b)


f(1)
f(1)
```

5. 改写 5.4 节的文件 test_para6.py，验证当元组的元素数量与函数接受的参数数量不一致时的执行结果。

6. 继续修改 5.7 节的文件 test_exception3.py，验证如果 break 子句还在原来的位置，执行结果如何？

7. Python 内建异常类的基类是哪个？该类通常如何使用？

8. 求三个数中最大数和最小数的差值，其中求最大值、最小值和差值分别用三个函数实现。

9. 一只猴子摘了若干个桃子，第一天吃了一半，又多吃了一个；第二天把剩下的桃子吃了一半，又多吃了一个；以后每天如此。到第五天吃之前，就只剩下一个桃子。问第一天猴子摘了几个桃子？（提示：后一天的数字加 1 后的两倍就是前一天的数字）

10. 编写一个函数，由实参传来一个字符串，统计该字符串中字母、数字、空格和其他字符的个数，编写代码输入字符串，并调用函数输出上述结果。

11. 编写一个函数，使输入的一个字符串反序存放。

12. 编写一个函数，从一字符串中删去指定字符。

第6章　模块和包

函数的优点之一是使用函数可以将代码块与主程序分离。通过给函数指定描述性名称，可让主程序更加容易理解。本章将函数存储在被称为模块的独立文件中，再将模块导入到主程序中运行，这样，主调函数与被调函数不需要在同一个模块中，增加了程序组织的灵活性。import 语句允许在当前运行的程序文件中使用其他模块中的代码[2]。

在开始本章的具体内容之前，先明确几个概念：模块、包和第三方包。

- 模块（Module）：是一个 Python 文件，以 . py 结尾，里面定义了一些函数和变量，需要的时候可以导入这些模块。
- 包（Package）：是在模块之上的概念，用于对模块进行管理。包是一个分层次的文件目录结构，它定义了一个由模块和子包，以及子包下的模块和子包等组成的 Python 应用环境。
- 第三方包：由其他第三方机构发布的具有特定功能的 Python 包。

使用 PyCharm 创建一个新的项目 ch06，用来验证本章示例。

6.1　模块

通过将函数放在独立的文件中，可隐藏程序代码的细节，将设计重点放在程序的高层逻辑上，还可以在不同的程序中重用函数。将函数放在独立文件中后，还可以与其他程序员共享这些文件而不是整个程序。

这种独立的 Python 文件称为模块，通过模块可以更有逻辑地组织 Python 代码，把相关的代码分配到一个模块中，能让代码更好用，更易懂。

除函数外，模块中还能定义类和变量等，也可以包含可执行代码。

6.1.1　导入模块

模块是包括 Python 定义和声明的文件，下面先通过一个简单的模块示例，演示模块的使用。

1. 模块定义

创建一个 Python 文件 test_module1. py，代码如下：

```
def say_hello():
    """显示问候语"""
    print("Hello!")
```

2. 导入模块

打开 CMD 命令行工具，并切换到 test_module1. py 所在的目录。或者使用 Windows 的资源管理器，在 test_module1. py 所在的目录下，按住〈Shift〉键，单击鼠标右键，在弹出菜单中选择“在此处打开 PowerShell 窗口”选项。在命令提示符中输入 python，启动 Python 解释器。

在 Python 解释器中，使用 import 命令导入模块。

```
>>> import test_module1
```

然后通过模块名按如下方式访问模块中的函数。

```
>>> test_module1. say_hello( )
Hello!
```

模块的模块名（作为一个字符串）可以由全局变量__name__得到。

```
>>> test_module1. __name__
'test_module1'
```

如果打算频繁使用一个函数，可以将它赋予一个本地变量。

```
>>> say = test_module1. say_hello
>>> say( )
Hello!
```

前面示例中模块名比较长，用起来不方便，可以用 import 语句直接从模块中导入函数名，以后就可以直接使用。

```
>>> from test_module1 import say_hello
>>> say_hello( )
Hello!
```

如果模块中有多个函数，可以用如下方法导入模块中的所有定义。

```
>>> from test_module1 import *
>>> say_hello( )
Hello!
```

这个方法可以导入所有（除了以下划线开头的）命名。需要注意的是，在编程实践中通常不鼓励使用 * 导入，因为这样不但会让导入变得效率低下，而且会让代码变得很难读。不过，在交互式会话中这样用很方便省力。

3. 在模块中定义变量

除函数外，模块中还可定义变量。每个模块都有自己私有的符号表，被模块内所有的函数作为全局符号表使用。因此，模块的作者可以在模块内部使用全局变量，而无需担心它与其他模块的全局变量命名冲突。在模块外部，也可以用与导入函数同样的方法，导入模块中的全局变量。

修改文件 test_module1. py，增加一行全局变量定义。

```
hello_str = "Hello World!"
```

出于性能考虑，每个模块在每个 Python 解释器会话中只导入一次。因此，如果导入的模块又进行了修改，则需要重启解释器，或者使用 reload( ) 函数重新导入。在 Python 3. 4 之后，reload( ) 函数被放到了 importlib 模块中。

```
>>> from importlib import reload
>>> reload( test_module1)
<module 'test_module1' from 'E:\\PyCharmProjects\\ch06\\test_module1. py'>
>>> print( test_module1. hello_str)
Hello World!
```

4. 在模块中导入其他模块

在一个模块中可以导入其他模块。一个好的习惯是将所有 import 语句放在模块的开始，但这并非强制。被导入的模块名会放入当前模块的全局符号表中。创建一个 Python 文件 test_module2. py，代码如下：

```
from test_module1 import *

say_hello()
print(hello_str)
```

执行结果：

```
Hello!
Hello World!
```

首先从模块 test_module1 中导入所有定义，然后调用 say_hello() 函数输出“Hello!”，最后调用 print(hello_str)输出“Hello World!”。

6.1.2 执行模块

除函数和变量定义之外，模块中还可以包含可执行语句。这些语句一般用来初始化模块，它们仅在第一次被导入时执行一次。

1. 加入可执行语句

修改文件 test_module1. py，增加一行执行语句。

```
say_hello()
```

重启解释器。

```
>>> import test_module1
Hello!
```

与前面的导入不同，导入模块后直接就有输出，说明在导入后执行了其中的 say_hello() 语句。

2. 作为脚本执行

如果模块中有可执行语句，则可以用 Python 解释器直接运行该模块，语法为：

```
python 模块名 <arguments>
```

打开 CMD 命令行工具，并切换到 test_module1. py 所在的目录，输入命令：

```
python test_module1. py
```

输出：

```
Hello!
```

该方式的执行流程如下：

- 启动 Python 解释器。
- 导入模块并执行模块中的可执行代码。
- 退出 Python 解释器，回到操作系统的命令行状态。

该方式经常用于执行程序的主模块。

3. 关于主模块

如前所述，Python 允许在一个模块中导入另一个模块，以达到程序共享的效果。前面还演示了直接在 Python 解释器中导入模块，为了与其他模块相区别，将 Python 解释器环境称为主模块，它的名字是__main__。在 Python 解释器中输入：

```
>>> __name__
'__main__'
```

这是一个被经常利用的特性，例如在很多模块中都有如下形式的代码：

```
if __name__ == '__main__':
    语句块
```

实际编程中经常用到这样的代码段，它的主要作用是让该模块文件既可以独立运行，也可以导入到其他模块中。当导入到其他模块时，__name__值是导入模块的名字，由于不是__main__，语句块不执行；此时，模块中只有定义部分起作用，起到了代码共享的效果。当在主模块中运行时，导入模块的名字是__main__，语句块被执行；这种情况可以为模块提供一个便于单独测试的方法。

6.1.3 模块的搜索路径

本节一直强调，要从模块所在的目录启动 Python 解释器，其实这并不是必须的。当要导入某个模块时，解释器先在当前目录搜索指定的模块。如果没有找到，会继续到 sys.path 变量中给出的目录列表中查找。sys.path 变量的初始值来自：

- 输入脚本的目录（当前目录）。
- 环境变量 PYTHONPATH 指定的目录列表。
- Python 的默认安装目录。

sys.path 是 Python 用于搜索模块的路径集，是一个 list 对象。可以使用操作一般 list 相同的方法，用 sys.path.append(path)添加路径，例如：

```
import sys
sys.path.append('E:\\PyCharmProjects\\ch06')
```

sys 是一个标准库，将在 6.3 节介绍。

使用上述方法添加的路径，退出 Python 环境就会消失。要想使添加的路径永久有效，可以修改系统中名为 PYTHONPATH 的环境变量；如果该变量不存在，就需要为系统增加该环境变量。

6.1.4 编译的 Python 文件

为了加快加载模块的速度，Python 会在模块所在目录的__pycache__子目录下，以 module.version.pyc 格式的名字缓存每个模块编译后的版本。读者可自行查看 PyCharm 项目目录下__pycache__子目录中的内容。

编译的 Python 文件通常会包含 Python 版本号，这种命名约定允许由不同版本的 Python 编译的模块同时存在。

Python 会检查源文件与编译版的修改日期，以确定它是否过期并需要重新编译，这是完全自动进行的。编译后的模块是跨平台的，可以在不同的操作系统之间共享。

如果没有源模块，Python 不会检查缓存。若要支持没有源文件（只有编译版）的发布，编译后的模块必须在源目录下，并且必须没有源文件。

6.2 包

前面介绍了如何将一些功能组织到模块中，每个模块可以包含一组相关功能。实际编程中，单个模块可能仍然不够，往往需要由多个模块组织成更大规模的功能集，于是引入了包（Package）的概念。

6.2.1 包的概念

包是在模块之上的概念，用于对模块进行管理。一个包中可以包含多个模块，还可以包含多个子包。每个子包中同样可以包含多个模块，还可以包含多个更低级的子包。这就构成了一种树形的目录结构。

事实上，包在文件系统中也确实是通过目录来进行管理的，Python 的“包”对应操作系统的一个“目录”。在该目录下，扩展名为 . py 的文件就是模块，子目录就是子包。为了让 Python 能够区分一般目录和作为包的目录，要求作为包的目录下面必须包含一个名为__init__. py 的文件。最简单的情况下，只需要一个空的__init__. py 文件即可。它也可以包含可执行代码，这些代码将在包被导入时执行，通常用于包的初始化，或者定义稍后介绍的__all__变量。

作为示例，可以看一下 vn. py（见本书第 16 章）的目录结构：

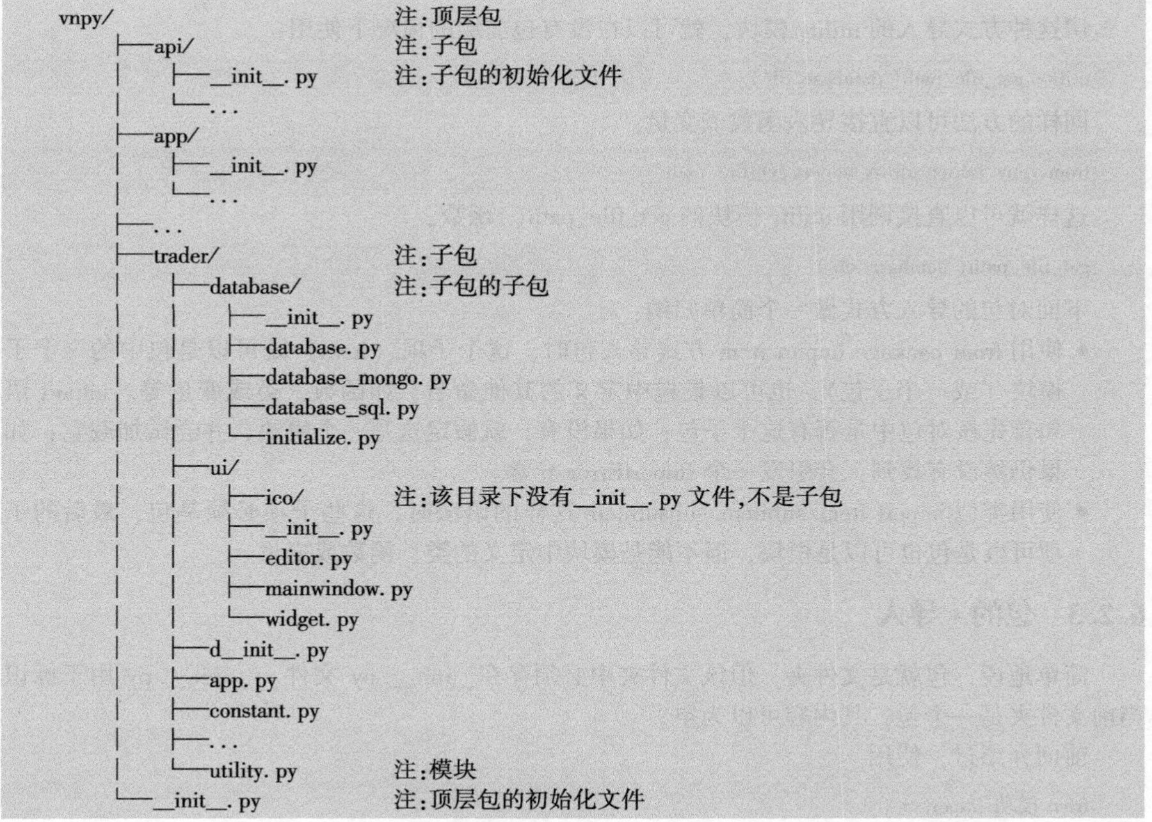

```
vnpy/                                   注：顶层包
    ├──api/                             注：子包
    │   ├──__init__. py                 注：子包的初始化文件
    │   └──...
    ├──app/
    │   ├──__init__. py
    │   └──...
    ├──...
    ├──trader/                          注：子包
    │   ├──database/                    注：子包的子包
    │   │   ├──__init__. py
    │   │   ├──database. py
    │   │   ├──database_mongo. py
    │   │   ├──database_sql. py
    │   │   └──initialize. py
    │   ├──ui/
    │   │   ├──ico/                     注：该目录下没有__init__. py 文件，不是子包
    │   │   ├──__init__. py
    │   │   ├──editor. py
    │   │   ├──mainwindow. py
    │   │   └──widget. py
    │   ├──d__init__. py
    │   ├──app. py
    │   ├──constant. py
    │   ├──...
    │   └──utility. py                  注：模块
    └──__init__. py                     注：顶层包的初始化文件
```

6.2.2 包的一般导入

包的导入同样使用 import 命令。下面的语句导入 vn.py 的顶层包：

```
import vnpy
```

包导入后，就可以用圆点操作符的形式引用其中的模块。例如，名为 A.B 的模块表示名为 A 的包中名为 B 的模块。下面的语句可以引用 trader 子包中的 app 模块：

```
vnpy.trader.app
```

正如用模块来保存不同的定义可以避免全局变量之间的相互冲突，使用圆点模块名还可以避免模块之间的命名冲突。例如上述对 app 模块的引用不会与子包 app 混淆。

可以每次只导入包里的特定模块，例如：

```
import vnpy.trader.utility
```

这样就导入了 vnpy.trader.utility 模块。但用这种形式导入的模块，仍然必须通过完整的名称来引用。例如要调用该模块中的函数 get_file_path，需要使用如下代码：

```
vnpy.trader.utility.get_file_path('database.db')
```

还可以用如下方式导入 utility 模块：

```
from vnpy.trader import utility
```

用这种方式导入的 utility 模块，就可以在没有包前缀的情况下使用：

```
utility.get_file_path('database.db')
```

同样的方法可以直接导入函数或变量：

```
from vnpy.trader.utility import get_file_path
```

这样就可以直接调用 utility 模块的 get_file_path()函数：

```
get_file_path('database.db')
```

下面对包的导入方式做一个简单归纳：

- 使用 from package import item 方式导入包时，这个子项（item）既可以是包中的一个子模块（或一个子包），也可以是包中定义的其他命名，如函数、类或变量等。import 语句首先核对包中是否有这个子包；如果没有，就假定这是一个模块，并尝试加载它；如果仍然没有找到，会引发一个 ImportError 异常。
- 使用类似 import item.subitem.subsubitem 这样的语法时，这些子项必须是包，最后的子项可以是包也可以是模块，但不能是模块中定义的类、函数或变量。

6.2.3 包的 * 导入

简单地说，包就是文件夹，但该文件夹中必须存在__init__.py 文件。__init__.py 用于标识当前文件夹是一个包，其内容可以为空。

前面介绍过，使用

```
from 模块 import *
```

形式的命令时要慎重。这里要强调使用

```
from 包 import *
```

形式的命令时更要慎重。这种形式称为包的 * 导入，如果不对其加以限制，它的副作用比模块更强，表现在：

- 导入可能会花掉很长时间。
- 包内可能包含很多定义，其中有的可以提供给用户使用，称为接口；有的定义只供包内其他功能使用，包的作者不希望（也不适宜）将这部分定义让用户知道。

为了避免这些副作用，Python 对包的 * 导入进行了必要的限制，方法就是允许在__init__.py 文件中定义一个名为__all__的列表。如果定义了该列表，执行 * 导入时就会按照列表中给出的模块名进行导入；如果未定义该列表，* 导入只导入本包中定义的所有命名，而不会导入子包的内容。

本书的建议是：作为包的设计者，尽量为包设计合理的__all__列表，避免用户在使用 * 导入时遇到麻烦；作为包的使用者，尽量不使用 * 导入。

6.2.4 包内引用

如果包中还有子包，比如前述 vn.py 的包结构，可使用绝对位置从其他的子包中导入模块。假设当前包是 vnpy.trader.ui，如果它要导入 vnpy.trader.database 包的 database_sql 模块，可以使用：

```
from vnpy.trader.database import database_sql
```

还可以使用相对位置（类似于目录结构的相对路径），用“.”表示当前包，用“..”表示上级包。仍然假设当前包是 vnpy.trader.ui，如果它要导入 vnpy.trader.database 包的 database_sql 模块，可以使用：

```
from .. database import database_sql
```

如果它要导入 vnpy.trader.ui 包的 editor 模块，可以使用：

```
from . import editor
```

如果它要导入 vnpy.trader 包的 constant 模块，可以使用：

```
from .. import constant
```

需要注意的是，显式或隐式的相对位置导入都基于当前模块。

6.3 标准库

前面介绍了包的概念，包是 Python 编程的重要特色，也是重要手段。开发者往往将自己程序的主要部分实现为包，以方便开发和运行，也可能将自己开发的程序打包成第三方包（第三方包将在下一节介绍）发布。与自己开发的包和第三方包相对应的概念是“标准库”，就是下载安装 Python 时那些自带的包。

库（Library）听起来是一个比包更大的概念，也确实有人将库定义为包的集合。关于库和包的区别，不同的文档之间是相互矛盾的，例如有的文档又将库定义为具有相关功能的模块的集合。

本书按照 Python 的官方文档，认为库和包是相同的东西。但在 Python 的官方文档中，将这两个术语明确地用在不同的场合。Python 将用户自己开发的包以及第三方包称为“包”，将 Python 安装时自带的包称为“标准库”。Python 的官方文档中没有“库”的概念，只有具体的

"标准库"，这样与"包"就容易区分了。

Python 标准库最全面的介绍见官方文档《Python 标准库》（https：//docs. python. org/zh-cn/3/library/index. html）。Python 标准库非常庞大，所提供的组件涉及范围十分广泛，Python 程序员必须依靠它们来实现系统级功能。本节仅介绍其中最常用的一小部分组件。

另外，有的标准库结构比较简单，比如只有一个模块，所以有时也被称为标准模块，比如下面首先要介绍的 sys 模块。

6.3.1 系统模块

sys 模块内置于所有的 Python 解释器中。变量 sys. ps1 和 sys. ps2 定义了主提示符和辅助提示符字符串：

```
>>> import sys
>>> sys.ps1
'>>> '
>>> sys.ps2
'... '
>>> sys.ps1 = 'C> '
C> print('Hello! ')
Hello!
C>
```

注意，这两个变量只在 Python 解释器的交互模式下有定义，在 IDLE 下没有定义。

变量 sys. path 是模块搜索路径的字符串列表。它由环境变量 PYTHONPATH 初始化，如果没有设定 PYTHONPATH，就由内置的默认值初始化。可以用标准的字符串操作来修改它：

```
>>> import sys
>>> sys.path.append('E:\\PyCharmProjects\\ch06')
```

6.3.2 操作系统功能

os 模块提供了很多与操作系统交互的函数，例如：

```
>>> import os
>>> os.getcwd()                          # 返回当前的工作目录
'D:\\Python\\Python38'
>>> os.chdir('\\Data\\logs')             # 改变当前工作目录
>>> os.system('mkdir today')             # 执行操作系统命令
0
```

os 模块中包含一组用于文件读写的函数，如 os. open( ) 等，这些函数的功能随操作系统的不同而有所变化。Python 还有一组内置的文件读写函数，如 open( ) 等，将在本书 9.1 节介绍，内置文件操作函数的功能与操作系统无关。

应该使用 import os 风格而不是 from os import *。除前述效率上的原因外，还有避免混淆的考虑。例如，如果使用 * 导入，os 模块中的 open( ) 函数将覆盖 Python 的内置函数 open( )。

Python 的文件路径操作与操作系统密切相关，不同操作系统的该部分功能在不同的模块中实现。在 os 模块中，会根据当前操作系统导入相应的模块，并将导入的模块统一命名为 os. path。os. path 模块中包含判断文件/目录是否存在、判断给定字符串是文件还是目录等功能函数。

在使用一些像 os 这样的大型模块时，内置的 dir( ) 和 help( ) 函数非常有用：

```
>>> import os
>>> dir(os)          # 显示模块内所有命名的列表
……
>>> help(os)         # 显示一个根据模块文档字符串创建的扩展的手册页
……
```

针对日常的文件和目录管理任务，shutil 模块提供了一个易于使用的高级接口：

```
>>> import shutil
>>>shutil.copyfile('file1.txt', 'file2.txt')
'file2.txt'
```

6.3.3 数学运算

math 模块提供数学运算功能，它直接访问底层 C 函数库，因此运算效率很高。math 模块为浮点运算提供了对底层 C 函数库的访问：

```
>>> import math
>>> math.cos(math.pi / 4.0)
0.70710678118654757
>>> math.log(1024, 2)
10.0
```

random 模块则提供了生成随机数的功能：

```
>>> import random
>>> #从序列中随机选取一个元素
>>> random.choice(['apple', 'pear', 'banana'])
'apple'
>>> #从指定列表(本例是 range(100))中随机选取 n 个(本例是 10 个)不同的元素
>>> random.sample(range(100), 10)
[30, 83, 16, 4, 8, 81, 41, 50, 18, 33]
>>> #随机生成一个实数,取值在[0,1)范围内
>>> random.random()
0.17970987693706186
>>> #从指定递增基数集合中随机选取一个数。本例从 range(6)中选取
>>> random.randrange(6)
4
```

6.3.4 日期和时间

日期时间型数据在信息管理中占有越来越重要的地位，例如：

- 作为日志信息的内容输出。
- 作为时间序列数据（如股票行情数据、水位监测数据等）的主键。
- 计算某个功能的执行时间。
- 对象的时间属性，如人员的出生日期、书籍的出版日期等。
- 用日期命名一个文件。

各种编程语言都加强了对日期时间型数据的处理能力。Python 提供了多个用于处理日期和时间的内置模块，包括 time 模块、datetime 模块和 calendar 模块等。其中 time 模块是通过调用 C 库实现的，所以有些方法在某些平台上可能无法调用。与 time 模块相比，datetime 模块提供

的接口更直观、易用，功能也更加强大，本小节介绍 datetime 模块。在《Python 标准库》中用近百页的篇幅来介绍该模块，本书限于篇幅只能展示其最常用的功能。

datetime 模块中定义了多个类，其中最常用的四个类是 date、time、datetime 和 timedelta。类的概念将在第 7 章介绍，但不影响本小节内容的理解。

1. date 类

date 类处理日期数据，常用属性有 year、month 和 day，分别表示年、月和日。创建一个 Python 文件 test_date. py，代码如下：

```
from datetime import date                # 导入日期类

d = date.today()                         # ①当前日期
print(d)

d = date(2020, 8, 9)                     # ②指定一个日期
print(d)

print(d.year)                            # 取年属性
print(d.month)                           # 取月属性
print(d.day)                             # 取日属性
print(d.weekday())                       # ③取星期属性
print(d.strftime('%Y/%m/%d'))            # ④转换为字符串输出
```

执行结果：

```
2020-03-09
2020-08-09
2020
8
9
6
2020/08/09
```

第①行：date 类的 today 方法返回程序执行当天的日期。日期数据可以直接调用 print() 函数按照预定格式输出。如果用 type() 函数查看，可以看到变量 d 的类型为<class 'datetime.date'>。

第②行：日期数据可以通过指定年、月和日来创建。

第③行：date 类的 weekday 方法返回表示星期几的数值。数值从 0 到 6，0 表示星期一，6 表示星期日。

第④行：date 类的 strftime 方法将日期数据转换成格式化的字符串。参数中的%Y、%m 和%d 都是格式化符号，规定转换后的字符串格式。

2. time 类

time 类处理时间数据，常用属性有 hour、minute、second 和 microsecond 等，可以看到，time 类处理的时间分辨率（最小单位）可达到微秒级。创建一个 Python 文件 test_time. py，代码如下：

```
from datetime import time                # 导入时间类

t = time(16, 17, 18, 999)                # 指定一个时间
print(t)
```

```
print(t.hour)                           # 取小时属性
print(t.minute)                         # 取分钟属性
print(t.second)                         # 取秒属性
print(t.microsecond)                    # 取微秒属性
print(t.strftime('%H:%M:%S.%f'))        # 格式化输出
```

执行结果：

```
16:17:18.000999
16
17
18
999
16:17:18.000999
```

3. datetime 类

datetime 类处理日期时间数据，是日期与时间的复合体。创建一个 Python 文件 test_datetime.py，代码如下：

```
from datetime import datetime                    # 导入日期时间类

print(datetime.today())                          # ①当前日期时间
print(datetime.now())                            # ②指定时区当前日期时间

dt = datetime(2020, 5, 6, 16, 17, 18, 999)       # 指定一个日期时间
print(dt)

print(dt.year)
print(dt.month)
print(dt.day)
print(dt.hour)
print(dt.minute)
print(dt.second)
print(dt.microsecond)

print(dt.date())                                 # date 方法取数据的日期部分
print(dt.time())                                 # time 方法取数据的时间部分
print(dt.timetuple())                            # ③timetuple 返回时间元组
print(dt.strftime('%Y-%m-%d %H:%M:%S.%f'#)格式化输出
```

执行结果：

```
2020-03-09 22:32:07.675888
2020-03-09 22:32:07.675888
2020-05-06 16:17:18.000999
2020
5
6
16
17
18
999
2020-05-06
16:17:18.000999
```

```
time.struct_time(tm_year=2020, tm_mon=5, tm_mday=6, tm_hour=16, tm_min=17, tm_sec=18, tm_wday
=2, tm_yday=127, tm_isdst=-1)
2020-05-06 16:17:18.000999
```

第①行：today 方法返回一个表示当前日期时间的 datetime 对象。

第②行：now 方法返回一个表示指定时区当前日期时间的 datetime 对象。如果没有指定时区，返回结果与 today 方法相同。

第③行：timetuple 方法返回一个被称为时间元组类型的数据，Python 的内部表示为<class 'time.struct_time'>。

4. timedelta 类

timedelta 类表示两个 date、time 或 datetime 对象之间的时间间隔。创建一个 Python 文件 test_timedelta.py，代码如下：

```
from datetime import datetime,timedelta

dt = datetime(2020, 5, 6, 16, 17, 18, 999)          # 指定一个日期时间
print(dt)

dt2 = dt +timedelta(3)                              # 3 天后
print(dt2)

dt2 = dt +timedelta(-3)                             # 3 天前
print(dt2)

dt2 = dt +timedelta(hours=3)                        # 3 小时后
print(dt2)

dt2 = dt +timedelta(hours=-3)                       # 3 小时前
print(dt2)

dt2 = dt +timedelta(hours=1, seconds=30)            # 1 小时 30 秒后
print(dt2)
```

执行结果：

```
2020-05-06 16:17:18.000999
2020-05-09 16:17:18.000999
2020-05-03 16:17:18.000999
2020-05-06 19:17:18.000999
2020-05-06 13:17:18.000999
2020-05-06 17:17:48.000999
```

datetime 模块的功能丰富而强大，但本小节内容已经概括了其中最常用的部分。掌握本小节内容，基本上可以处理大多数系统的日期时间数据。

6.3.5 多线程

多线程编程是重要的编程手段，但对于初学者来说可能有一定难度，先跳过本小节不会影响后续内容的学习。要想掌握多线程编程，首先要搞清应用程序、进程和线程这几个概念。

应用程序（Application）是为解决用户的某种需求而编写的软件，如我们经常使用的 Microsoft Word 就是一个应用程序。

进程（Process）是应用程序的一次执行，是操作系统进行资源分配和调度的一个独立单位。假如我们启动了 Word，也就是启动了一个进程。

在早期的操作系统中并没有线程（Thread）的概念，进程是程序执行的最小单位。随着计算机技术的发展，由于进程之间的切换开销过大，无法满足越来越复杂的编程要求，于是就发明了线程。线程是程序执行中一个单一的顺序控制流程，是程序执行流的最小单元，是处理器调度和分配的基本单位。一个进程可以启动多个线程，这些线程并发执行不同的任务，共享所在进程的内存空间。细心的读者在使用 Word 时可能会感觉到，Word 除了完成编辑任务外，还会执行一些后台任务，如语法检查、临时保存等，这些后台任务都在单独的线程中执行。因为与负责编辑的线程并发执行，所以 Word 在执行这些后台任务时，不会影响正常的编辑工作。

使用多线程技术开发程序，既可能提高程序的运行效率，还可能提升程序的用户感受。比如把需要长时间执行的任务放到后台去处理，就不会影响用户交互。比如多线程可以充分发挥 CPU 多核的优势，提高运行速度。再比如当用户单击了一个按钮去触发某些事件的处理时，可以弹出一个进度条来显示进度等。

每个进程至少包含一个线程，当一个进程启动时，就有一个线程被操作系统（OS）创建并启动，该线程通常被称为进程的主线程（Main Thread）。其他的线程都是直接或间接由主线程创建的，通常被称为子线程。

Python3 自带多个线程模块，本小节以 threading 模块为例进行介绍。threading 模块中最重要的是 Thread 类，下面是一个使用 Thread 类创建线程的示例。在本示例中用到了上一小节提到的另一个日期时间模块 time，用它的 sleep() 函数，可以使线程休眠指定秒数后继续执行。

创建一个 Python 文件 test_thread1. py，代码如下：

```
import threading
import time

def sing(num):
        for i in range(num):
                print("singing %d" % i)
                time.sleep(0.1)
                print("singing %d" % i)
                time.sleep(0.1)

def dance(num):
        for i in range(num):
                print("dancing %d" % i)
                time.sleep(0.1)
                print("dancing %d" % i)
                time.sleep(0.1)

# 创建并启动两个线程
t_sing = threading.Thread(target=sing, args=(4,))                    # ①
t_dance = threading.Thread(target=dance, args=(3,))
t_sing.start()                                                      # ②
t_dance.start()
```

执行结果：

```
singing 0
dancing 0
dancing 0
singing 0
singing 1
dancing 1
singing 1dancing 1

dancing 2
singing 2
singing 2dancing 2

singing 3
singing 3
```

因为是多线程程序，线程的调度具有随机性，所以程序每次执行的结果会有所不同。上面是某一次执行的结果。

程序中先定义了两个函数——唱歌和跳舞。每个函数都由参数指定循环次数，每次循环执行两次输出和休眠。

第①行：创建一个线程对象。该线程对象的执行函数是 sing()，传给 sing() 函数的参数被封装在一个元组中，本例是(4,)。

第②行：启动线程。效果是执行 sing() 函数，在 sing() 函数中执行 4 次循环。

程序中创建并启动了两个子线程，这两个子线程与主线程并行执行。可以看到，两个子线程的输出是交叉在一起的，并不是一个线程结束再执行另一个。当线程执行中遇到 sleep() 函数休眠时，通常会将执行权交给其他线程；但未遇到 sleep() 函数时，线程也可能被操作系统暂停以执行其他线程，比如输出结果中有两个线程输出在同一行的情况，就是在一个线程输出了字符串还没来得及换行时，就切换到了另一个线程执行。

为解决上述输出比较混乱的问题，可以使用加锁的方法，加锁是解决资源共享与互斥问题的常用手段。threading 模块提供 Lock（锁）类，控制多个线程对共享资源进行访问。通常，锁提供对共享资源的独占访问，同时只允许一个线程对 Lock 对象加锁。线程在开始访问共享资源之前应先请求获得锁，当对共享资源访问结束后应释放锁。

Lock 类提供了两个方法来加锁和释放锁：

1）acquire(blocking=True, timeout=-1)：申请获得锁（加锁）。

blocking 为 False：线程执行到这里不会发生阻塞。同一个锁对象可以被多个线程获得。

blocking 为 True（默认）：如果锁已被其他线程获得，本线程阻塞，直到超时或者获得锁。

在 blocking 为 True 的情况下，当浮点型 timeout 参数被设置为正值时，如果无法获得锁，将最多阻塞 timeout 秒；如果 timeout 被设置为-1（默认），将无限期等待。当 blocking 为 False 时，timeout 参数不起作用。

如果成功获得锁，返回 True，否则返回 False（比如发生超时）。

2）release()：释放锁。

创建一个 Python 文件 test_thread2. py，可以在 test_thread1. py 的基础上修改，修改后的代码如下：

```
import threading
import time

lock = threading.Lock()                    # 创建一个锁对象

def sing(num):
    for i in range(num):
        lock.acquire()                     # 申请获得锁
        print("singing %d" % i)
        time.sleep(0.1)
        print("singing %d" % i)
        time.sleep(0.1)
        lock.release()                     # 释放锁
        time.sleep(0.1)

def dance(num):
    for i in range(num):
        lock.acquire()                     # 申请获得锁
        print("dancing %d" % i)
        time.sleep(0.1)
        print("dancing %d" % i)
        time.sleep(0.1)
        lock.release()                     # 释放锁
        time.sleep(0.1)

# 创建并启动两个线程
t_sing = threading.Thread(target=sing, args=(4,))
t_dance = threading.Thread(target=dance, args=(3,))
t_sing.start()
t_dance.start()
```

执行结果：

```
singing 0
singing 0
dancing 0
dancing 0
singing 1
singing 1
dancing 1
dancing 1
singing 2
singing 2
dancing 2
dancing 2
singing 3
singing 3
```

在线程的每次循环中，先申请获得锁之后再操作，操作完成后释放锁。可以看到，输出结果变得有规律，至少编号相同的唱歌和跳舞不会被打断。

多线程编程是高级编程技术，需要使用多线程编程技术的程序通常是复杂程序。本小节只是帮助读者打下多线程编程的基础，实际工作当中，应该结合实际的编程需求进一步学习。

6.4 第三方包

标准库提供的模块已经非常多了，但在纷繁的实际问题面前仍然显得不足，于是就有了大量的第三方包——不是标准库里的模块，也不是用户自己开发的，而是由其他人开发出来供大家使用，称为“第三方包”[1]，有时候也被称为第三方库，或者简称包。

每个第三方包都有针对性的用途，当选择了某个包，在使用之前需要详细了解它的用途、用法，本书的后续章节中也会选择性地讲解一些常用的数据分析包和可视化包等。本节不涉及包的用途、用法，而是讨论包的管理。

要想在自己的计算机上使用第三方包，首先要把它安装到本地。推荐的方式是使用 Python 的 pip 工具进行安装和管理。

pip 程序随 Python 安装，可以用它来安装、升级以及删除包。默认情况下，pip 从 Python Package Index(https://pypi.python.org/pypi，简称 PyPI）中安装包。pip 有许多子命令，执行包的搜索、安装和卸载等功能。

1. 显示已安装包列表

pip list 命令列出所有已安装的包，包括包的名称和版本等信息。

```
C:\Users\admin>pip list
Package                              Version
------------------------------------ ----------
alabaster                            0.7.12
anaconda-client                      1.7.2
anaconda-navigator                   1.9.7
anaconda-project                     0.8.3
……
```

2. 安装第三方包

pip install 命令用于安装包，如果仅指定包的名称，则安装该包的最新版本。例如下面命令是安装将在本书第 8 章用到的 Tushare 包。

```
C:\Users\admin>pip installtushare
Collectingtushare
  Downloadingtushare-1.2.54-py3-none-any.whl (213kB)
Collecting bs4>=0.0.1 (fromtushare)
  Downloading bs4-0.0.1.tar.gz
……
Successfully installed bs4-0.0.1tushare-1.2.54
```

当看到安装成功的信息后，再次执行 pip list 命令，可以看到刚刚安装成功的包。

用 pip install 命令还可以安装指定版本的包，方法是在包名称后面紧跟着==（两个等于号）和版本号，例如：

```
C:\Users\admin>pip installtushare==1.2.50
```

对于已经安装的包，可以使用 pip install --upgrade 命令对其升级。

```
C:\Users\admin>pip install --upgrade tushare
```

3. 删除第三方包

对于已经安装的包，可以使用 pip uninstall 命令进行删除。

```
C:\Users\admin>pip uninstall tushare
Uninstallingtushare-1.2.50:
  Would remove:
    d:\Python\Python38\lib\site-packages\pytdx\*
    d:\Python\Python38\lib\site-packages\test\*
    d:\Python\Python38\lib\site-packages\tushare-1.2.50.dist-info\*
    d:\Python\Python38\lib\site-packages\tushare\*
Proceed (y/n)? y
  Successfully uninstalledtushare-1.2.50
```

4. 显示包信息

pip show 可以显示一个指定包的信息。

```
C:\Users\admin>pip showtushare
Name:tushare
Version: 1.2.54
Summary: A utility for crawling historical and Real-time Quotes data of China stocks
Home-page: https://tushare.pro
Author: Jimmy Liu
……
```

5. 导出包信息

如果需要在不同地方（比如办公室和家中）的计算机上开发相同的程序，在一个地方已经下载安装了所有需要的第三方包，在另一个地方则不需要逐步做同样的工作。只需要在第一个地方用 pip freeze 命令，将所有需要安装的包的列表生成一个文档，例如：

```
C:\Users\admin>pip freeze > requirements.txt
```

然后将 requirements.txt 文件复制到另一个地方，执行

```
C:\Users\admin>pip install -r requirements.txt
```

命令，即可一次性全部安装。

6. 升级 pip

pip 本身也有版本，也需要升级。升级 pip 本身同样使用 pip install --upgrade 命令。

```
C:\Users\admin>pip install --upgrade pip
```

7. 遇到困难

以上描述的是通常情况下的包管理。在实际的开发工作中，安装第三方包时往往会遇到这样那样的问题，造成安装失败。

最常见的失败原因是网络状况不佳。即使您所在区域的网络状况良好，PyPI 的速度通常也是很慢的。解决的方法一是多尝试几次，二是从国内镜像网站安装。以下是一些常用的国内镜像源：

```
# 豆瓣
https://pypi.doubanio.com/simple/
# 阿里云
https://mirrors.aliyun.com/pypi/simple/
# 清华大学
https://pypi.tuna.tsinghua.edu.cn/simple/
https://mirrors.tuna.tsinghua.edu.cn/pypi/web/simple/
```

假设从阿里云安装，可以使用如下命令：

```
pip install 包名称 -i https://mirrors.aliyun.com/pypi/simple/
```

另一个常见的失败原因是 PyPI 上默认的包版本与您的操作系统环境有冲突。要解决这个问题，除了在 pip 命令中指定包的版本外，还可以到 PyPI 官网下载所需要的包的“轮子”文件。打开 PyPI 官网，在搜索框中输入要安装的包名。由于是智能查找，所以结果列表中可能会列出多个名称相似的包。单击要安装的包名，进入该包的主页。单击“Download Files”链接，列出所有可下载的文件。例如本书第 8 章将会用到的可视化包 matplotlib，其下载文件列表如图 6-1 所示。

Download files

Download the file for your platform. If you're not sure which to choose, learn more about installing packages.

Filename, size	File type	Python version	Upload date	Hashes
matplotlib-3.2.0-cp36-cp36m-macosx_10_9_x86_64.whl (12.4 MB)	Wheel	cp36	Mar 5, 2020	View
matplotlib-3.2.0-cp36-cp36m-manylinux1_x86_64.whl (12.4 MB)	Wheel	cp36	Mar 5, 2020	View
matplotlib-3.2.0-cp36-cp36m-win32.whl (9.0 MB)	Wheel	cp36	Mar 5, 2020	View
matplotlib-3.2.0-cp36-cp36m-win_amd64.whl (9.2 MB)	Wheel	cp36	Mar 5, 2020	View
matplotlib-3.2.0-cp37-cp37m-macosx_10_9_x86_64.whl (12.4 MB)	Wheel	cp37	Mar 5, 2020	View

图 6-1　matplotlib 的下载文件列表

针对您的操作系统、Python 版本等，选择合适的下载文件。假设您的操作系统是 64 位的 Windows，Python 版本是 3.6，就可以下载 matplotlib-3.2.0-cp36-cp36m-win_amd64.whl。下载完成后，打开 CMD 命令行工具，切换到下载文件所在的目录，执行：

```
pip installmatplotlib-3.2.0-cp36-cp36m-win_amd64.whl
```

即可完成安装。

6.5　使用 Anaconda

前一节学习了如何使用 Python 的第三方包。拥有丰富的第三方包是 Python 的优势之一，但如何选择、安装众多的第三方包并保持它们的版本一致，经常会给初学者造成困惑。

对于有经验的开发者，他们经常需要同时开发、维护多个应用程序，每个应用程序可能使用不同的包，某个应用程序可能需要某个特定版本的包。这就意味着可能无法安装一个 Python 环境来满足所有应用程序的要求。如果应用程序 A 需要一个特定包的 1.0 版本，但应用程序 B 需要该包的 2.0 版本，则这两个应用程序的要求是冲突的，安装版本 1.0 或者版本 2.0 都会导致另一个应用程序不能运行。

解决这个问题的方法是创建虚拟环境（Virtualenv），每个虚拟环境包含一个特定版本的Python，以及一些附加的包。Python 本身支持创建虚拟环境，但更常用的方法是使用 Anaconda。

6.5.1 Python 基础环境的问题

Anaconda 是一个开源的 Python 发行版本，包含了 180 多个科学包及其依赖项，如 Numpy 和 Pandas 等。

在 Anaconda 中，Conda 是一个开源的包、环境管理器，可以用于在同一个机器上安装不同版本的包及其依赖，并能够在不同的环境之间切换。

初学者往往对 Python 或 Anaconda 及其虚拟环境不太理解，虚拟环境是用来做什么的？为什么要这么做？这就需要先了解 Python 本身，从根源上理解问题。

如果读者已经按照本书 1.2 节的方法，将 Python 安装到了 D:\Python\Python38 目录下，打开该目录可以看到如图 6-2 所示的目录结构。

名称	修改日期	类型	大小
DLLs	2020/2/18 17:34	文件夹	
Doc	2020/2/18 17:34	文件夹	
include	2020/2/18 17:34	文件夹	
Lib	2020/2/18 17:34	文件夹	
libs	2020/2/18 17:34	文件夹	
Scripts	2020/2/18 17:34	文件夹	
tcl	2020/2/18 17:34	文件夹	
Tools	2020/2/18 17:34	文件夹	
LICENSE.txt	2019/10/14 19:43	文本文档	31 KB
NEWS.txt	2019/10/14 19:44	文本文档	846 KB
python.exe	2019/10/14 19:43	应用程序	98 KB
python3.dll	2019/10/14 19:43	应用程序扩展	58 KB
python38.dll	2019/10/14 19:43	应用程序扩展	4,086 KB
pythonw.exe	2019/10/14 19:43	应用程序	97 KB
vcruntime140.dll	2019/10/14 19:43	应用程序扩展	88 KB

图 6-2 Python 安装成功后的目录结构

其中：

- python.exe 就是 Python 解释器程序。
- Lib 子目录中包括自带的包和第三方包。第三方包放在 Lib 子目录下的 site-packages 子目录中。

下面来看 Anaconda 如何解决 Python 基础环境存在的问题，先讨论 Anaconda 的安装。

6.5.2 Anaconda 的下载安装

可以到 Anaconda 的官网 https://www.anaconda.com/，下载针对 Python3 的 64 位版本。因为包含了大量的科学包，Anaconda 的下载文件比较大。作者写作本书时的最新版本是 Anaconda 2019.10，大小为 462 MB，下载的可执行文件名为 Anaconda3-2019.10-Windows-x86_64.exe。

双击下载的可执行文件进行安装。安装是向导式风格，本书未提示的界面，单击 Next 按钮即可。

在 Select Installation Type 界面，选择为所有用户安装，如图 6-3 所示。

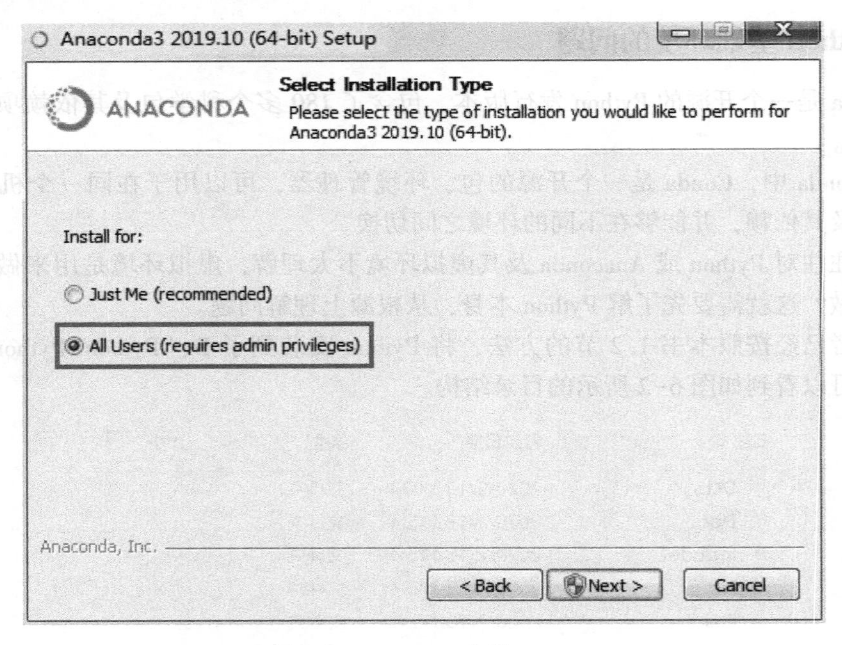

图 6-3　Anaconda 安装（一）

在 Choose Install Location 界面，可以改变安装路径，比如可以选择 D:\Python\Anaconda3，如图 6-4 所示。

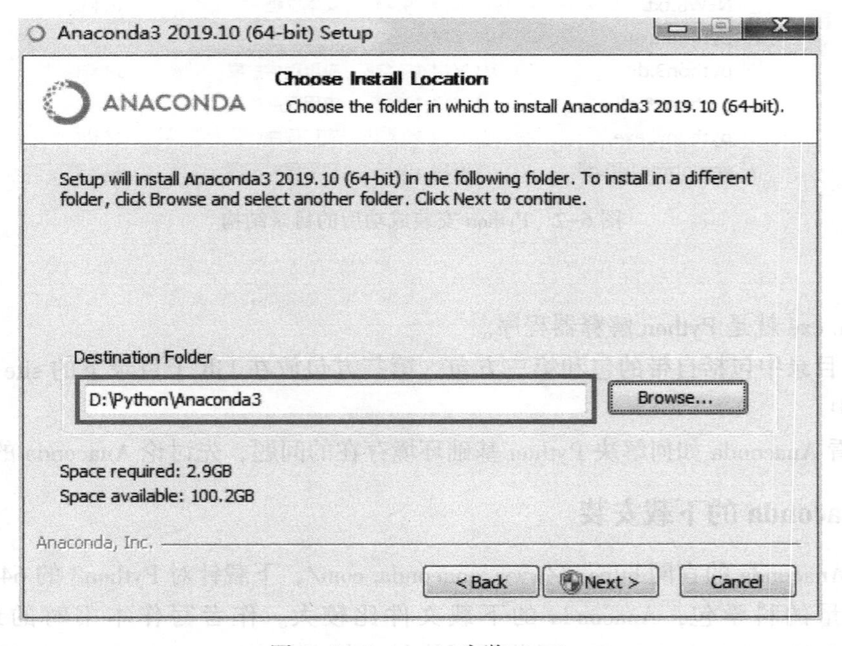

图 6-4　Anaconda 安装（二）

安装完成之后，在 Windows 系统菜单中增加如下应用。

- AnacondaNavigator：用于管理工具包和环境的图形用户界面。
- Jupyter Notebook：基于 Web 的交互式计算环境，可以编辑易于阅读的文档，用于展示数据分析的过程。
- Anaconda Prompt：一个基于 Anaconda 虚拟环境的命令行工具。
- Spyder：一个跨平台的、适合科学运算的 Python 集成开发环境。

注：在当前版本的 Anaconda 中，IDLE 不再安装到系统菜单，需要执行批处理文件 D:\Python\Anaconda3\Lib\idlelib\idle.bat 才能启动，可以把它发送到桌面快捷方式。

6.5.3 管理虚拟环境

Anaconda 安装完成后，就可以用 Conda 工具来管理虚拟环境。首先看当前系统中有哪些虚拟环境。

打开 Anaconda Prompt，输入 conda env list，显示如图 6-5 所示的结果，表示当前只有 Anaconda 自带的 base 环境。命令提示符的前缀（base），表示当前处于 base 环境下。

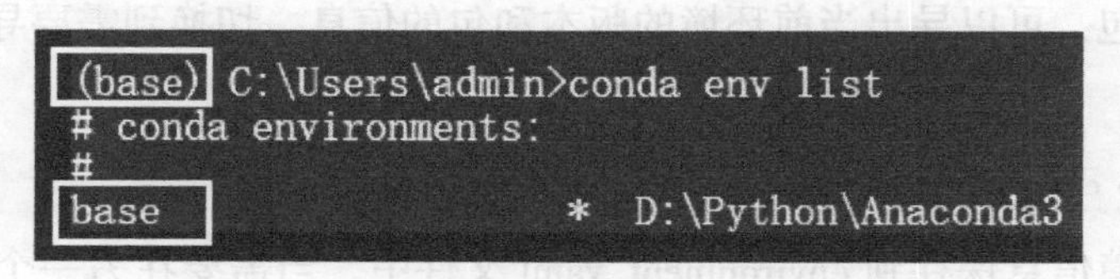

图 6-5 虚拟环境列表

1. 创建新的虚拟环境

可以用 conda create 命令创建新的虚拟环境，例如下面创建一个命名为 learn 的虚拟环境。

```
conda create -n learn
```

再执行 conda env list，可以看到新创建的虚拟环境。

```
base                  *   D:\Python\Anaconda3
learn                     D:\Python\Anaconda3\envs\learn
```

选项-n 表示跟随的是虚拟环境名称。还可以有其他选项，例如可以为本书案例三将要用到的 vn.py 创建一个专用的虚拟环境 vnpy210，使用的 Python 版本是 3.7.4。

```
conda create -n vnpy210 python=3.7.4
```

使用下面命令可以查询所有选项。

```
conda create -h
```

2. 切换虚拟环境

使用 activate 命令可以切换到指定的虚拟环境。

```
activate vnpy210
```

可以看到命令提示符的前缀发生了变化。如果 activate 后面什么参数都不带，会切换到

Anaconda 自带的 base 环境。

3. 管理第三方包

在 Anaconda 环境下有两种方法安装第三方包，如下面两个命令都可以安装 requests 包：

```
conda install requests
pip install requests
```

同样也有两种方法卸载包：

```
conda remove requests
pip uninstall requests
```

要查看当前环境中所有已安装的包也有两种方法：

```
conda list
pip list
```

4. 导入导出环境

如果需要在不同的地方开发相同的程序，已经在一个地方创建了虚拟环境，并下载安装了所有需要的第三方包，可以导出当前环境的版本和包的信息。切换到需要导出的环境，执行下面命令：

```
conda env export > environment.yaml
```

上述命令将环境信息保存到 environment.yaml 文件中。当需要在另一个地方创建相同的虚拟环境时可以用命令：

```
conda env create -f environment.yaml
```

5. 删除环境

不再使用的环境可以用下面命令删除：

```
conda remove -n learn --all
```

6. 深入探究

下面探究一下在上述命令背后，Anaconda 都做了哪些工作。

打开 D:\Python\Anaconda3\envs 子目录，可以看到它下面有两个目录和一个文件。两个目录分别为 vnpy210 和 learn，对应前面创建的两个虚拟环境。

打开 vnpy210 子目录，可以看到有很多文件和子目录，在“Python 基础环境”一节中提到的文件和子目录这里都有。执行其中的 python.exe，可以看到版本号为 3.7.4。vnpy210 子目录中其实就是一个完整的 Python 环境，版本为 3.7.4。

可以这么理解：Anaconda 创建的虚拟环境其实就是安装了一个真实的 Python 环境。不同的虚拟环境拥有不同版本的解释器和不同的包环境，使用 activate 可以在不同虚拟环境间自由切换，以运行不同要求的 Python 脚本。

6.6 习题

1. 在 Python 中导入模块中的函数有哪几种方式？

2. 利用 random 模块编写程序生成随机 4 位验证码。

3. 使用 shutil 模块中的 move 方法进行文件移动。

4. 编写代码，将当前工作目录修改为“c:\”，并验证，最后将当前工作目录恢复为原来的目录。

5. 编写程序，用户输入一个目录和一个文件名，搜索该目录及其子目录中是否存在该文件。

提示：使用 sys 和 os 模块，本书未涉及的功能，请读者自行学习。

6. 查看 PyCharm 项目目录下__pycache__子目录中的内容，说出你的 Python 版本。

第二部分

Python 编程进阶

本书第一部分是 Python 语言基础，介绍了 Python 的基础编程、数据结构、结构化编程、函数以及模块和包等内容。本部分是 Python 编程进阶，包括面向对象的编程、面向数据的分析与可视化以及数据持久化等内容，掌握这一部分内容就可以进行 Python 的专业编程实践。

第 7 章　面向对象编程

面向对象编程（Object Oriented Programming，OOP）是在结构化编程的基础上发展起来的，是当今最有效的程序设计方法之一。利用面向对象的编程方法，可以编写表示现实世界中事物和情景的类，并基于这些类来创建对象。编写类时，会定义一大类对象共有的通用行为。基于类创建对象时，每个对象都自动具备这种通用行为，并可根据需要赋予每个对象独特的个性[2]。

本章将通过多个示例，介绍类的创建及其实例化。在创建类时，通过“属性”指定可在实例中存储什么信息，通过“方法”定义可对这些实例执行哪些操作。本章还会介绍如何通过继承来扩展已有类的功能，让相似的类能够高效地共享代码，以及如何把自己编写的类存储在模块中，并在程序文件中导入自己或其他程序员编写的类。掌握面向对象的编程方法，是成为真正程序员的必由之路。

使用 PyCharm 创建一个新的项目 ch07，用来验证本章示例。

7.1　创建和使用类

在开始面向对象编程之前，首先要明确面向对象编程中最重要的几个概念。

对象（Object）：按照面向对象领域中的大师 Grandy Booch 给出的定义，一个对象有自己的状态、行为和唯一标识。所有相同类型的对象所具有的结构和行为在它们共同的类中被定义。状态在编程中表现为属性，行为在编程中表现为方法。对象的唯一标识用于区别不同的对象，由编程语言自动管理，程序员只需要关注对象的属性和方法。

类（Class）：类是用来创建对象的，引用《维基百科》中的描述，在面向对象程序设计中，类是一种面向对象计算机编程语言的结构，是创建对象的蓝图，描述了所创建的对象共同的属性和方法。

类和对象的关系可以用设计图与具体的产品来类比。假设要设计制造一款汽车，类就是设计图，而根据设计图制造出来的一辆辆汽车就是对象。

对象也称实例（Instance），根据类创建对象的过程称为“实例化”。关于术语“对象”和“实例”，可以不加区别地使用，有的书籍还会合起来称之为“对象实例”。Python 是纯的面向对象编程语言，Python 程序员习惯于将预定义类型的变量（如整型、字符串或列表等）称为对象，而在讨论面向对象编程时使用术语“实例”，本书尽量遵从此习惯，在本章使用术语“实例”，在其他章节可能混用，相信读者能够区分。

本节从一个简单的类——学生（Student）类入手，进入到面向对象编程的世界。学生类不是表示某个特定的学生，而是定义了学生这个群体所具有的特征。一方面是学生所具有的信息，如姓名、年龄等，另一方面是学生的行为，如跑步和打招呼等。学生类让 Python 知道如何创建表示特定学生的实例。

7.1.1 类的创建

创建一个 Python 文件 student. py，代码如下：

```
class Student:# ①
    """②简单的学生类"""

    def __init__(self, name, age):# ③
        """初始化"""
        self.name = name# ④
        self.age = age

    def run(self):# ⑤
        """模拟跑步"""
        print(f"{self.name}正在跑步。")

    def greet(self):
        """模拟打招呼"""
        print(f"您好！我是{self.name}。")
```

第①行：使用 class 保留字，定义了一个名为 Student 的类。

第②行：类文档字符串，与函数文档字符串的规定相同，对这个类的功能进行描述。

第③行：在类中定义的函数称为方法。__init__是一个特殊的方法，每当根据类创建新的实例时，Python 都会自动运行它，完成实例的初始化工作。在这个方法的名称中，开头和末尾各有两个下划线，这是一种约定，旨在避免 Python 默认方法与普通方法发生名称的冲突。在其他语言中，该方法通常被称为构造函数。

Python 创建的每个实例都默认包含一个名为 self 的变量，它是一个指向实例本身的引用，让实例能够访问自己的属性和方法。

本例的__init__方法包含三个形参：self、name 和 age。在这个方法的定义中，形参 self 必不可少，还必须放在第一个。因为 Python 调用__init__方法来创建实例时，自动将新建实例的引用作为实参传入。事实上，每个与类相关联的方法调用都自动传递实参 self。创建 Student 类实例时，Python 将自动调用 Student 类的方法__init__，这时需要向 Student()传递名字和年龄；self 会自动传递，不需要显式地传递它。也就是说，当根据 Student 类创建实例时，只需给最后两个形参（name 和 age）提供值。

第④行：定义变量时使用了前缀 self 加圆点。以 self 为前缀的变量可供类中的所有方法使用。self. name=name 获取存储在形参 name 中的值，并将其存储到变量 self. name 中。用前缀

self 定义的变量称为属性。

第⑤行：Student 类还定义了另外两个方法：run 和 greet。由于这些方法不需要额外的信息，因此它们只有一个形参 self。实际编程中它们应该执行有意义的操作，本例中它们只是打印一条说明功能的信息。

本例的所有方法，第一个参数必须是 self。self 这个参数名称不是强制的，可以用别的名称，但使用 self 是惯例，最好还是遵守。

7.1.2 创建并使用实例

可将类视为有关如何创建实例的说明。Student 类是一个说明，让 Python 知道如何创建表示特定学生的实例。修改文件 student. py，在最后增加如下代码：

```
if __name__ == '__main__':
    st1 = Student("Zhang", 19)                    # ⑥
    print(f"已经创建了一个名为{st1.name}的学生。")    # ⑦
    st1.run()                                     # ⑧
```

此时程序可以执行，执行结果：

```
已经创建了一个名为 Zhang 的学生。
Zhang 正在跑步。
```

关于主模块__main__的说明见 6.1 节。

第⑥行：创建一个名字为 Zhang、年龄为 19 的学生实例。遇到这行代码时，Python 使用实参"Zhang"和 19 调用 Student 类中的方法__init__。方法__init__创建一个表示特定学生的实例，并使用提供的值来设置属性 name 和 age。方法__init__并未显式地包含 return 语句，但 Python 会自动返回表示这个学生的实例。本例将这个实例存储在变量 st1 中。

第⑦行：访问属性。要访问实例的属性，可使用圆点表示法，例如：

```
st1.name
```

圆点表示法在 Python 中很常用。在这里，Python 先找到实例 st1，再查找与这个实例相关联的属性 name。上述方法是在类的定义之外引用属性，在 Student 类内引用这个属性时，使用的是 self. name。

第⑧行：调用方法。根据 Student 类创建实例后，就可以使用圆点表示法调用 Student 类中的方法，例如：

```
st1.run()
```

程序中要调用实例的方法，可指定实例的名称（这里是 st1）和要调用的方法，并用圆点分隔它们。遇到代码 st1. run()时，Python 在 Student 类中查找方法 run 并运行其代码。

这种语法很有用。如果给属性和方法指定了合适的描述性名称，如 name、age、run 和 greet，即便是从未见过的代码块，也能够轻松地推断出它是做什么的。

可按需求根据类创建任意数量的实例。下面再创建一个名为 st2 的实例。继续修改文件 student. py，在最后增加代码：

```
st2 = Student("Xu", 20)
print(f"又创建了一个名为{st2.name}的学生。")
st2.greet()
```

执行结果中增加了：

```
又创建了一个名为 Xu 的学生。
您好！我是 Xu。
```

可以创建任意数量的实例，并将这些实例存储在不同的变量中，或者占用列表或字典的不同位置。

7.1.3 属性的默认值

类中的每个属性都必须有初始值，哪怕这个值是 0 或者空字符串。前面示例中，属性的初始值来自__init__方法的参数，在创建实例时指定。另一种方法是无需参数，直接指定初始值，称为属性的默认值。继续修改文件 student. py，增加一个默认属性和两个方法及其验证代码。相关代码如下：

```
class Student:

    def __init__(self, name, age):
        ...
        self.credit = 0

    def get_credit(self):
        return self.credit

    def add_credit(self, increment):
        self.credit = self.credit+increment

if __name__ == '__main__':
    ...
    print(f"{st1.name}的学分为{st1.get_credit()}。")
    st1.add_credit(5)
    print(f"{st1.name}的学分为{st1.get_credit()}。")
```

执行结果中增加了：

```
Zhang 的学分为 0。
Zhang 的学分为 5。
```

新学生还没有学分，在方法__init__中为属性 self. credit 赋默认值为 0。

get_credit 方法返回学生实例的当前学分，add_credit 方法修改学生的学分。具体到本示例，在实例外部直接操作实例的属性也是可以的，例如：

```
    st2.credit = st2.credit + 5
    print(st2.credit)
```

通过方法来存取实例属性值是好的编程习惯，可以使程序更清晰，后期更容易维护。

7.2 私有属性和私有方法

前节提到通过方法来存取实例属性值是好的编程习惯，但这不是强制措施。如果开发者认为有必要对此进行强制性限制，比如类的某些属性只允许在类的内部被使用，而不希望在外部被访问，可使用私有属性。

属性名以两个下划线开头的属性称为私有属性，私有属性不能在类的外部被使用或直接访问。创建一个 Python 文件 cup. py，代码如下：

```
class Cup:
    def __init__(self, capacity):
        # 私有属性,只需要在属性名字前加__
        self.__capacity = capacity          # ①


if __name__ == '__main__':
    cup = Cup(300)
    print(cup.__capacity)                   # ②
```

执行结果：

```
Traceback (most recent call last):
  File "E:/PyCharmProjects/ch07/cup.py", line 8, in <module>
    print(cup.__capacity)                   # ②
AttributeError: 'Cup' object has no attribute '__capacity'
```

第①行：定义了一个属性__capacity，该属性以两个下划线开头，为私有属性，在__init__方法中（也即在类内部）对其进行访问没有问题。

第②行：当在类的外部试图对私有属性进行访问时，Python 提示没有该属性，不允许访问。

使用私有属性是一种明确的保护措施，只有通过类的方法才能对私有属性进行访问。修改文件 cup. py，相关代码如下：

```
class Cup:
    …
    def get_capacity(self):
        return f"{self.__capacity}毫升"


if __name__ == '__main__':
    cup = Cup(300)
    print(cup.get_capacity())               # ③
```

执行结果：

```
300毫升
```

增加一个方法 get_capacity，在类的内部访问属性__capacity。第③行调用该方法，可以得到正确的结果。

除私有属性外，还可以使用私有方法。方法名以两个下划线开头的方法称为私有方法，私有方法在类的外部不可见，只能被类内的其他方法所调用。

修改文件 cup. py，在原来的 get_capacity 方法名前增加两个下划线，第③行的调用也修改为 cup. __get_capacity()，Python 报错，提示 Cup 类中无该方法。

继续修改文件 cup. py，代码如下：

```
class Cup:
    def __init__(self,capacity):
        # 私有属性,只需要在属性名字前加__
        self.__capacity = capacity          # ①

    def __get_capacity(self):
        return f"{self.__capacity}毫升"
```

```
    def disp_capacity(self):
        print(self.__get_capacity())

if __name__ == '__main__':
    cup = Cup(300)
    cup.disp_capacity()
```

执行结果：

```
300 毫升
```

这种调用方式在本例中没有实际意义，只是演示私有方法的调用方式，但在实际编程中使用此方法，往往可以使类的接口更简单，功能更清晰。

7.3 类属性和类方法

在 Python 的面向对象编程中，属性可以分为实例属性和类属性，方法也可分为实例方法和类方法。前两节用到的都是实例属性和实例方法（无论是否私有），本节介绍类属性和类方法。

7.3.1 类属性

如前所述，可以按需求根据一个类创建任意数量的实例。本章前面介绍的属性，无论是否私有，都用 self. 进行限制。这些属性在类的每个实例中都有一个复本，也即同一属性在每个实例中的取值可以互不相同；即使值相同，在内存中也不是同一区域。

与之相对应，直接在类中声明，而不是在__init__方法中声明，在声明时未使用 self. 的属性称为类属性。无论根据该类创建了多少实例，类属性都只有一个复本，即所有实例的该属性的值相等。下面示例创建一个人员（Person）类，并在该类中声明一个类属性 count 记录人数。创建一个 Python 文件 person. py，代码如下：

```
class Person:
    count = 0                                   # ①

    def __init__(self):
        Person.count = Person.count + 1         # ②

if __name__ == '__main__':
    zhang = Person()                            # ③
    print(Person.count)                         # ④
    print(zhang.count)                          # ⑤

    wang = Person()
    print(Person.count)
    print(wang.count)
    print(zhang.count)                          # ⑥
```

执行结果：

```
1
1
2
```

```
2
2
```

第①行：声明了一个类属性，并赋初值为0。

第②行：在__init__方法中执行count的累加，效果就是每创建一个新实例，该属性值就加1，达到计数的效果。注意，在类中存取该属性时，需要使用类名加圆点前缀，而不能使用self。

第③行：创建Person类的一个实例zhang。

第④行：类属性可以通过类名称访问。该行显示Person.count的值，此时为1。

第⑤行：在创建实例的时候，类属性会自动配置到每个实例中，即类属性也可以通过类的实例访问。但它不是实例属性，只是通过实例能够访问而已。该行通过实例zhang来访问类属性count的值，得到的值同样为1。

第⑥行：后面又创建一个实例wang，此时无论通过哪个实例访问类属性count，其值都为2。这也证明类属性在内存中只有一个复本。

7.3.2 析构函数

类的每个实例都有生命周期，在执行类似

```
wang = Person()
```

这样的语句时创建。之后既可以使用del语句显式地释放，也可以在该实例不再使用后由Python的内存管理功能自动释放。

__init__方法在实例创建时执行实例的初始化工作。与之相对应，Python还支持另外一个__del__方法，它在实例被释放时自动执行，完成实例释放前的收尾工作。

创建一个Python文件person2.py，代码如下：

```
class Person:
    count = 0

    def __init__(self):
        Person.count = Person.count + 1

    def __del__(self):                              # ①
        Person.count = Person.count - 1

def func():                                         # ②
    xu = Person()                                   # ③
    print("函数内部:", Person.count)

if __name__ == '__main__':
    wang = Person()                                 # ④
    print("创建一个实例后:", Person.count)

    del wang                                        # ⑤
    print("释放该实例后:", Person.count)

    func()                                          # ⑥
    print("函数外部:", Person.count)                # ⑦
```

执行结果：

```
创建一个实例后：1
释放该实例后：0
函数内部：1
函数外部：0
```

第①行：定义一个__del__方法。当实例被释放时，执行 count 的减 1 操作，保持计数的正确性。

第②行：在类外定义一个函数 func( )。如 5.5 节所述，定义在函数内的变量称为局部变量，只能在函数内使用，不能在函数外使用，本例的 xu 就是一个局部变量。

第③行：在函数内部创建一个类的实例，之后的 print 语句显示此时 Person. count 的值。

第④行：创建一个实例，之后的 print 语句显示 Person. count 值为 1。

第⑤行：用 del 语句释放刚创建的实例，之后的 print 语句显示 Person. count 值为 0。

第⑥行：调用函数 func( )，执行函数中的创建实例语句和 print 语句。执行函数中的 print 语句时实例仍然存在，输出值为 1。

第⑦行：此时函数调用已经结束，函数内部创建的局部变量已经释放，输出的 Person. count 值为 0。

7.3.3 类方法

与类属性相对应，Python 允许使用@ classmethod 装饰器定义属于类（而不是某个具体实例）的方法。创建一个 Python 文件 person3. py，代码如下：

```
class Person:
    count = 0

    def __init__(self):
        Person.count = Person.count + 1

    def __del__(self):
        Person.count = Person.count - 1

    @classmethod                              # ①
    def get_count(cls):                       # ②
        return cls.count                      # ③

if __name__ == '__main__':
    print(Person.get_count())                 # ④
    zhang = Person()
    print(zhang.get_count())                  # ⑤
```

执行结果：

```
0
1
```

第①行：使用@ classmethod 装饰器，说明随后的方法为类方法。

第②行：类方法必须至少包含一个参数，该参数表示这个类本身。该参数名通常用 cls，这也是惯例，最好遵守。

第③行：在类方法中可以通过 cls 访问类属性。因为类方法只属于类，而不是属于某个实例（是类方法，不是实例的方法），所以类方法只能访问类属性，不能访问实例属性。

第④行：可以通过类名称调用类方法，调用时不必指明 cls 参数值。

第⑤行：同样，在创建实例的时候，类方法也会自动配置到每个实例中，即类方法也可以通过类的实例调用。但它不是实例方法，只是通过实例能够调用而已。

7.3.4 静态方法

与类方法非常相似，Python 还允许使用@ staticmethod 装饰器定义属于类（而不是某个具体实例）的静态方法。创建一个 Python 文件 person4. py，代码如下：

```
class Person:
    count = 0

    def __init__(self):
        Person.count = Person.count + 1

    def __del__(self):
        Person.count = Person.count - 1

    @staticmethod                          # ①
    def get_count():                       # ②
        return Person.count                # ③


if __name__ == '__main__':
    print(Person.get_count())
    zhang = Person()
    print(zhang.get_count())
```

执行结果与 person3. py 完全相同。

可以看出，代码与 person3. py 也非常相似，不同之处在于：

第①行：使用@ staticmethod 装饰器，而不是@ classmethod，说明随后的方法为静态方法。

第②行：静态方法既不需要使用 self 参数，也不需要使用 cls 参数。

第③行：虽然没有 cls 参数，但静态方法仍然可以使用类名访问类属性。与类方法相同，静态方法也不能访问实例属性。

下面讨论两个与面向对象编程概念相关的小专题。

1. 类方法与静态方法

Python 的规定非常灵活，完成相同的功能经常可以有多种方法。好处是程序员往往可以根据自己以往的习惯和所掌握的部分内容，通过摸索的方式（而不是事先学过）找到实现方法；带来的副作用就是在学习时没有明确的指向（到底用什么方法更好？不同方法的区别在哪里？），可能引起初学者的困惑。

Python 作为一种新兴语言，需要在一定程度上兼顾传统语言的概念与习惯。例如，静态方法是其他面向对象编程语言的一个通用概念，Python 也需要引入，以兼顾其他语言程序员的编程习惯。事实上，类属性在其他面向对象编程语言中也通常被称为静态属性。严谨的 Python 程序员会人为地对类方法和静态方法加以区分：

- 需要使用类属性时，通常使用类方法。
- 在静态方法中通常不使用类属性，也不需要调用其他的方法；在这种情况下，静态方法只是个独立的、单纯的函数，仅仅是将这类函数托管于某个类的名称空间中，使程序更清晰，便于使用和维护。

上述两个示例功能完全相同，类方法与静态方法看起来没有区别。事实并非如此，比如在使用继承时，两种方法会有稍微不同的表现。主要是类方法可以使用 cls 参数对类进行访问，而静态方法不能。继承的概念见 7.5 节。

2. 函数与方法的区别

类的方法，无论是实例方法，还是类方法或静态方法，与第 5 章介绍的函数都非常相似。它们都使用 def 保留字定义，都使用 return 语句作为结束，但也有不同之处。

函数是由函数名引用的一个独立对象，通过函数名称可以调用这个对象，不依赖于其他[1]。而方法依赖于类，因为它在类中定义，如果要调用它，必须通过类或者类的实例。

在调用函数时，必须为每个形参提供实参值。而方法的 self 和 cls 参数，在调用时则不需要显式地提供实参值。

7.4 属性再研究

属性是类定义的核心内容，大多数方法为了操作和管理属性而存在。前面已经介绍了如何在__init__方法中对属性进行初始化，以及如何在类的内部和外部访问属性值，本节进一步讨论与属性相关的其他内容，包括属性的增加与删除，以及@ property 装饰器。

7.4.1 属性的增加与删除

属性通常在类的定义中说明，这样的程序结构更清晰。但如果确实需要，类属性和实例属性都可以动态地增加或删除。创建一个 Python 文件 foo. py，代码如下：

```
class Foo:                          # ①
    pass

if __name__ == '__main__':
    f1 =Foo()                       # ②
    Foo. class_prop = 1             # ③
    print(Foo. class_prop)          # ④
    print(f1. class_prop)           # ⑤

    f2 =Foo()                       # ⑥
    print(f2. class_prop)

    f1. inst_prop = 2               # ⑦
    print(f1. inst_prop)

    # print(f2. inst_prop)          # ⑧
    # print(Foo. inst_prop)

    del Foo. class_prop             # ⑨
    del f1. inst_prop               # ⑩
```

执行结果：

```
1
1
1
2
```

本例单纯为了演示属性的增加和删除，没有实际意义。

第①行：定义一个没有任何内容的类 Foo。

第②行：创建 Foo 的一个实例 f1。

第③行：增加一个类属性并赋值。

第④⑤行：分别通过类和实例访问类属性，所得值相同。

第⑥行：再创建一个实例 f2，通过该实例访问类属性，所得值相同，说明类属性只有一个复本。

第⑦行：为 f1 增加一个实例属性并赋值，然后就可以通过实例访问该实例属性。

第⑧行：如果去掉注释，这两行会报错。无论是通过类还是通过其他实例，都无法访问该实例属性，该属性只属于实例 f1。

第⑨⑩行：可以使用 del 语句删除类属性和实例属性。

7.4.2 @property 装饰器

对象的状态通常由属性来表达，但有的状态需要通过计算获得，此时就需要使用方法。为了提高访问对象状态的方便性，Python 内置的@ property 装饰器可以把一个方法转变成属性，使调用者可以直接通过转变后的属性取值或赋值。

创建一个 Python 文件 square. py，代码如下：

```
class Square:
    """正方形类,允许直接读取/设置对象的面积"""

    def __init__(self,side):
        self. side = side                    # ①

    @ property                               # ②
    def area(self):
        return self. side * self. side       # ③

    @ area. setter                           # ④
    def area(self, value):                   # ⑤
        self. side = pow(value, 0. 5)

if __name__ == '__main__':
    s1 = Square(2)                           # ⑥
    print(s1. area)

    s1. area = 9                             # ⑦
    print(s1. side)
```

执行结果：

```
4
3. 0
```

本例定义一个正方形类。

第①行：在__init__方法中为边长赋初值。

第②行：@ property 装饰器将后续的 area 方法转化为属性。

第③行：area 方法的功能是根据边长求正方形的面积。

第④行：@setter 装饰器将后续的方法转化为属性设置函数。

第⑤行：属性设置函数，调用形式为"实例.属性 = 值"。本例的功能是根据面积求出边长。

第⑥行：创建一个正方形实例 s1，其边长为 2，然后通过属性 area 取其面积并打印。

第⑦行：设置正方形的面积为 9，然后显示该正方形的边长。

7.5 继承

继承（Inheritance）是面向对象编程的重要概念，也是面向对象编程最主要的优越性之一。本章前面都是从无到有地编写类，其实并不总是需要这样。如果要编写的类是另一个现成类的特殊版本，可以使用继承。一个类继承另一个类时，它将自动获得另一个类的所有属性和方法；原有的类称为父类或基类，而新类称为子类或派生类。子类继承了其父类的所有属性和方法，同时还可以定义自己的属性和方法。

7.5.1 简单的继承

7.1 节编写了学生类。例如，有些学生具有体育或文艺方面的特长，称为特长生。描述特长生时，除了说明一般学生具有的姓名、年龄等属性和方法外，还要对其特长进行说明。为这类特长生编写类时，就不需要从空白开始，而是可以从原有的学生类继承。

首先演示最简单的继承，仅仅是说明类继承的语法，不增加任何实际功能。创建一个 Python 文件 special_student.py，代码如下：

```
class Student:
    """学生类"""

    def __init__(self, name, age):
        self.name = name
        self.age = age

    def run(self):
        print(f"{self.name}正在跑步。")

class SpecialStudent(Student):            #①
    """特长生类"""
    pass

if __name__ == '__main__':
    st1 = SpecialStudent("Zhang", 19)     #②
    st1.run()                             #③
```

执行结果：

```
Zhang 正在跑步。
```

程序的前半部分是学生类的定义，不需要再做说明。后半部分是特长生类的定义。

第①行：使用 class 保留字，定义一个名为 SpecialStudent 的类。与前面的定义不同，本例在类名之后使用括号，指明从 Student 类继承。Student 是父类，SpecialStudent 是子类。后面使用 pass 语句，在子类中不定义任何功能。

第②行：创建 SpecialStudent 类的一个实例。在本例中，子类完全继承父类的特性，与创建 Student 类实例相同，传入参数"Zhang"和 19。

第③行：此处调用的，实际上是从父类继承的 run 方法。

7.5.2 重写父类的方法

之所以使用继承，肯定是子类与父类有所不同，如前节的简单继承是没有意义的。假设要说明体育特长生“跑得更快”这个事实，可以通过重写父类的方法实现。修改文件 special_student.py，相关代码如下：

```
……
class SpecialStudent(Student):
    """特长生类"""

    def run(self):                    # ①
        print(f"{self.name}跑得更快。")


if __name__ == '__main__':
    st1 = SpecialStudent("Zhang", 19)
    st1.run()                         # ②
```

执行结果：

```
Zhang 跑得更快。
```

第①行：在子类中重写了 run 方法。

第②行：此处调用的，是子类的 run 方法。

本例说明，通过重写父类的方法，改变了实例的行为，子类的方法覆盖了父类的方法。

7.5.3 重写__init__方法

子类默认继承父类所有的属性和方法，当然也会继承__init__方法。如果想在创建子类实例时对子类做一些特殊的初始化工作，需要重写__init__方法。如前一小节所示，子类中重写方法会覆盖父类的同名方法，此时，如果父类的初始化工作也需要进行，有两种方法，一种是把父类__init__方法的代码复制到子类中，但这样写出来的程序可维护性差。常用的方法是在子类的__init__方法中除完成本身的初始化工作外，还要调用父类的__init__方法，完成父类的初始化工作。继续修改文件 special_student.py，相关代码如下：

```
……
class SpecialStudent(Student):
    """特长生类"""

    def __init__(self, name, age):          # ①
        super().__init__(name, age)         # ②
        print(f"{self.name}是特长生。")     # ③

    def run(self):
        super().run()                       # ④
        print(f"{self.name}跑得更快。")

if __name__ == '__main__':
```

```
    st1 = SpecialStudent("Zhang", 19)        # ⑤
    st1.run()
```

执行结果：

```
Zhang 是特长生。
Zhang 正在跑步。
Zhang 跑得更快。
```

第①行：在子类中重写了方法__init__。

第②行：调用父类的__init__方法。在 Python 中，super()函数返回对父类的引用。

第③行：完成子类本身的初始化工作，本例仅仅是打印一条信息。

第④行：不仅是__init__方法，其他方法中也可以通过 super()函数访问父类的方法。

第⑤行：在创建 SpecialStudent 类的实例时，先调用子类的__init__方法。子类的__init__方法又会调用父类的__init__方法，对姓名和年龄做初始化，然后打印信息说明创建的是特长生实例。

本例演示了对父类方法的调用。当在子类中调用父类方法时，有一个次序问题。例如在__init__方法中，是先调用父类的__init__方法，还是先执行子类的初始化工作？在本例中，因为要访问 self.name 属性，所以必须先执行父类的__init__方法，否则该属性不存在。而有的时候则需要先执行子类的初始化工作。

7.5.4 为子类增加新的属性和方法

子类作为父类的特殊情况，通常具有更多的属性和方法。下面示例假设需要记录每个特长生的具体特长，还要对特长生进行介绍。继续修改文件 special_student.py，相关代码如下：

```
……
class SpecialStudent(Student):
    """特长生类"""

    def __init__(self, special, name, age):
        self.special = special                      # ①
        super().__init__(name, age)
        print(f"{self.name}是特长生。")

    def run(self):
        super().run()
        print(f"{self.name}跑得更快。")

    def introduce(self):                            # ②
        print(f"{self.name}的特长是{self.special}。")

if __name__ == '__main__':
    st1 = SpecialStudent("体育", "Zhang", 19)
    st1.run()
    st1.introduce()                                 # ③
```

执行结果：

```
Zhang 是特长生。
Zhang 正在跑步。
Zhang 跑得更快。
Zhang 的特长是体育。
```

第①行：在子类中增加了一个新的属性 self.special，记录特长生的具体特长。注意，此时的__init__方法多了一个参数。

第②行：在子类中定义了一个新的方法 introduce，这个方法在父类中是没有的，是特长生的特殊功能。

第③行：调用子类特有的方法 introduce。

在本例中可以看到，属性 name 在父类中定义，属性 special 在子类中定义。在子类中使用时，都可以通过 self 前缀来访问。

在用父类创建的实例中，是不能访问子类属性的。

7.5.5 多重继承

继承是面向对象编程的重要概念，多重继承是继承的特殊形式。初学者对多重继承的概念可能难以理解，本小节先介绍多重继承存在的必要性，然后简单介绍 Python 对多重继承的实现机制，不涉及具体示例。初学者可以先跳过本小节，不会影响后续内容的学习，等到在本书后续部分遇到多重继承时，再回来复习本小节。

之所以要使用多重继承，主要有两方面的必要性。

- 内在含义的必要性：比如前面特长生类继承自学生类的示例是单重继承。假设有两个基类，学生类和运动员类，而体育特长生同时具有学生和运动员的特征，就可以同时从学生类和运动员类多重继承。
- 外在功能的必要性：比如本书第 15 章将要介绍的 GraphicsObject 类，从 GraphicsItem 和 QGraphicsObject 类多重继承，从 GraphicsItem 类继承绘图功能，从 QGraphicsObject 类继承 PyQt 的信号/槽机制，从而增强了绘图界面的交互性。

Python 有限地支持多重继承，下面是一个多重继承的类定义示例：

```
class DerivedClass(Base1, Base2, Base3):
    pass
```

子类 DerivedClass 从三个父类（Base1、Base2 和 Base3）多重继承。当要从父类中搜索属性时，采用的是深度优先策略，同层从左到右。如果在 DerivedClass 中没有找到某个属性，就会搜索 Base1，然后（递归地）搜索其父类；如果最终没有找到，就搜索 Base2，依此类推。

7.5.6 抽象类和抽象方法

抽象类是面向对象编程的基本概念。抽象类是一种特殊的类，它只能被继承，而自己不能被实例化。比如要定义猪、狗等类，可以先定义一个动物类，然后猪、狗等类都从动物类继承。猪和狗都可以实例化，它们都可以有名字，都可以吃，但“动物”却是一个抽象的概念，不能被实例化。此时就可以将动物定义成抽象类，它有 eat 方法，但不需要实现，称为抽象方法，抽象方法在子类中必须实现。

Python 本身不支持抽象类，但可以使用 Python 自带的 abc 模块来实现抽象类的功能。创建一个 Python 文件 animal.py，代码如下：

```
from abc import ABC, abstractmethod          # ①

class Animal(ABC):                           # ②
    @abstractmethod                          # ③
    def eat(self):
        pass
```

```
class Pig(Animal):                          # ④
    def eat(self):
        print("Pig is eating")

class Dog(Animal):
    def eat(self):
        print("Dog is eating")

pig1 = Pig()                                # ⑤
dog1 = Dog()

pig1.eat()                                  # ⑥
dog1.eat()
```

执行结果：

```
Pig is eating
Dog is eating
```

第①行：从 abc 模块中导入 ABC 和 abstractmethod。

ABC（Abstract Base Class，抽象基类），所有的抽象类都必须从此类继承。abstractmethod 装饰器定义抽象方法。

第②行：定义一个抽象类 Animal。

第③部分：定义一个抽象方法 eat。在抽象类中此方法不需要实现，所以只有一句 pass。

第④部分：定义一个继承自 Animal 的子类 Pig。在 Pig 中应该实现方法 eat；如果没有实现，那 Pig 就仍然是抽象类，不能被实例化，只能被继承。

第⑤行：创建一个 Pig 实例 pig1。

第⑥行：调用 pig1 的 eat 方法。

在编程实践中，使用抽象类可以带来多方面的好处。如上面示例，在编写抽象类 Animal 时，可以只关注当前抽象类的方法和描述，而不需要过多考虑实现细节，这对协同开发有很大意义，也让代码的可读性更高。另外，在不同的模块中通过抽象基类来调用，可以用最精简的方式展示代码的逻辑关系，而不必关心对象的具体类型。修改文件 animal. py，增加如下代码：

```
def animal_eat(a: Animal):                  # ⑦
    a.eat()                                 # ⑧

animal_eat(pig1)                            # ⑨
animal_eat(dog1)
```

第⑦行：定义一个函数 animal_eat()，它接受一个参数 a，通过函数注释的方式说明参数 a 的类型是一个 Animal 类的实例。Animal 类不能被实例化，但这样写没问题，因为 Python 不会对函数注释进行检查，见 5.6 节。

第⑧行：调用 a 的 eat 方法。这里不用管 a 是 Pig 还是 Dog，只需要知道它是 Animal，能吃，就可以了。

第⑨行：调用 animal_eat() 函数，实参是 pig1，那么执行的就是猪的吃的动作。

7.6 导入类

随着不断地给类添加功能，类数量增多，文件可能变得很长，即使恰当地使用了继承可能仍然如此。按照 Python 的编程理念，程序文件应该尽可能整洁。因此，通常将类存储在模块中，需要时再从模块中导入。

7.6.1 导入单个类

7.1 节定义的 Student 类存储在 Python 文件 student. py 中，已经可以作为模块使用。再创建一个 Python 文件 my_student. py，代码如下：

```
from student import Student                           # ①

st1 = Student("Zhang", 19)
print(f"已经创建了一个名为{st1.name}的学生。")
st1.run()

st2 = Student("Xu", 20)
print(f"又创建了一个名为{st2.name}的学生。")
st2.greet()
```

执行结果：

```
已经创建了一个名为 Zhang 的学生。
Zhang 正在跑步。
又创建了一个名为 Xu 的学生。
您好！我是 Xu。
```

第①行：从模块 student 中导入 Student 类，后面就可以使用 Student 类了。

后面的执行代码与 7.1 节完全相同，执行结果也完全相同。不同的是，7.1 节使用了

```
if __name__ == '__main__':
```

语句，限定了只有当执行环境为主模块时，代码才会被执行。这是一种非常有用的机制。定义类的模块，使用上述方法限定的执行代码可用于对类功能的测试，而实际使用类（从其他模块导入）时，这些测试代码不会被执行。

将类放到模块中，使用时再导入，这是一种有效的编程方式。在实际程序中，Student 类的代码可能很庞大。通过将这个类移到一个模块中，在需要时导入该模块，依然可以使用其所有功能，但主程序文件变得整洁而易于阅读。

7.6.2 在模块中存储多个类

可根据需要在一个模块中存储任意数量的类。同一模块中的类往往具有相关性，如 7.5 节的 special_student. py 文件。再创建一个 Python 文件 my_special_student. py，代码如下：

```
from special_student import Student, SpecialStudent          # ①

st1 = Student("Zhang", 19)
print(f"创建了一个名为{st1.name}的普通学生。")
st1.run()

st2 =SpecialStudent("体育", "Xu", 20)
print(f"又创建了一个名为{st2.name}的特长生。")
st2.introduce()
```

执行结果：

```
创建了一个名为 Zhang 的普通学生。
Zhang 正在跑步。
Xu 是特长生。
又创建了一个名为 Xu 的特长生。
Xu 的特长是体育。
```

第①行：从模块 special_student 中同时导入 Student 类和 SpecialStudent 类。

st1 是 Student 类实例，st2 是 SpecialStudent 类实例。

根据功能需要，还可以导入整个模块，并导入模块中的所有类，方法见第 6 章。

7.6.3　组织项目代码

在组织大型项目的代码方面，Python 提供了很多可选方法。熟悉所有这些方法很重要，这样才能确定哪种方法最适合当前项目，并能理解别人开发的项目。

划分模块有两种思路：

- 一开始让代码结构尽可能简单。先尽可能在一个文件中完成所有的工作，确定一切都能正确运行后，再将类移到独立的模块中。
- 从项目一开始就尝试将类存储到模块中。先完成功能，在后期迭代时再尝试让代码更加组织有序。

还有就是编码风格。5.6 节已经对编码风格进行过讨论，与类相关的编码风格有如下建议：

- 对于每个类，都应该包含一个文档字符串，简要地描述类的功能，并遵循编写函数的文档字符串时采用的格式约定。每个模块也都应包含一个文档字符串，对其中的类的功能进行描述。
- 可使用空行来组织代码，但不要滥用。在类中，可使用一个空行来分隔方法；在模块中，可使用两个空行来分隔类。
- 需要同时导入标准库中的模块和自己编写的模块时，先导入标准库模块，再添加一个空行，然后导入自己编写的模块。这种做法让人更容易明白各个模块的来源。

7.7　习题

1. 定义一个类，用阿拉伯数字实例化后，能够得到相应的罗马数字。

2. 定义一个关于圆的类，以半径作为实例化参数，通过@ property 装饰器，得到周长属性和面积属性。

3. 定义一个商品销售的类，属性包括：销售数量、零售单价、批发折扣百分比、起批数量等，方法包括：记录商品销售数量，计算商品销售总额。

4. 参照 6.3.4 节内容，定义一个时间类，功能至少包括：

1）输出格式为“hh:mm:ss”的时间。

2）提供方法计算与另一个时间的差。

5. 一个类的属性可以用另一个类表示。房子（House）由房间（Room）组成。定义两个类：

1）房间类可以通过长和宽计算面积。

2）房子类包含若干个房间，各房间的面积和为房子的面积。

6. 定义一个“好学生”类，从7.1节的学生类继承，并增加适当的属性和方法。

7. 定义用户类，实现以下功能：

1）创建一个名为User的类，包含username、password、age和birthday等属性。

2）在User类中定义一个名为describe_user的方法，打印用户信息摘要；再定义一个名为greet_user的方法，向用户发出个性化的问候。

3）创建多个用户实例，并对每个实例调用上述两个方法。

4）在User类中添加一个表示尝试登录次数的属性login_attempts。编写一个名为increment_login_attempts的方法，将属性login_attempts的值加1。再编写一个名为reset_login_attempts的方法，将属性login_attempts的值重置为0。

5）创建一个用户实例，调用方法increment_login_attempts多次。打印属性login_attempts的值，确认它被正确地递增；然后调用方法reset_login_attempts，并再次打印属性login_attempts的值，确认它被重置为0。

8. 定义汽车类，实现以下功能：

1）编写一个表示汽车的类Car，有品牌（make）、型号（model）和生产年份（year）三个属性。

2）编写一个显示三个属性汇总信息的方法get_description。

3）为Car类增加一个里程（odometer）属性，其初始值为0。

4）将里程属性改为私有，不允许在类的外部直接访问。

5）编写一个方法read_ odometer，用于显示里程值。

6）编写一个方法increment_ odometer，用于改变量程值。该方法接受一个数值参数，并将其累加到原里程值之上。方法中要限制该参数值不能为负，保证里程只能递增。

9. 定义电动汽车类，实现以下功能：

1）编写一个表示电动汽车的类ElectricCar。电动汽车是一种特殊的汽车，因此可从前题的Car类继承。属于简单继承，不增加功能。

2）为ElectricCar类增加电池容量（battery_size）属性。

3）为ElectricCar类增加显示电池容量的方法describe_battery。

第 8 章 数据分析与可视化

数据分析是计算机最重要的专业应用领域之一，以往使用专用的语言、工具，如 R、Matlab、SAS 和 Stata 等。近年来，由于 Python 在数据分析和交互、探索性计算以及数据可视化等方面的进展，又由于 Python 有不断改良的第三方包，使其成为数据分析任务的一大替代方案。结合其在通用编程方面的强大实力，完全可以只使用 Python 这一种语言去构建以数据为中心的应用程序[5]。

本章部分示例使用 IDLE 进行验证；使用 PyCharm 创建一个新的项目 ch08，用来验证其他示例。

8.1 数据分析概述

Python 之所以能够成为数据分析领域的最佳语言，是有其独特优势的。因为它有很多这个领域相关的第三方包可以使用，而且很好用，比如 NumPy、SciPy 和 Pandas 等。

NumPy 是 Python 中科学计算的基础包，许多第三方包使用 NumPy 数组作为它们的基本输入和输出。NumPy 引入多维数组和矩阵，使开发人员在这些数组和矩阵上执行高级数学和统计功能时，可以尽可能地减少代码书写。

SciPy 是一款方便、易于使用、专门为科学和工程设计的 Python 包，它包括统计、优化、整合、线性代数模块、傅里叶变换、信号和图像处理、常微分方程求解器等。Scipy 依赖于 NumPy，在 NumPy 的基础上添加一系列算法和高级指令来构建与可视化数据，并提供许多对用户友好的和有效的数值例程，如数值积分和优化等。

Pandas 增加了用于金融学、统计学、社会科学和工程的实际数据分析的数据结构和工具。Pandas 可以很好地处理不完整的、混乱的和未标记的数据（这些数据在现实世界中经常遇到），并提供用于合并、改造和切片数据集的工具。

Scikit-learn 是一个和机器学习有关的包，提供完善的机器学习工具箱，包括：数据预处理、分类、回归、聚类、预测和模型分析等。它依赖于 NumPy、SciPy 和 matplotlib 等。

Theano 由深度学习专家 Yoshua Bengio 带领的实验室开发出来，用来定义、优化和高效地解决多维数组对应数学表达式的模拟估计问题。具有高效的符号分解、高度优化的速度和稳定性强等特点，最重要的是实现了 GPU 加速，使得密集型数据的处理速度是 CPU 的十倍。

限于篇幅，本章仅对应用最广泛的 NumPy 和 Pandas 进行介绍。根据读者的计算机环境，这些包可能需要下载安装，方法见 6.4 节。

关于第三方包的名称，特别是首字母大小写的问题。NumPy 和 Pandas 在其英文版的官网上首字母都是小写的，但在中文版的官网上，其首字母又是大写的（NumPy 的 P 也大写）。本书采用中文文档的书写习惯，即首字母大写。但需要注意的是，在导入包时，包名要用全小写。本书用到的其他第三方包一定程度上也存在这个问题，不再一一说明。

8.2 NumPy

NumPy 包是高性能科学计算和数据分析的基础包，不是 Python 的标准库，是第三方包。

NumPy 提供了两种基本的对象：ndarray 和 ufunc。ndarray 是存储单一数据类型的多维数组，而 ufunc 是能够对数组进行处理的函数。NumPy 的功能包括：

- N 维数组，一种快速、高效使用内存的多维数组，提供矢量化数学运算。
- 不需要使用循环，就能对整个数组内的数据进行标准数学。
- 线性代数、随机数生成以及傅里叶变换等功能。
- 可以方便地传送数据到其他语言（如 C\C++）编写的外部库，也便于外部库以 NumPy 数组形式返回数据。

最后一点从生态系统角度来看非常重要。由于 NumPy 提供了一个简单易用的 C API，因此很容易将数据传递给由其他语言编写的外部库，外部库也能以 NumPy 数组的形式将数据返回给 Python。这个功能使 Python 成为一种包装 C/C++历史代码库的选择，并使被包装库拥有一个动态、易用的接口。

NumPy 不提供高级数据分析功能，但可以更加深刻地理解 NumPy 数组和面向数组的计算，有助于更加高效地使用诸如 Pandas 之类的工具。

如第 3 章所述，Python 通常使用列表保存一组值，可将列表当作数组使用。Python 也有自己的 array 模块，但它不支持多维数组，而且无论是列表还是 array 模块都没有科学运算函数，所以纯 Python 不适合做矩阵等科学运算。NumPy 没有使用 Python 本身的数组机制，而是提供了 ndarray 数组对象，该对象不仅能方便地存取数组，而且拥有丰富的数组计算函数，比如向量的加法、减法和乘法等。

本书 6.3 节介绍了 Python 自带的随机数模块，相比较而言，NumPy 的随机数功能强大灵活。限于篇幅，本节仅介绍 NumPy 的数组和矩阵，随机数功能请读者自行查阅资料，在本章的习题中会用到。

8.2.1 创建 NumPy 数组

使用 NumPy 数组，需要导入 NumPy 包。

```
>>> import numpy as np
>>> a1 = np.array([2, 4, 6])
>>> a1
array([2, 4, 6])
```

首先导入 NumPy 包，并指定导入包的别名为 np（后面示例中可能不再包含此句，需要时请读者自行加上）。NumPy 用 array( ) 函数创建 ndarray 数组，上面示例创建了一个一维数组，并直接输出。

NumPy 的数组元素可以是复数。

```
>>> a2 = np.array([2, 4, 6], dtype=complex)
>>> a2
array([2.+0.j, 4.+0.j, 6.+0.j])
```

一般 NumPy 数组的数据类型默认为整型，这里设置为复数类型。

还可以定义多维数组。

```
>>> a3 = np. array([[1, 3], [2, 4]], dtype=complex)
>>> a3
array([[1. +0. j, 3. +0. j],
       [2. +0. j, 4. +0. j]])
```

8.2.2 NumPy 特殊数组

NumPy 有三种特殊数组：zero 数组、ones 数组和 empty 数组。

zero 数组是全零的数组，即数组中所有的元素都为 0，在某些场合下节省了初始化的工作。

```
>>> import numpy as np
>>> b1 = np. zeros(5)
>>> b1
array([0. , 0. , 0. , 0. , 0. ])
```

可以看到，zero 数组的默认数据类型为浮点数。可以显式地指定数据类型为整型。

```
>>> b2 = np. zeros(5, dtype=np. int)
>>> b2
array([0, 0, 0, 0, 0])
```

zero 数组也可以方便地设为多维。

```
>>> b3 = np. zeros((3, 4), dtype=np. int)
>>> b3
array([[0, 0, 0, 0],
       [0, 0, 0, 0],
       [0, 0, 0, 0]])
```

这里创建了一个 3 行 4 列的二维数组。

ones 数组是全 1 数组，即数组中所有元素都为 1。

```
>>> import numpy as np
>>> c1 = np. ones(8)
>>> c1
array([1. , 1. , 1. , 1. , 1. , 1. , 1. , 1. ])
```

ones 数组的默认数据类型也是浮点型，同样可以显式地指定数据类型为整型。

```
>>> c2 = np. ones((3, 4), dtype=int)
>>> c2
array([[1, 1, 1, 1],
       [1, 1, 1, 1],
       [1, 1, 1, 1]])
```

empty 数组是指空数组，数组中所有元素全近似等于 0。

```
>>> import numpy as np
>>> d1=np. empty((2, 3))
>>> d1
array([[5. 83450858e-302, 1. 11910382e-296, 7. 93892120e-301],
       [1. 39249611e-309, 1. 64229949e-287, 8. 90113963e-307]])
```

8.2.3 NumPy 序列数组

NumPy 的 arange 函数与 Python 的 range 函数功能相似，参数依次为：开始值、结束值和步长。其比 range 函数增强的功能是，步长可以为浮点数。

```
>>> import numpy as np
>>> e1 = np. arange(1, 10, 2)
>>> e1
array([1, 3, 5, 7, 9])
>>> e2=np. arange(1, 4, 0.5)
>>> e2
array([1. , 1.5, 2. , 2.5, 3. , 3.5])
```

另外，还可以使用 linespace 函数创建等差序列数组，其参数依次为：开始值、结束值和元素数量。

```
>>> f1 = np. linspace(0, 20, 5)
>>> f1
array([ 0. ,  5. , 10. , 15. , 20. ])
>>> f2 = np. linspace(0, 7, 10)
>>> f2
array([0.        , 0.77777778, 1.55555556, 2.33333333, 3.11111111,
       3.88888889, 4.66666667, 5.44444444, 6.22222222, 7.        ])
```

8.2.4 NumPy 数组索引

NumPy 数组的每个元素、每行元素、每列元素，都可以用索引访问，索引值从 0 开始。

```
>>> import numpy as np
>>> g1 = np. array([[11, 12, 13], [21, 22, 23]])
>>> g1[0]
array([11, 12, 13])
>>> g1[1]
array([21, 22, 23])
>>> g1[0, 1]
12
>>> g1[:, 1]
array([12, 22])
```

8.2.5 NumPy 数组运算

NumPy 数组运算，是指 NumPy 数组元素的加、减、乘、除、乘方、最大值和最小值等运算。

```
>>> import numpy as np
>>> h1 = np. array([11, 12, 13])
>>> h2 = np. array([21, 22, 23])
>>> h1 + h2
array([32, 34, 36])
>>> h1 - h2
array([-10, -10, -10])
>>> h1 * h2
array([231, 264, 299])
>>> h1 / h2
array([0.52380952, 0.54545455, 0.56521739])
>>> h1 ** 2
array([121, 144, 169],dtype=int32)
```

```
>>> np.dot(h1, h2)
794
>>> h1 > h2
array([False, False, False])
>>> h2 > h1
array([ True, True, True])
>>> h1.max()
13
>>> h2.min()
21
>>> h1.sum()
36
```

8.2.6 NumPy 数组复制

NumPy 数组复制分为两种——浅复制和深复制。

```
>>> import numpy as np
>>> i1 = np.array([1, 2, 3])
>>> i1
array([1, 2, 3])
>>> i2 = i1
>>> i2
array([1, 2, 3])
>>> i2[1] = 5
>>> i1
array([1, 5, 3])
>>> i2
array([1, 5, 3])
```

以上为浅复制。可以看出，对数组的修改同时反映在两个数组变量中。

```
>>> j1 = np.array([2, 4, 6])
>>> j2 = j1.copy()
>>> j2
array([2, 4, 6])
>>> j2[1] = 10
>>> j2
array([ 2, 10,  6])
>>> j1
array([2, 4, 6])
```

以上为深复制。可以看出，对复制后数组的修改，不影响复制的源数组。

8.2.7 NumPy 矩阵

矩阵（Matrix）是高等代数的常用工具，常用于统计分析等数学应用。

NumPy 的矩阵对象与数组对象相似，主要不同在于，矩阵对象的计算遵循矩阵的数学运算规律，支持矩阵的乘、转置和求逆等。矩阵用 matrix()函数创建，矩阵运算的含义本书不再赘述。

```
>>> import numpy as np
>>> k1 = np.matrix([[11, 12, 13], [21, 22, 23]])
>>> k1
```

```
matrix([[11, 12, 13],
        [21, 22, 23]])
>>> k2 = k1.T                              #矩阵转置
>>> k2
matrix([[11, 21],
        [12, 22],
        [13, 23]])
>>> k1 * k2                                #矩阵相乘
matrix([[ 434,  794],
        [ 794, 1454]])
>>> k3 = k1.I                              #矩阵求逆
>>> k3
matrix([[-1.13333333,  0.63333333],
        [-0.03333333,  0.03333333],
        [ 1.06666667, -0.56666667]])
```

8.3 Pandas

Pandas 是 Python 的一个第三方数据分析包，最初被用作金融数据分析工具而开发出来，因此 Pandas 对时间序列分析提供了很好的支持[6]。

Pandas 是为了解决数据分析任务而开发的，纳入了大量的标准数据模型，提供了高效的操作大型数据集所需要的工具。Pandas 提供了大量的能够快速便捷地处理数据的函数和方法，包含了高级数据结构，以及让数据分析变得快速、简单的工具。Pandas 的功能比 NumPy 强大，它建立在 NumPy 之上，使 NumPy 应用变得更简单。Pandas 是进行数据清洗/整理的最好工具，是数据分析的首选包。

Pandas 最常用的数据结构有两种，分别是 Series 和 DataFrame。

Series 是一维数组。与 NumPy 的 array 不同，array 中只允许存储相同类型的数据，而 Series 中可以存储不同类型的数据。

DataFrame 是二维数组，非常接近于 Excel 电子表格或关系型数据库中的表。它的列通过 columns 来索引，行通过 index 来索引，也就是说数据的位置是通过 columns 和 index 来确定的。

8.3.1 一维数组 Series

Series 由一组数据，以及一组与之相关的标签（即索引）组成。可以用一组数据创建简单的 Series，也可以通过传递一个 list 对象来创建 Series。

```
>>> import pandas as pd
>>> s1 = pd.Series(["Zhang", "Wang", "Li", "Zhao"])
>>> s1
0    Zhang
1     Wang
2       Li
3     Zhao
dtype: object
>>> s1.index
RangeIndex(start=0, stop=4, step=1)
>>> s1.values
array(['Zhang', 'Wang', 'Li', 'Zhao'],dtype=object)
```

上面示例首先导入 Pandas 包，并指定别名为 pd。s1 为根据 list 创建的 Series 对象。显示其内容，可以看到其包含两列，第一列是索引，第二列是值。

Series 默认创建的索引为整型，可以显式地指定其他类型的数据作为索引。

```
>>> s2 = pd.Series(["Zhang", "Wang", "Li", "Zhao"], index=["z", "w", "l", "h"])
>>> s2
z      Zhang
w       Wang
l         Li
h       Zhao
dtype: object
```

创建了 Series 之后，可以通过索引来访问它的元素。

```
>>> s1[2]
'Li'
>>> s2["l"]
'Li'
>>> s2[2]   #使用其他类型索引的 Series,也可以通过位置索引来存取
'Li'
>>> s2["w"]
'Wang'
>>> s2["h"]
'Zhao'
```

可以看出，Series 与 NumPy 的 array 比较相似。

8.3.2 二维数组 DataFrame

DataFrame 是一个表格型的数据结构，它含有一组有序的列，每一列的数据类型都是相同的，不同的列之间，数据类型可以不同。与数据库相类比，DataFrame 很像是一个数据库表。DataFrame 中的每一行是一个记录，是名称为 Index 的一个元素，而每一列是一个字段，对应数据库表的一个属性。与数据库表不同的是，DataFrame 中面向行和面向列的操作基本上是平衡的。DataFrame 既有行索引也有列索引，可以被看作是由 Series 组成的字典（共用同一个索引）[7]。事实上，DataFrame 中的数据以一个或多个二维块的形式存放，而不是列表、字典或其他的一维结构[5]。

1. 创建 DataFrame

二维数组 DataFrame 可以使用各种输入创建，如列表、字典、一维数组 Series、NumPy ndarray 或者另一个二维数组 DataFrame。下面示例创建一个学生信息 DataFrame。

```
>>> import pandas as pd
>>> di={"name":["Zhan","Wang","Li","Zhao"],"age":[18,19,20,19],"degree":["学士","硕士","硕士","学士"]}
>>> df1 = pd.DataFrame(di)
>>> df1
   name  age  degree
0  Zhan   18   学士
1  Wang   19   硕士
2    Li   20   硕士
3  Zhao   19   学士
```

首先创建一个字典 di，再根据该字典创建 DataFrame 对象 df1。di 有三个元素，其键分别

是 name、age 和 degree，这些键在转换后的 DataFrame 中分别代表各列的名称。字典三个元素的值分别为三个列表，对应 DataFrame 三列的内容。每个列表中的数据类型必须相同，或者 Python 在转换过程中能自动识别并转换为统一的类型，因为在 DataFrame 中要求每列的数据类型必须相同。三个列表的元素数必须相同，这个相同的元素数就是将来 DataFrame 的行数。

显示 df1 的内容，可以看到在字典数据的基础上增加了一列，第一列是自动增加的索引，自动增加的索引值为整数，从 0 开始递增。

列的次序可以显式地指定。使用 DataFrame 内置的 columns 数组可以指定和显示 DataFrame 的列。

```
>>> df2 = pd.DataFrame(di, columns=["degree", "name", "age"])
>>> df2
   degree  name  age
0  学士    Zhan  18
1  硕士    Wang  19
2  硕士      Li  20
3  学士    Zhao  19
>>> df2.columns
Index(['degree', 'name', 'age'],dtype='object')
```

2. 创建索引

前面已经看到系统为 DataFrame 自动增加的索引列是从 0 开始的整数。还有多种方法可以指定其他的数据作为索引。

(1) 使用单独的索引列表

与 Series 相同，可以显式地指定其他类型的数据作为 DataFrame 的索引。使用 DataFrame 内置的 index 数组可以指定和显示 DataFrame 的索引。

```
>>> df3 = pd.DataFrame(di, index=["z", "w", "l", "h"])
>>> df3
   name  age  degree
z  Zhan   18  学士
w  Wang   19  硕士
l    Li   20  硕士
h  Zhao   19  学士
>>> df3.index
Index(['z', 'w', 'l', 'h'],dtype='object')
```

(2) 使用某一列数据作为索引

前面示例创建一个与数据列不同的索引列，也可以使用某一个数据列作为索引列。

```
>>> df4 = pd.DataFrame(di, index=di["name"])
>>> df4
      name  age  degree
Zhan  Zhan   18  学士
Wang  Wang   19  硕士
Li      Li   20  硕士
Zhao  Zhao   19  学士
```

其中，di["name"]从字典 di 中取出"name"对应的列表，作为新建 DataFrame 的索引。但这样会有数据冗余，如果条件允许，可以用如下方法：

```
>>> df5 = pd.DataFrame(di, columns=["age", "degree"], index=di["name"])
>>> df5
```

```
       age   degree
Zhan    18    学士
Wang    19    硕士
Li      20    硕士
Zhao    19    学士
```

(3) 修改已经存在的 DataFrame 的索引

DataFrame 索引的值是可以修改的，既可以单独修改，也可以完整修改。

```
>>> df6 = pd.DataFrame(di)
>>> df6.index = df6["name"]
>>> df6
        name   age   degree
name
Zhan    Zhan    18    学士
Wang    Wang    19    硕士
Li      Li      20    硕士
Zhao    Zhao    19    学士
>>> df6.index = ['z', 'w', 'l', 'h']
>>> df6
   name   age   degree
z  Zhan    18    学士
w  Wang    19    硕士
l    Li    20    硕士
h  Zhao    19    学士
```

需要注意的是，索引列表的元素数必须与 DataFrame 的元素数相等。

3. 存取数据

(1) 取整列

通过类似字典标记的方式或属性的方式，可以将 DataFrame 的列获取为一个 Series。

```
>>> df1['age']
0    18
1    19
2    20
3    19
Name: age, dtype: int64
>>> df1.name
0    Zhan
1    Wang
2      Li
3    Zhao
Name: name, dtype: object
```

Series 拥有与原 DataFrame 相同的索引。

```
>>> df3.degree
z    学士
w    硕士
l    硕士
h    学士
Name: degree, dtype: object
```

(2) 取整行

行可以通过位置或键的方式来获取。DataFrame 的 loc 方法提供基于键取行的功能。如果指定的键不存在，将抛出 KeyError 异常。

```
>>> df1.loc[2]
name        Li
age         20
degree      硕士
Name: 2,dtype: object
>>> df3.loc['w']
name        Wang
age          19
degree       硕士
Name: w,dtype: object
```

DataFrame 的 iloc 方法提供基于位置（用整数表示，从 0 开始）取行的功能。如果指定的位置超出范围，将抛出 IndexError 异常。

```
>>> df3.iloc[2]
name        Li
age         20
degree      硕士
Name: l,dtype: object
```

（3）存取字段

有了上述方法，无论先确定行再确定列，还是先确定列再确定行，都可以存取某个具体字段的值。下面的示例为先确定行再确定列。

```
>>> df1.loc[2]['age']
20
```

下面的示例为先确定列再确定行。

```
>>> df1['age'][2]
20
```

前面都是查找 DataFrame 中的值。通过先列后行的方式，可以方便地对字段进行修改。

```
>>> df1['age'][2] = 23
>>> df1
   name  age  degree
0  Zhan   18   学士
1  Wang   19   硕士
2    Li   23   硕士
3  Zhao   19   学士
```

还可以用单值对整列数据进行修改。

```
>>> df1['age'] = 24
>>> df1
   name  age  degree
0  Zhan   24   学士
1  Wang   24   硕士
2    Li   24   硕士
3  Zhao   24   学士
```

可以将一个列表赋值给 DataFrame 的某一列。

```
>>> df1['age'] = range(4)
>>> df1
```

```
   name  age  degree
0  Zhan    0    学士
1  Wang    1    硕士
2    Li    2    硕士
3  Zhao    3    学士
```

需要注意的是，用上述方法为整列赋值时，列表中的元素数必须等于 DataFrame 的行数。为不存在的列赋值会创建一个新列。

```
>>> df1['credit'] = 0
>>> df1
   name  age  degree  credit
0  Zhan    0    学士       0
1  Wang    1    硕士       0
2    Li    2    硕士       0
3  Zhao    3    学士       0
```

使用 del 语句可以删除列。

```
>>> del df1['credit']
>>> df1
   name  age  degree
0  Zhan    0    学士
1  Wang    1    硕士
2    Li    2    硕士
3  Zhao    3    学士
```

上述修改用的是先列后行的方法，其原理是：先取一列，返回的 Series 是对原 DataFrame 上数据的引用，修改其元素值可以反映到原 DataFrame 的数据上。如果采用先行后列的方法，则达不到预期的修改效果。

```
>>> df1.loc[2]['age'] = 25
>>> df1
   name  age  degree
0  Zhan    0    学士
1  Wang    1    硕士
2    Li    2    硕士
3  Zhao    3    学士
```

可以看到，修改语句虽然成功，但 DataFrame 中的数据并没有实际修改。其原理是：先取一行，返回的是一个字典，该字典是原 DataFrame 一行数据的复本。对其元素进行修改，是对复本中的元素进行修改，不会影响到原 DataFrame 中的数据。

4. 遍历

有三种方法遍历 DataFrame 的数据。

(1) 使用 iterrows() 按行遍历

使用 iterrows() 按行遍历，将 DataFrame 的每一行迭代为(index，Series)对。

```
>>> df1 = pd.DataFrame(di)
>>> for row in df1.iterrows():
        print(row[0],row[1],sep=':\n')

0:
name        Zhan
age           18
degree        学士
```

```
Name: 0,dtype: object
1:
name        Wang
age          19
degree       硕士
Name: 1,dtype: object
2:
name        Li
age         20
degree      硕士
Name: 2,dtype: object
3:
name        Zhao
age          19
degree       学士
Name: 3,dtype: object
```

可以看到，每次迭代得到一个包含两个元素的元组，第一个元素是行索引（本例是 0 开头的整数），第二个元素是行数据 Series，行数据 Series 的索引是 DataFrame 各列的列名。

为了操作方便，可以在迭代时直接将(index, Series)拆封，就可以在循环体中直接取 Series 中的数据。

```
>>> for index, row in df1.iterrows():
      print(index,row[0],row['age'])

0 Zhan 18
1 Wang 19
2 Li 20
3 Zhao 19
```

在每次迭代中，index 是行索引，row 是行数据 Series，Series 的元素（各字段）既可以通过名称索引，也可以通过位置索引来获取。

(2) 使用 itertuples()按行遍历

使用 itertuples() 按行遍历，将 DataFrame 的每一行迭代为 Pandas 命名元组(namedtuples)，这种方法比 iterrows()效率高。

```
>>> for row in df1.itertuples():
      print(row)

Pandas(Index=0, name='Zhan', age=18, degree='学士')
Pandas(Index=1, name='Wang', age=19, degree='硕士')
Pandas(Index=2, name='Li', age=20, degree='硕士')
Pandas(Index=3, name='Zhao', age=19, degree='学士')
```

可以看到，namedtuples 的第 0 个元素为 DataFrame 行索引，后面依次为各列的值。为了操作方便，可以在迭代时直接将 namedtuples 拆封，请看下面示例。

```
>>> for row in df1.itertuples():
      print(row[0],row[1],row[2])

0 Zhan 18
1 Wang 19
2 Li 20
3 Zhao 19
```

但 namedtuples 只能通过整数索引或切片来获取，如果使用类似 row['age']的名称索引将会报错。如果想要使用名称获取字段数据，可以使用 Python 的内置函数 getattr()，getattr()函数用于返回一个对象指定属性的值。

```
>>> for row in df1.itertuples():
    print(getattr(row, 'name'), getattr(row, 'age'))

Zhan 18
Wang 19
Li 20
Zhao 19
```

(3) 使用 iteritems()按列遍历

使用 iteritems()按列遍历，将 DataFrame 的每一列迭代为（列名，Series）对。可在迭代时直接将（列名，Series）拆封，请看下面示例。

```
>>> for name,col in df1.iteritems():
    print(name, col, sep=':\n')

name:
0     Zhan
1     Wang
2       Li
3     Zhao
Name: name,dtype: object
age:
0     18
1     19
2     20
3     19
Name: age,dtype: int64
degree:
0     学士
1     硕士
2     硕士
3     学士
Name: degree,dtype: object
```

通过 Series 可以取某一列上各行的值。

```
>>> for name,col in df1.iteritems():
    print(name, col[0], col[1], col[2])

name Zhan Wang Li
age 18 19 20
degree 学士 硕士 硕士
```

5. 时间序列数据集

在实际应用中，DataFrame 一个重要的功能是处理时间序列数据。时间序列数据的主要特征是以时间为索引，DataFrame 本身包含一些支持时间序列操作的功能，例如：

```
>>> import pandas as pd
>>> dates = pd.date_range('2020-2-26', periods=6)
>>> dates
DatetimeIndex(['2020-02-26', '2020-02-27', '2020-02-28', '2020-02-29',
               '2020-03-01', '2020-03-02'],
              dtype='datetime64[ns]', freq='D')
```

Pandas 提供的 date_range 方法可以生成一个日期列表，本例从 2020 年 2 月 26 日开始，共 6 天。

股票行情数据是一类常用的时间序列数据，本节以股票行情数据为例，介绍使用 DataFrame 处理时间序列数据的方法。首先介绍一个常用的 Python 第三方包 Tushare，其下载安装方法见 6.4 节。

Tushare 是一个免费、开源的 Python 财经数据接口包，主要实现对股票等金融数据从数据采集、清洗加工到数据存储的过程，能够为金融分析人员提供快速、整洁和多样的便于分析的数据，极大地减轻了他们在数据获取方面的工作量，使他们更加专注于策略和模型的研究与实现。考虑到 Pandas 包在金融量化分析中体现出的优势，Tushare 返回的绝大部分数据格式都是 Pandas 的 DataFrame 类型。

函数 get_hist_data( )获取个股历史行情数据（包括均线数据），可以通过参数设置获取日线、周线和月线，以及 5 分钟、15 分钟、30 分钟和 60 分钟等 k 线数据。

参数说明：

- code：股票代码，即 6 位数字代码，或者指数代码（sh=上证指数，sz=深圳成指，hs300=沪深 300，sz50=上证 50，zxb=中小板指，cyb=创业板指）。
- start：开始日期，格式 YYYY-MM-DD。
- end：结束日期，格式 YYYY-MM-DD。
- ktype：数据类型，D=日 k 线，W=周线，M=月线，5=5 分钟线，15=15 分钟线，30=30 分钟线，60=60 分钟线，默认为 D。
- retry_count：当网络异常后的重试次数，默认为 3。
- pause：重试时停顿秒数，默认为 0。

请看下面示例：

```
>>>import tushare as ts
>>> stock_data = ts.get_hist_data('600000', start='2020-01-01', end='2020-01-08').sort_index()
>>> stock_data
             open   high   close  ...   ma20    v_ma5      v_ma10     v_ma20
  date                            ...
2020-01-02   12.47  12.64  12.47  ...  12.192  336610.85  304628.58  316428.18
2020-01-03   12.57  12.63  12.60  ...  12.227  381170.36  318857.48  322949.52
2020-01-06   12.52  12.65  12.46  ...  12.254  407308.53  319708.53  333122.89
2020-01-07   12.51  12.60  12.50  ...  12.284  382048.38  311096.12  338659.00
2020-01-08   12.41  12.45  12.32  ...  12.307  388622.20  324665.62  348616.95
[5 rows x 13 columns]
```

可以看到，返回的是一个 DataFrame，以日期时间为索引，数据列包括：

- open：开盘价。
- high：最高价。
- close：收盘价。
- low：最低价。
- volume：成交量。

返回的 DataFrame 包含十多个列，可以用下面方法只取需要的列。

```
>>> stock_data = stock_data[['open', 'close', 'high', 'low']]
>>> stock_data
```

```
            open   close   high   low
date
2020-01-02  12.47  12.47  12.64  12.45
2020-01-03  12.57  12.60  12.63  12.47
2020-01-06  12.52  12.46  12.65  12.42
2020-01-07  12.51  12.50  12.60  12.46
2020-01-08  12.41  12.32  12.45  12.25
```

如前所述，取 DataFrame 的整列时，返回的是一个 Series。可以用 Series 的功能方便地取 DataFrame 某列的最大最小值。

```
>>> y_min = stock_data['low'].min()
>>> y_min
12.25
>>> y_max = stock_data['high'].max()
>>> y_max
12.65
```

DataFrame 是 Pandas 最常用的数据结构，功能也最强大。除上述介绍的基本存取功能外，还提供很多更高级的功能，如汇总和计算、处理缺失数据、多层次索引等，限于篇幅本书不再介绍，有兴趣的读者可以参考 Pandas 官网的文档。

在 Pandas 的早期版本中，还有一种重要的数据结构——面板（Panel），是三维数据容器。"Panel" 一词来源于计量经济学，代表了 Pandas 的强大数据处理水平，甚至 Pandas 这个名称就部分源于面板数据：Pandas = pan(el)-da(ta)-s。但是，从 Pandas 0.25.0 版本开始不再支持 Panel 数据结构，而是推荐使用 DataFrame 的多层次索引表示多维数据。

8.4 数据可视化概述

本章前面介绍的工具用于分析、计算出需要的数据，至于如何直观地展示这些数据，则需要用到数据的可视化功能。

数据可视化指的是通过可视化的形式来探索数据，它与数据挖掘紧密相关，而数据挖掘指的是使用程序来探索数据集的规律和关联。数据集可以是用一行代码就能表示的小型数字列表，也可以是数以 G 字节计的数据[2]。

漂亮地呈现数据关乎的并非仅仅是漂亮的外观，用引人注目的简洁方式呈现数据，可以让观看者明白其中含义，发现数据集中原本未意识到的规律和意义。

即便没有超级计算机，也能够可视化复杂的数据。得益于 Python 的高效性，使用 Python 在笔记本电脑上就能快速地探索由数百万个数据点组成的数据集。数据点不一定是数字，也可以对非数字数据进行分析。

在基因研究、天气预报、政治经济分析等众多领域，众多学者使用 Python 来完成数据密集型工作。数据科学家使用 Python 编写了很多功能强大的可视化分析工具，并以第三方包的形式提供，几乎任何数据可视化需求都能找到合适的第三方包。本节简单介绍其中最常用的几个 Python 可视化包。

（1）matplotlib

matplotlib 是 Python 可视化程序包的泰斗，它的设计与 20 世纪 80 年代推出的商业化程序语言 MATLAB 非常接近，经过三十多年的发展，matplotlib 仍然是 Python 程序员的首选图形包。

matplotlib 功能强大，但使用略显复杂。由于 matplotlib 是第一个 Python 可视化库，有许多其他的可视化库都建立在它的基础之上或者直接调用它。比如 Seaborn 就是 matplotlib 的外包，通过 Seaborn 可以用更少的代码去调用 matplotlib 的方法。

（2）Seaborn

Seaborn 利用了 matplotlib，用简洁的代码来制作美观的图表。Seaborn 跟 matplotlib 最大的区别是它的默认绘图风格和色彩搭配都具有现代美感。由于 Seaborn 构建在 matplotlib 的基础上，所以需要了解 matplotlib，从而调整 Seaborn 的默认参数。

（3）ggplot

ggplot 是基于 R 的一个图形包，利用了《图像语法》（The Grammar of Graphics）中的概念。ggplot 跟 matplotlib 的不同之处是允许叠加不同的图层来完成一幅图。虽然《图像语法》获得了“接近思维过程”的作图方法的好评，但习惯了 matplotlib 的程序员可能需要一些时间来适应这个新的思维方式。

ggplot 的作者提到 ggplot 并不适用于制作非常个性化的图像，它为了操作的简洁而牺牲了图像复杂度。ggplot 跟 Pandas 的整合度非常高。

（4）Bokeh

跟 ggplot 一样，Bokeh 也是基于《图形语法》的概念。但是跟 ggplot 不一样的是，它完全基于 Python 而不是从 R 引用过来。它的长处在于能够制作出可交互、可直接用于网络的图表。图表可以输出为 JSON 对象、HTML 文档或者可交互的网络应用。Bokeh 支持数据流和实时数据。

Bokeh 为不同的用户提供了三种控制水平。最高的控制水平用于快速制图，主要用于制作常用图像，例如柱状图、盒状图和直方图等。中等控制水平跟 matplotlib 一样允许控制图像的基本元素（例如分布在图中的点）。最低的控制水平主要面向开发人员和软件工程师，没有默认值，需要用户来定义图表的每一个元素。

（5）pygal

pygal 与 Bokeh 一样提供可直接嵌入网络浏览器的可交互图像，并且它可以将图表输出为 SVG 格式。如果数据量较小，SVG 的性能可以接受，但是如果数据量过大，SVG 的渲染过程会变得很慢。

pygal 所有的图表都被封装成了方法，默认的风格也很漂亮，用几行代码就可以很容易地制作出漂亮的图表。

（6）Plotly

Plotly 与 Bokeh 一样致力于交互式图表的制作，但是它提供了在别的库中很难找到的几种图表类型，比如等值线图、树型图和三维图表等。

8.5 matplotlib

前节介绍了多种常用的 Python 可视化包，限于篇幅，本节仅选择其中的 matplotlib 进行介绍。之所以选择 matplotlib 原因有二：

- 尽管近年 Python 可视化包层出不穷，尽管有人认为 matplotlib 那种浓烈的 20 世纪 90 年代气息已经不够时髦，但 matplotlib 仍然是目前应用最为广泛的可视化包。
- 许多后期的可视化包都建立在 matplotlib 的基础上或者直接调用 matplotlib，学习这些包，需要一定的 matplotlib 基础。

本节将使用 matplotlib 制作简单的图表，如折线图和散点图等。

使用 PyCharm 创建一个新的项目 ch08，用来验证本节示例。

8.5.1 绘制简单的折线图

下面示例使用 matplotlib 绘制一个简单的折线图，后面再对其进行定制，以实现信息更丰富的可视化。本示例使用平方数序列 1、4、9、16 和 25 绘制图表，程序非常简单，只需要提供上述数字，matplotlib 就能自动完成其他工作[2]。创建一个 Python 文件 matplotlib1. py，代码如下：

```
import matplotlib. pyplot as plt

squares = [1, 4, 9, 16, 25]
plt. plot( squares)
plt. show( )
```

在 matplotlib1. py 中，首先导入 matplotlib 包的 pyplot 模块，并给它指定别名 plt，以免反复输入 matplotlib. pyplot。这是多数人使用 matplotlib 的习惯，在线示例大都这样做，因此本书也采用这种方式。模块 pyplot 包含很多用于生成图表的函数。

程序创建一个列表 squares，在其中存储平方数值，再将这个列表传递给 plt 的 plot( ) 函数，这个函数尝试根据这些数字绘制出有意义的图表。plt. show( ) 打开 matplotlib 查看器，并显示绘制的图表。

执行程序，弹出窗口（matplotlib 查看器）显示一个图表，如图 8-1 所示。

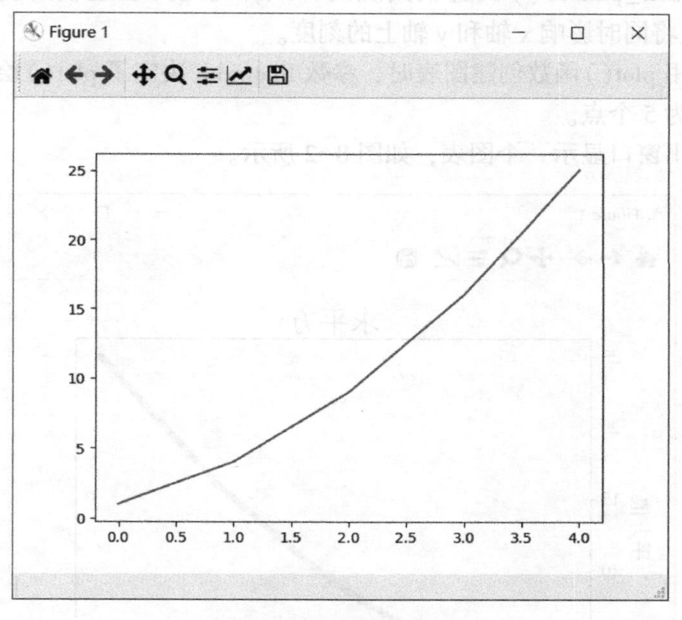

图 8-1　简单的折线图

在 matplotlib 查看器中，允许缩放和导航图表。

8.5.2 修改标签文字和线条粗细

上例图表展示了平方值的变化曲线，但图表看起来还不够完美，比如标签文字太小，线条太细。matplotlib 提供了丰富的配置项，允许调整可视化的各方面属性。创建一个 Python 文件

matplotlib2. py，通过一些定制来改善这个图表的外观，代码如下：

```
import matplotlib.pyplot as plt

# 设置图表字体
plt.rcParams['font.family'] = ['STSong']                    # ①
# 设置图表标题,并给坐标轴加上标签
plt.title("求平方", fontsize=22)                            # ②
plt.xlabel("原值", fontsize=16)                             # ③
plt.ylabel("平方值", fontsize=16)
# 设置刻度标记的大小
plt.tick_params(axis='both', labelsize=14)                  # ④

squares = [1, 4, 9, 16, 25]
plt.plot(squares, linewidth=5)                              # ⑤


plt.show()
```

第①行：将图表的字体设为宋体。在本例中本行代码不能省略，因为 matplotlib 默认的字体不支持显示中文。

第②行：函数 title()设置图表标题，参数 fontsize 指定了图表中文字的字体大小，本行指定标题的字体大小。

第③行：函数 xlabel()和 ylabel()为每条轴设置标题及字体大小。

第④行：函数 tick_params()设置轴刻度的样式，此处为设置轴刻度标记的字体大小。axis='both'表示设置将同时影响 x 轴和 y 轴上的刻度。

第⑤行：在调用 plot()函数创建图表时，参数 linewidth 决定了 plot()绘制线条的粗细，本例指定线条的粗细为 5 个点。

执行程序，弹出窗口显示一个图表，如图 8-2 所示。

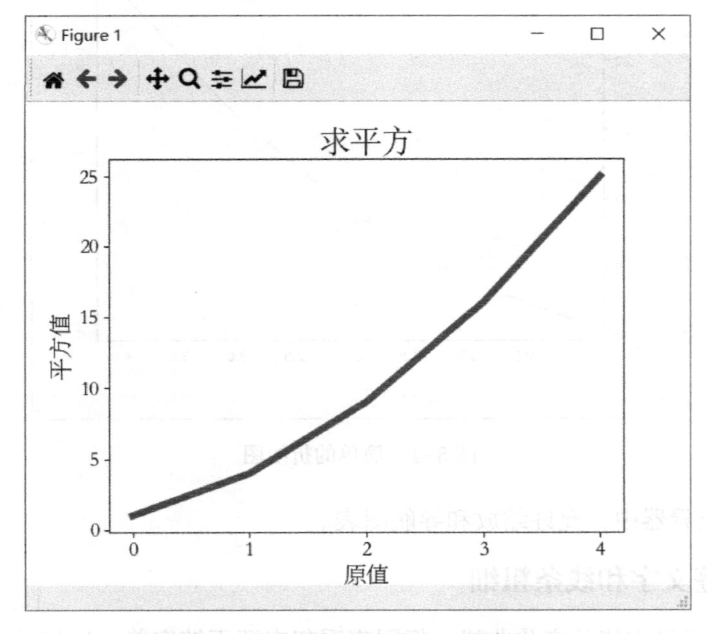

图 8-2　修改标签文字大小和线条粗细

现在的图表看起来直观得多，标签文字更大，线条也更粗。

8.5.3 校正图表

图表更容易阅读，也就更容易发现图表中的错误。从上例的图中可以看出，原值与平方值并不对应。折线图的终点指出 4 的平方为 25，这显然是错误的，下面通过修改程序来解决这个问题。

默认情况下，向 plot( )提供一系列数字时，它假设第一个数据点对应的 x 坐标值为 0。但我们希望第一个点对应的 x 值为 1，这就是产生上述错误的原因。为改变这种默认行为，可以给 plot( )同时提供输入值和输出值。修改文件 matplotlib2. py，相关代码如下：

```
import matplotlib.pyplot as plt
……
input_values = [1, 2, 3, 4, 5]                        # ①
squares = [1, 4, 9, 16, 25]
plt.plot(input_values, squares, linewidth=5)          # ②

plt.show()
```

第①行：指定输入值列表。

第②行：在调用 plot( )函数创建图表时，将输入值列表同时传入。

执行程序，弹出窗口显示一个图表，如图 8-3 所示。

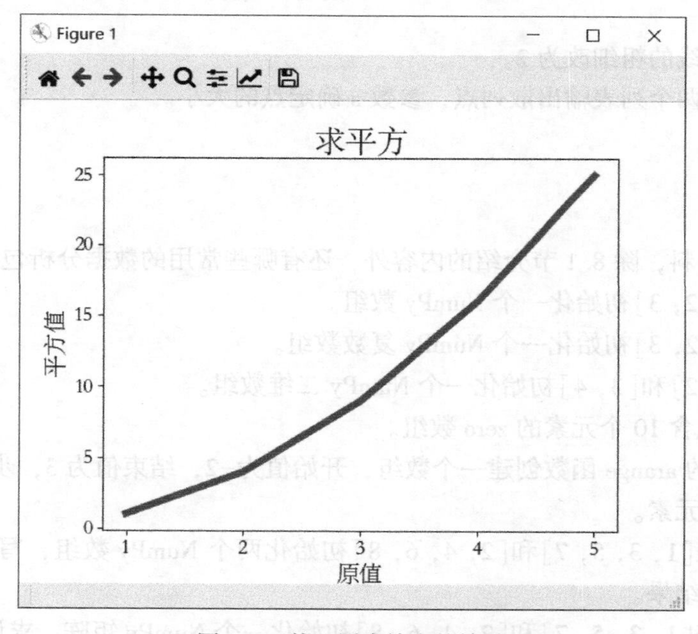

图 8-3　校正图表输出的效果

因为同时提供了输入值和输出值，matplotlib 无需对输出值的生成方式做出假设，最终的图表是正确的。

还可以进一步在折线图上增加散列点。继续修改文件 matplotlib2. py，相关代码如下：

```
plt.plot(input_values, squares, linewidth=2)      # ②
plt.scatter(input_values, squares, s=50)          # ③
```

执行程序，弹出窗口显示一个图表，如图 8-4 所示。

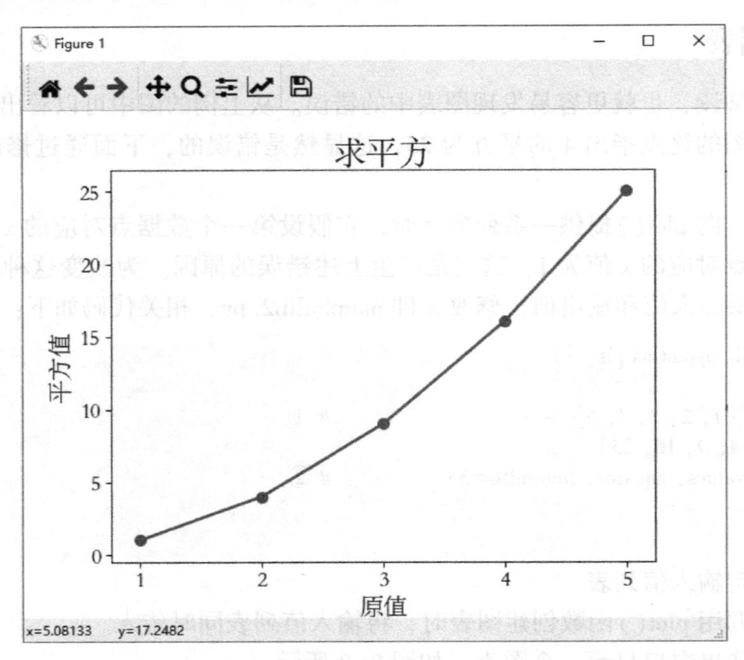

图 8-4　增加散列点的效果

第②行：将折线的粗细改为 2。

第③行：根据两个列表输出散列点，参数 s 确定点的大小。

8.6　习题

1. 上网查阅资料，除 8.1 节介绍的内容外，还有哪些常用的数据分析包。

2. 用列表[1，2，3]初始化一个 NumPy 数组。

3. 用列表[1，2，3]初始化一个 NumPy 复数数组。

4. 用列表[1，2]和[3，4]初始化一个 NumPy 二维数组。

5. 创建一个包含 10 个元素的 zero 数组。

6. 用 NumPy 的 arange 函数创建一个数组，开始值为-2，结束值为 3，步长 0.8。用 for 语句迭代输出数组的元素。

7. 分别用列表[1，3，5，7]和[2，4，6，8]初始化两个 NumPy 数组，写出这两个数组加、减、乘和除之后的结果。

8. 用两个列表[1，3，5，7]和[2，4，6，8]初始化一个 NumPy 矩阵，求该矩阵的转置矩阵和逆矩阵。

9. 用列表[0，1，2，3，4]初始化一个 Series。

10. 先创建一个包含 5 个随机数的 NumPy 数组，再根据该数组创建 Series，创建 Series 时指定索引为['a'，'b'，'c'，'d'，'e']。

11. 查阅资料，分别用列表[1，3，5，7]和[2，4，6，8]初始化两个 Series，写出这两个 Series 加、减、乘和除之后的结果。

12. Pandas 具有对时间序列数据的强大支持，请自行查阅资料，完成以下功能：

1）建立一个以 2020 年每一天为索引，值为随机数的 Series，将 Series 赋值给变量 s。

2）统计 s 中每个周一对应值的和。

3）统计 s 中每个月的平均值。

13. 用 Pandas 的 date_ range（）函数，以及 NumPy 的随机数功能，创建一个以时间为索引，具有 6 行 4 列数据的 DataFrame。

14. 假设有表 8-1 所示的数据集，请实现以下功能：

表 8-1 人员数据

人员号	姓名	性别	年龄	学位	聘用日期
p_id	p_name	sex	age	degree	hire_date
1001	张一	男	35	博士	2001-01-01
1003	张三	女	33	博士	2003-04-05
1005	李四	女	31	学士	2004-05-06
1007	王五	男	46	学士	2006-10-22

1）将该数据集定义为 DataFrame。以表中第二行的英文为列名，以 p_ id 列为索引。

2）显示完整的人员列表。

3）显示张三的信息。

4）将所有人的学位保存到一个集合中，并显示。

5）求所有人员的最大年龄。

6）显示最早聘用人员的信息。

15. 查阅资料，自学 DataFrame 多层次索引的内容。

16. 上网查阅资料，除 8.4 节介绍的内容外，还有哪些常用的可视化包。编程画出类似本书前言中图 0-1 的图表。

第9章　数据持久化

本书前面介绍的数据类型，如数值、字符串等，都是内存数据模型。内存中的数据在计算机断电后会丢失。要想长久保存数据，需要将内存中的数据转储到二级存储介质中，通常是磁盘[12]。将内存中的数据模型转换为磁盘的存储模型，称为数据持久化。

数据在磁盘上的存储通常有两种形式：文件和数据库。数据库中的数据终究也是存储在磁盘文件中，但需要通过数据库管理系统（DBMS）进行操作。数据在数据库中按照一定的模型存储，如关系数据模型、面向对象数据模型等。存储在文件中的数据也需要按照一定的模型，或者说遵循一定的数据格式。有些文件格式是事先规定好的，如图片文件 BMP 和 JPG 等，称为固定格式文件。有些用于存储数据的固定格式文件已经在程序开发中被广泛应用，如 XML、JSON 等，各种编程语言对这些固定格式都有专门的支持，程序中可以直接调用。也可以不使用这些固定格式，而是由程序设计人员自行控制文件的读写，这里用到的编程技术称为一般文件操作。

本章介绍与数据持久化相关的内容。首先介绍一般文件操作的相关知识。在固定格式文件中，本书选择 CSV 和 JSON 格式文件进行介绍。在众多数据库产品中，本书选择 SQLite 数据库进行介绍，还将介绍一个轻量级的 Python ORM 产品 peewee。本章内容具有通用性，可以很容易地推广到其他固定格式文件及其他数据库产品。

本章部分示例使用 IDLE 进行验证；使用 PyCharm 创建一个新的项目 ch09，用来验证其他示例。

9.1　一般文件操作

一般文件操作，是指通过编程直接对文件内容进行存取，是数据持久化的基础技术。

9.1.1　文件的概念

在计算机中，文件都是以二进制的方式存储在磁盘上，但是根据文件内容的不同，可以将文件分为文本文件和二进制文件。

文本文件可以使用文本编辑软件（如记事本）来编辑，如扩展名为 .txt、.xml 和 .json 的文件，扩展名为 .py 的 Python 程序也是文本文件。文本文件本质上仍然是二进制文件，但由于它的内容只包含文本，可以用特定的方法进行处理，在编程时通常与一般的二进制文件区分处理。

二进制文件通常存储数据内容，如保存图片数据的图片文件（.jpg、.bmp 等）、保存结构化数据的数据库文件和保存文档数据的 Word 文件（.doc、.docx 等）等。这些是固定格式文件，通常需要专用程序处理。二进制文件的格式通常不对外公开，有的甚至还会加密，如大多数游戏软件的数据文件，其格式只有开发者才知道。

本节主要介绍文本文件的操作方法。

从编程的角度看，文件操作分为三个步骤。各步骤的操作内容及对应的 Python 函数/方法见表 9-1。

open()函数负责打开文件，并且返回文件对象；read、write 和 close 都是文件对象的方法。

表 9-1　文件操作

<table>
<tr><th>序号</th><th colspan="2">步　骤</th><th>函数/方法</th><th>说　明</th></tr>
<tr><td>1</td><td colspan="2">打开</td><td>open()</td><td>打开文件，并且返回文件对象</td></tr>
<tr><td rowspan="2">2</td><td rowspan="2">读写</td><td>读</td><td>read</td><td>将文件内容读取到内存</td></tr>
<tr><td>写</td><td>write</td><td>将指定内容写入文件</td></tr>
<tr><td>3</td><td colspan="2">关闭</td><td>close</td><td>关闭文件</td></tr>
</table>

9.1.2　文件的打开与关闭

在对文件进行读写操作之前，必须先用 Python 内置的 open()函数将文件打开。打开文件后会创建一个 file 对象，后续的操作都要在该对象的基础上，调用该对象的相关方法才能进行。open()函数简化的语法为：

```
f = open(file_name , mode='r', encoding=None)
```

各个参数的说明如下：

- file_name：文件名称字符串。
- mode：一个字符串，表示打开文件的模式，包括只读、写入和追加等。常用的文件打开模式见表 9-2，默认的打开模式为只读('r')。
- encoding：编码方式，默认不指定。

事实上，open()函数还有多个参数可选，但用得较少，有兴趣的读者可以参考相关资料。

表 9-2　文件打开模式

模式	说　明
r	以只读方式打开文件。要求打开的文件必须存在，否则会报错。文件指针放在文件的开头。这是默认模式
w	打开一个文件只用于写入。如果该文件已存在则打开文件，并从开头开始写入，原有内容会被全部删除；如果该文件不存在，则创建新文件并写入
a	打开一个文件用于追加。如果该文件已存在，文件指针将会放在文件的结尾，新的内容被追加到已有内容之后；如果该文件不存在，则创建新文件并写入
r+	打开一个文件用于读写。要求打开的文件必须存在，否则报错。文件指针放在文件的开头。新写入的内容覆盖原有内容，未被覆盖的内容将被保留
w+	打开一个文件用于读写。如果该文件已存在则打开文件，并从开头开始编辑，原有内容会被全部删除；如果该文件不存在，则创建新文件用于读写
a+	打开一个文件用于读写。如果该文件已存在则打开文件，文件指针放在文件的结尾，新的内容被追加到已有内容之后；如果该文件不存在，则创建新文件用于读写

总结规律：'r'表示只读，'w'表示只写，'a'表示追加，'+'表示读写。初学者对打开模式容易混淆，图 9-1 说明了如何根据操作目的选择打开模式。

通常，文件以文本方式打开，这意味着，从文件读出和向文件写入的字符串会被特定的编码方式（默认是 UTF-8）编码。如果在模式串后面加上'b'，则表示以二进制方式打开文件，数据以字节对象的形式读出和写入。

在文本模式下，读取时默认会将平台有关的行结束符（UNIX 上是\n，Windows 上是\r\n）转换为\n。在文本模式下写入时，默认会将出现的\n 转换成平台有关的行结束符。这种自动处理对于文本文件没有问题，但在处理如 .jpg 或 .exe 这样的二进制文件时则会出现问题，所以处理二进制文件时一定要在模式串后面加上'b'。

使用完一个文件时，应该调用 close 方法关闭它，以释放其占用的所有系统资源。在调用 close 方法后，试图再次使用文件对象则会报错。

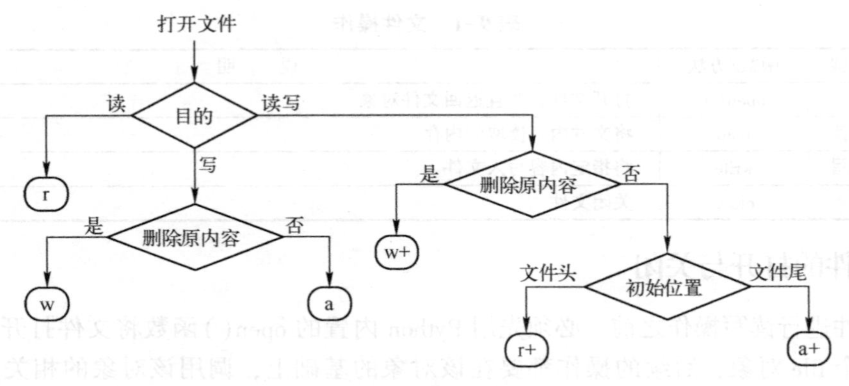

图 9-1　文件打开模式

```
f.close()
```

9.1.3　从文件读

本节示例使用 IDLE 进行验证，并且需要为文件操作做一些准备工作。

用任意文本编辑器制作一个文件 file1.txt，将其保存到磁盘中，如保存到 E:\PyCharmProjects\ch09 目录当中，其内容为：

```
Hello World!
Hello Python!
```

说明：文件第二行的结尾没有换行。

在 IDLE 中打开文件有两种方法，一种是使用文件的绝对路径：

```
>>> f = open(r'E:\PyCharmProjects\ch09\file1.txt', 'r')
```

文件名字符串前面的 r 使字符串中的转义字符失效，其说明见 2.3 节。另一种方法是先将工作目录转换到文件所在的目录，然后打开文件：

```
>>> import os
>>> os.chdir(r'E:\PyCharmProjects\ch09')
>>> f = open('file1.txt', 'r')
```

标准库 os 的说明见 6.3 节。

文件打开之后，就可以读取其中的内容。这里需要调用 f.read(size)，该方法读取若干数量的数据并以字符串形式返回其内容，size 是可选的数值，指定字符串长度。如果没有指定 size 或者指定为负数，就会读取并返回整个文件。当文件大小为当前机器内存两倍时，就会产生问题。反之，会尽可能按比较大的 size 读取和返回数据。如果到了文件末尾，f.read 方法返回一个空字符串('')。

```
>>> f.read()
'Hello World! \nHello Python! '
>>> f.read()
''
>>> f.close()
```

f.readline 方法从文件中读取单独一行，字符串结尾会自动加上一个换行符(\n)，只有当文件最后一行没有以换行符结尾时，这一操作才会被忽略。这样返回值就不会有混淆，如果

f. readline 返回一个空字符串，那就表示到达了文件末尾；如果文件中是一个空行，就会返回一个只包含换行符的字符串'\n'。

```
>>> f = open('file1. txt', 'r')
>>> f. readline()
'Hello World! \n'
>>> f. readline()
'Hello Python! '
>>> f. readline()
''
>>> f. close()
```

可以循环遍历文件对象来读取文件中的每一行，这是一种高效、快速，并且代码简单的方式。

```
>>> f = open('file1. txt', 'r')
>>> for line in f:
        print(line, end='')

Hello World!
Hello Python!
>>> f. close()
```

注意，因为返回的字符串自带一个换行符(\n)，所以用 print()输出时，用一个空串作结束符，否则就会多空一行。

如果想把文件中的所有行读到一个列表中，可以使用 list(f)或者 f. readlines。

```
>>> f = open('file1. txt', 'r')
>>> li = f. readlines()
>>> li
['Hello World! \n', 'Hello Python! ']
>>> f. close()
```

如果文件 file1. txt 中只包含英文字符，在任何操作系统中都能正确读取。如果文件中包含中文字符，在打开文件时则通常需要指定编码。再制作一个文件 poem1. txt，内容为：

```
剑客 . 贾岛(唐)
十年磨一剑,霜刃未曾试。
今日把示君,谁有不平事。
```

重复上面示例操作。

```
>>> f = open('poem1. txt', 'r')
>>> f. read()
Traceback (most recent call last):
  File "<pyshell#34>", line 1, in <module>
    f. read()
UnicodeDecodeError: 'gbk' codec can't decode byte 0xae in position 4: illegal multibyte sequence
>>> f. close()
```

可以看到，打开文件时并不报错，但试图读取时则出现错误。解决方法是在打开文件时指定编码。

```
>>> f = open('poem1. txt', 'r', encoding='utf-8')
>>> f. read()
'剑客 . 贾岛(唐)\n 十年磨一剑,霜刃未曾试。\n 今日把示君,谁有不平事。'
>>> f. close()
```

9.1.4 写文件

f.write(string)方法将 string 的内容写入文件，并返回写入的字符的长度。

```
>>> f = open('file2.txt', 'w', encoding='utf-8')
>>> f.write('Hello\n')
6
>>> f.write('半朽临风树,多情立马人。')
12
>>> f.close()
```

第一个 write 写入 6 个字符（换行符也算一个）。第二个 write 写入 12 个字符，每个汉字和中文标点都算一个字符。

想要写入其他非字符串内容，首先要将它转换为字符串。

```
>>> f = open('file3.txt', 'w')
>>> v = ('abc', 8)
>>> s = str(v)
>>> s
"('abc', 8)"
>>> f.write(s)
10
>>> f.close()
```

s 的值为"('abc', 8)"，共 10 个字符（注：8 前面有一个空格）。

9.1.5 文件指针

f.tell 方法返回一个整数，代表文件操作指针在文件中的位置，该整数计量了自文件开头到指针处的字节数。如果需要改变文件对象指针的话，则使用 f.seek(offset, from_what)方法。指针在该操作中从指定的引用位置（from_what）移动 offset 字节。from_what 值为 0 表示自文件起始处开始，值为 1 表示自当前文件指针位置开始，值为 2 表示自文件末尾开始。from_what 可以忽略，其默认值为零，此时从文件头开始：

```
>>> f = open('file4.txt', 'wb+')
>>> f.write(b'0123456789abcdef')
16
>>> f.seek(5)          # 定位到第六个字节
5
>>> f.read(1)
b'5'
>>> f.seek(-3, 2)      # 定位到倒数第三个字节
13
>>> f.read(1)
b'd'
>>> f.close()
```

在文本文件中（打开时模式中没有'b'），只允许从文件头开始寻找（有个例外是用 seek(0,2)可以从文件的结尾开始寻找），而且合法的偏移值只能是 f.tell 返回的值或者是 0，否则可能产生不可预知的效果。事实上，如果文件中都是英文字符，也不会出错。

```
>>> f = open('file4.txt', 'w+')
>>> f.write('0123456789')
10
```

```
>>> f.seek(6)              # 定位到第七个字节
6
>>> f.read(1)
'6'
>>> f.tell()               # 读出一个字符后,文件指针后移了一个字节
7
>>> f.close()
```

但如果文件中有中文，效果则会有所不同。

```
>>> f = open('file4.txt', 'w+')
>>> f.write('半朽临风树,多情立马人。')
12
>>> f.seek(6)              # 定位到第七个字节
6
>>> f.read(1)              # 读出的是第四个汉字
'风'
>>> f.tell()               # 读出一个字符后,文件指针后移了两个字节
8
>>> f.close()
```

如果读者知道一个英文字符占一个字节而一个中文字符占两个字节，上述结果也就容易理解，但仍然不建议在文本文件中直接使用 seek 方法。上例是被精心设计过的，没有出现错误。请看下面示例：

```
>>> f = open('file4.txt', 'w+', encoding='utf-8')
>>> f.write('半朽临风树,多情立马人。')
12
>>> f.seek(5)              # 定位到第六个字节
5
>>> f.read(1)
Traceback (most recent call last):
  File "<pyshell#107>", line 1, in <module>
    f.read(1)
  File "D:\Python\Python38\lib\codecs.py", line 322, in decode
    (result, consumed) = self._buffer_decode(data, self.errors, final)
UnicodeDecodeError: 'utf-8' codec can't decode byte 0xbd in position 0: invalid start byte
>>> f.close()
```

本例的 seek 方法将文件指针定位到第六个字节，而没有定位到汉字的起点，执行 read 方法时则会出错。

9.1.6 预定义清理行为

使用完一个文件时，应该调用 f.close 方法关闭它，并释放其占用的所有系统资源。在调用 f.close 方法后，试图再次使用文件对象则会失败。

```
>>> f = open('file1.txt', 'r')
>>> f.close()
>>> f.read()
Traceback (most recent call last):
  File "<pyshell#111>", line 1, in <module>
    f.read()
ValueError: I/O operation on closed file.
```

```
>>> f. closed
True
```

粗心的程序员可能会忘记关闭文件，在多分支程序中尤其容易犯此错误。

用保留字 with 处理文件对象是个好习惯，它的好处在于文件用完后会自动关闭，就算发生异常也没有关系，它是 try-finally 块的简写。

```
>>> with open('file1. txt', 'r') as f:
        read_data = f. read()
        print(read_data)

Hello World!
Hello Python!
>>> f. closed
True
```

9.2 CSV 文件

CSV（Comma-Separated Values，逗号分隔值）文件是一类纯文本文件，通常用于存储批量数据。文件的每行对应一条记录，记录之间用逗号分隔。文件可以带标题行（文件的第一行），也可以不带。其实 CSV 文件的分隔字符不一定是逗号，也可以是空格、Tab 键等，所以有时也被称为字符分隔值文件。

9.2.1 DataFrame 与 CSV

由于 CSV 文件的上述结构特点，它特别适合存储大量结构化数据，因此往往作为数据库表的导出格式文件，也可以方便地与 Excel 文件等相互转换。具体到 Python，由于 DataFrame 与 CSV 文件的逻辑结构非常相似，所以它们天然地适合配合使用，DataFrame 处理内存数据，CSV 保存磁盘数据。下面讨论 DataFrame 与 CSV 之间的交互，请先看下面示例。

```
>>> import tushare as ts
>>> stock_data = ts. get_hist_data('600000', start='2020-01-01', end='2020-01-08'). sort_index()
>>> stock_data = stock_data[['open', 'close', 'high', 'low']]
>>> stock_data. to_csv(r'd:\stock_data. csv')
```

前面三行代码的含义在 8.3 节已经介绍，第四行将 DataFrame 中的数据写到 D:盘根目录下的 stock_data. csv 文件中。打开该文件，其内容为：

```
date,open,close,high,low
2020-01-02,12.47,12.47,12.64,12.45
2020-01-03,12.57,12.6,12.63,12.47
2020-01-06,12.52,12.46,12.65,12.42
2020-01-07,12.51,12.5,12.6,12.46
2020-01-08,12.41,12.32,12.45,12.25
```

DataFrame 的 to_csv 方法有非常灵活的参数选择，其格式如下：

```
DataFrame. to_csv(path_or_buf=None, sep=', ', na_rep='', float_format=None,
        columns=None, header=True, index=True, index_label=None, mode='w',
        encoding=None, compression=None, quoting=None, quotechar='"',
        line_terminator='\n', chunksize=None, tupleize_cols=None,
        date_format=None, doublequote=True, escapechar=None, decimal='.')
```

其中比较常用的如通过 sep 指定分隔符，通过 float_format 参数指定浮点数格式，通过 header 参数指定文件中是否包含标题行，通过 index 指定是否输出索引列等，有兴趣的读者可以查阅相关资料。

下面示例演示如何从 CSV 文件中读取数据。

```
>>> import pandas as pd
>>> stock_data = pd.read_csv(r'd:\stock_data.csv', index_col=0)
>>> stock_data
             open   close   high    low
date
2020-01-02   12.47  12.47   12.64   12.45
2020-01-03   12.57  12.60   12.63   12.47
2020-01-06   12.52  12.46   12.65   12.42
2020-01-07   12.51  12.50   12.60   12.46
2020-01-08   12.41  12.32   12.45   12.25
```

本例读取并显示前例创建的 CSV 文件的内容。

Pandas 的 read_csv()函数有更加灵活的参数选择，其格式如下：

```
pandas.read_csv(filepath_or_buffer, sep=',', delimiter=None,
    header='infer', names=None, index_col=None, usecols=None,
    squeeze=False, prefix=None, mangle_dupe_cols=True, dtype=None,
    engine=None, converters=None, true_values=None, false_values=None,
    skipinitialspace=False, skiprows=None, nrows=None, na_values=None,
    keep_default_na=True, na_filter=True, verbose=False, skip_blank_lines=True,
    parse_dates=False, infer_datetime_format=False, keep_date_col=False,
    date_parser=None, dayfirst=False, iterator=False, chunksize=None,
    compression='infer', thousands=None, decimal=b'.', lineterminator=None,
    uotechar='"', quoting=0, escapechar=None, comment=None, encoding=None,
    dialect=None, tupleize_cols=None, error_bad_lines=True, warn_bad_lines=True,
    skipfooter=0, skip_footer=0, doublequote=True, delim_whitespace=False,
    as_recarray=None, compact_ints=None, use_unsigned=None, low_memory=True,
    buffer_lines=None, memory_map=False, float_precision=None)
```

常用参数的含义与 to_csv 方法类似。

9.2.2 读 CSV 文件

并不是所有 CSV 文件中的数据都要读取到 DataFrame 中。除上述 DataFrame 与 CSV 文件直接交互的方式外，Python 也支持使用 9.1 节介绍的一般文件操作方法，虽然稍显麻烦，但应用场合更广泛。折中的方式是使用 Python 内置的 csv 模块，它提供对 CSV 文件的读写操作功能。

```
>>> import csv
>>> with open(r'd:\stock_data.csv','r') as f:
    f_csv = csv.reader(f)
    for line in f_csv:
        print(line)

['date', 'open', 'close', 'high', 'low']
['2020-01-02','12.47', '12.47', '12.64', '12.45']
['2020-01-03','12.57', '12.6', '12.63', '12.47']
['2020-01-06','12.52', '12.46', '12.65', '12.42']
['2020-01-07','12.51', '12.5', '12.6', '12.46']
['2020-01-08','12.41', '12.32', '12.45', '12.25']
```

首先导入 csv 模块，然后用 9.1 节同样的方法打开文件；如果文件中包含中文字符，同样需要指定字符集。与一般文件操作不同的是，可以创建一个 csv 模块的 reader 对象。可以看到，通过 reader 读取 CSV 文件，每行被自动转换为一个列表，列表的每个元素对应一个字段。

如果需要，还可以使用 csv 模块的 DictReader 对象，将读入的每一行转换为一个字典，代码与本例基本相同。

9.2.3 写 CSV 文件

使用 csv 模块的 writer 对象可以写 CSV 文件。

```
>>> import csv
>>> import tushare as ts
>>> stock_data = ts.get_hist_data('600000', start='2020-01-01', end='2020-01-08').sort_index()

>>> stock_data = stock_data[['open', 'close', 'high', 'low']]
>>> with open(r'd:\stock_data2.csv','w', newline='') as f:
    writer = csv.writer(f)
    fieldnames = ('date', 'open', 'close', 'high', 'low')
    writer.writerow(fieldnames)
    for date, row in stock_data.iterrows():
        open, close, high, low = row[:]
        da = (date, open, close, high, low)
        writer.writerow(da)
```

打开文件时使用'w'模式，并且使用了参数 newline='，否则输出的每行之间会多一个空行。DataFrame 遍历的方法已在 8.3 节详细介绍。writer.writerow()可以将一个元组或列表写入到文件。如果需要标题行，需要单独调用 writerow()，否则不会自动写入。

9.3 JSON 文件

JSON（JavaScript Object Notation，JavaScript 对象标记）是一种轻量级的数据交换语言，使用文本格式，易于阅读。JSON 的规定字符集是 UTF-8，字符串必须使用双引号，对象的键也必须使用双引号，不能使用单引号。JSON 格式的数组或者对象中，不同的元素用逗号隔开，最后一个元素后面不能加逗号。例如下面是 vn.py（本书案例三）配置文件 vt_setting.json 简化后的内容。

```
{
    "font.family": "Arial",
    "font.size": 10,
    "log.active": true,
    "database.driver": "sqlite",
    "database.database": "database.db"
}
```

可以看出，JSON 文件的格式很像 Python 的字典类型。事实也是如此，从用途来说，JSON 文件也更适合保存字典数据，如应用程序的配置信息（相对来说，CSV 更适合保存批量数据）。JSON 也提供保存其他类型数据的功能，Python 类型与 JSON 类型的对照见表 9-3。

Python 提供 JSON 标准库，主要提供序列化和反序列化功能。

- 序列化（Encoding）：将 Python 数据对象转化为 JSON 字符串，涉及的函数有两个，dump()和 dumps()。

表 9-3 Python 类型与 JSON 类型对照表

Python	JSON	Python	JSON
dict	object	True	true
list，tuple	array	False	false
str	string	None	null
int，long，float	number		

- 反序列化（Decoding）：将 JSON 格式字符串转化为 Python 数据对象，涉及的函数有两个，load( )和 loads( )。

创建一个 Python 文件 json_test1. py，代码如下：

```
import json

p_data = {
    'font. family': 'Arial',
    'font. size': 10,
    'log. active': True,
}
j_data =json. dumps(p_data)
print(j_data)

p_data2 = json. loads(j_data)
print(p_data2)
print(type(p_data2))
```

执行结果：

```
{"font. family": "Arial", "font. size": 10, "log. active": true}
{'font. family': 'Arial', 'font. size': 10, 'log. active': True}
<class 'dict'>
```

上面示例先创建一个 Python 字典对象。可以看到，序列化后的 JSON 字符串中，引号变成了双引号，True 变成了 true；反序列化后又恢复了原始格式，数据类型仍为字典。

两个函数都有非常灵活的参数选择，dumps( )函数的格式如下：

```
json. dumps(obj, skipkeys=False, ensure_ascii=True, check_circular=True,
    allow_nan=True, cls=None, indent=None, separators=None,
    encoding="utf-8", default=None, sort_keys=False, * * kw)
```

其中：

- obj：表示是要序列化的对象。
- skipkeys：默认为 False。如果 skipkeys 为 True，则将跳过不是基本类型（str、int、float、bool 和 None）的 dict 键。
- allow_nan：默认值为 True。如果 allow_nan 为 False，则严格遵守 JSON 规范，序列化超出范围的浮点值（nan 和 inf）会引发 ValueError。
- indent：设置缩进格式，默认值为 None，选择的是最紧凑格式。如果 indent 是正整数，则缩进 indent 个空格；如果 indent 是一个字符串（例如"\t"），则该字符串用于缩进每个级别；如果 indent 为 0、负数或""，则仅插入换行符。indent 是一个非常有用的参数，它可以使生成的 JSON 文件格式更易于阅读。
- separators：去除分隔符后面的空格，默认值为 None。

- default：默认值为 None。可选函数，自定义编码器，用于处理无法以默认方式序列化的对象。
- sort_keys：默认值为 False。如果 sort_keys 为 True，则字典的输出将按键值排序。

loads()函数的格式如下：

```
json.loads(s, encoding=None, cls=None, object_hook=None, parse_float=None,
    parse_int=None, parse_constant=None, object_pairs_hook=None, **kw)
```

其中：

- s：包含 JSON 文档的 str、bytes 或 bytearray 实例。
- encoding：指定编码的格式。
- object_hook：可选函数，用于实现自定义解码器。默认为 None。
- parse_float：float 字符串解码器，默认为 None。
- parse_int：int 字符串解码器，默认为 None。
- parse_constant：nan 和 inf 的解码器，默认为 None。

如果只是在 Python 数据对象与 JSON 字符串之间进行转化，则意义不大，JSON 字符串通常要保存到 JSON 文件当中。从 JSON 文件中读写 JSON 字符串有两种方法，一种是使用一般的文件操作方法，另一种是使用 dump()和 load()函数。

创建一个 Python 文件 json_test2.py，代码如下：

```
import json

p_data = {
    'font.family': 'Arial',
    'font.size': 10,
    'log.active': True,
}

with open("test1.json", "w", encoding='utf-8') as f:
    f.write(json.dumps(p_data, indent=4))

with open("test2.json", "w", encoding='utf-8') as f:
    json.dump(p_data, f, indent=4)
```

上面示例分别以两种方式写 JSON 文件。dump()同样具有将 Python 数据对象转化为 JSON 字符串的功能，但将转化后的结果直接写到文件当中。它的参数与 dumps()具有相同的意义，但多了一个文件句柄参数。分别打开生成的两个 JSON 文件，它们具有相同的内容：

```
{
    "font.family": "Arial",
    "font.size": 10,
    "log.active": true
}
```

创建一个 Python 文件 json_test3.py，代码如下：

```
import json

with open("test1.json", "r", encoding='utf-8') as f:
    data1 = json.loads(f.read())
    print(data1, type(data1))
```

```
with open("test2.json", "r", encoding='utf-8') as f:
    data2 =json.load(f)
    print(data2, type(data2))
```

上面示例分别以两种方式读取 JSON 文件。load()同样具有将 JSON 格式字符串转化为 Python 数据对象的功能，但是是直接从文件中读取并转化。它的参数与 loads()具有相同的意义，但将待转换字符串参数换成了文件句柄。文件中用于缩进的空格可以自动识别并去除。

执行结果：

```
{'font.family': 'Arial', 'font.size': 10, 'log.active': True} <class 'dict'>
{'font.family': 'Arial', 'font.size': 10, 'log.active': True} <class 'dict'>
```

两种方法得到的结果完全相同。

9.4 SQL 数据库操作

数据库技术是现代信息科学与技术的重要组成部分，是计算机数据处理与信息管理系统的核心。数据库系统将数据组织成一个逻辑集合，与文件系统相比，数据库使用特定的数据模型（Data Model）对数据进行管理，具有数据的独立性高、共享性好、冗余度低和提供方便的用户接口等优点[12]。

数据库技术是计算机科学的一个重要分支，内容丰富，本节只简单介绍如何使用 Python 语言对数据库进行操作。本书假设读者具有一定的数据库基础知识，没有也没关系，只要按照示例的方法进行编程，知道能够达到什么目的就可以了。如果读者在工作中不需要操作数据库，也可以跳过本节继续阅读后续内容，不会对学习产生影响。

本节以 SQLite 数据库为例进行介绍，其他关系型数据库有相似的操作方法。

9.4.1 SQLite 介绍

传统数据库分为三类，分别为层次型数据库、网状数据库和关系型数据库，尽管技术不断发展，目前关系型数据库仍然保持着旺盛的生命力。近年发展起来的 NoSQL（本意是 Not Only SQL）数据库，指的是非关系型数据库，其并不是对关系型数据库的否定，而是作为关系型数据库的一个有效补充，NoSQL 数据库在特定的场景下可以发挥更好的效率和性能。关系型数据库中有著名的 Oracle 和 MySQL 等，SQLite 也是关系型数据库，但更小型化，在细分上属于内嵌式的关系型数据库。

SQLite 是一款轻型的数据库，使用 C 语言开发，通过 API 接口执行所有的数据管理功能。SQLite 是开源数据库，其源代码不受版权限制。SQLite 广受欢迎并在世界范围内被广泛部署，多种编程语言都内置了对 SQLite 的支持。Python 从 2.5 版本开始默认自带 SQLite 数据库的操作模块。

Python 的 SQLite 模块 sqlite3 包含多个函数，下面简单介绍其中常用的几个，只说明其功能，不常用的参数不详述。

1. qlite3.connect(filename [,timeout ,other optional arguments])

打开一个 SQLite 数据库文件。如果数据库成功打开，则返回一个连接对象。

当一个数据库被多个连接访问，且其中一个修改了数据库，此时 SQLite 数据库被锁定，直到事务提交。timeout 参数表示连接等待锁定的持续时间，直到发生异常断开连接。timeout

参数默认是 5 s。

如果给定的数据库名称 filename 不存在，该调用将创建一个数据库文件。

2. connection. cursor([cursorClass])

创建一个 cursor（游标），后面可以通过该 cursor 操作数据库。

3. cursor. execute(sql [, optional parameters])

执行一条 SQL 语句。该 SQL 语句可以被参数化（即使用占位符代替 SQL 文本）。sqlite3 模块支持两种类型的占位符：问号和命名占位符。例如：

```
cursor. execute( "insert into people values (?, ?)", (who, age))
```

4. connection. execute(sql [, optional parameters])

该函数是上面 cursor. execute( )的便捷方式。

5. cursor. executemany(sql, seq_of_parameters)

通过 seq_of_parameters 中的所有参数或映射，多次执行同一条 SQL 语句。

6. cursor. fetchone( )

获取查询结果集中的下一行，返回保存行数据的元组。当没有下一行时，返回 None。

7. connection. commit( )

提交当前的事务。

8. connection. rollback( )

回滚自上一次提交以来对数据库所做的更改。

9. connection. close( )

关闭数据库连接。请注意，关闭连接不会自动调用 commit( )。如果未调用 commit 方法就直接关闭数据库连接，未提交的所有更改将会丢失。

9.4.2 操作 SQLite 数据库

虽然 SQLite 本身只支持 API 接口访问，但得益于 SQLite 的开放性，人们开发出了多种 SQLite 数据库管理工具，如 SQLiteStudio 等，可以用图形化的方式对 SQLite 数据库进行管理。本节只讨论如何通过 Python 编程操作 SQLite 数据库。

1. 连接、关闭数据库

在对数据库进行操作之前，首先要连接数据库。操作完成之后，要关闭数据库连接。创建一个 Python 文件 db_test1. py，代码如下：

```
import sqlite3

conn = sqlite3. connect('test. db')
if conn:
    print('连接数据库成功。')
conn. close()
```

执行该程序，如果操作成功，会显示“连接数据库成功”。同时在当前目录下创建一个大小为 0 字节的文件 test. db。

2. 创建表

在数据库中，数据存储在数据库表（Table）中，操作数据之前要先创建数据库表。创建一个 Python 文件 db_test2. py，代码如下：

```
import sqlite3

conn =sqlite3.connect('test.db')
c = conn.cursor()
c.execute('''CREATE TABLE EMP
      (ID INT PRIMARY KEY     NOT NULL,
      NAME           TEXT     NOT NULL,
      AGE            INT      NOT NULL,
      SALARY         REAL)''')
conn.close()
```

执行该程序，在前面创建的数据库中创建了一个表 EMP，该表有 4 个字段。建表语句是 DDL（数据库定义语言）语句，执行完后会自动提交，不需要再显式地提交。程序中的三引号方式是 Python 表示多行字符串的一种方式，它允许一个字符串跨多行，字符串中可以包含换行符、制表符以及其他特殊字符。

3. 插入数据

下面示例向表中插入几条记录。创建一个 Python 文件 db_test3.py，代码如下：

```
import sqlite3

conn =sqlite3.connect('test.db')
c = conn.cursor()

c.execute("INSERT INTO EMP (ID,NAME,AGE,SALARY) \
      VALUES (1, 'Zhang', 28, 16000.00 )");
c.execute("INSERT INTO EMP \
      VALUES (2, 'Wang', 29, 15000.00 )");
c.execute("INSERT INTO EMP \
      VALUES (3, 'Li', 30, 18000.00 )");

conn.commit()
conn.close()
```

执行该程序看不出反应，但如果使用 SQLiteStudio 之类的工具打开数据库，就可以看到表中增加了三条数据。

程序中的三条 INSERT 语句格式不同，如果在 INSERT 语句中给出所有的字段值，则可以不用字段列表。另外，本例的 conn.commit()一句不可缺少。

4. 查询数据

查询是最常用的数据库操作，查询数据使用 SELECT 语句。创建一个 Python 文件 db_test4.py，代码如下：

```
import sqlite3

conn =sqlite3.connect('test.db')
c = conn.cursor()

cursor = c.execute("SELECT *  from EMP")
for row in cursor:
    print(row[1], row[2], row[3], sep=',')

conn.close()
```

执行结果：

```
Zhang,28,16000.0
Wang,29,15000.0
Li,30,18000.0
```

本例没有使用 fetchone()函数，而是使用 Python 特有的迭代方法，返回的 row 是一个元组，可以通过索引取特定的字段值。

5. 修改数据

修改数据使用 UPDATE 语句。创建一个 Python 文件 db_test5.py，代码如下：

```
import sqlite3

conn =sqlite3.connect('test.db')
c = conn.cursor()

c.execute("UPDATE EMP set SALARY = 20000.00 where NAME='Zhang'")
conn.commit()

cursor = conn.execute("SELECT * from EMP  where NAME='Zhang'")
for row in cursor:
    print(row[1], row[2], row[3], sep=',')

conn.close()
```

执行结果：

```
Zhang,28,20000.0
```

可以看到，Zhang 的工资被修改为 20000。

6. 删除数据

删除数据使用 DELETE 语句。创建一个 Python 文件 db_test6.py，代码如下：

```
import sqlite3

conn =sqlite3.connect('test.db')
c = conn.cursor()

c.execute("DELETE from EMP where ID=2")
conn.commit()

cursor = c.execute("SELECT *  from EMP")
for row in cursor:
    print(row[1], row[2], row[3],sep=',')

conn.close()
```

执行结果：

```
Zhang,28,20000.0
Li,30,18000.0
```

可以看到，Wang 已经不存在了。

9.5 peewee

前一节以 SQLite 为例介绍了数据库操作的方法，同时也说明了除 SQLite 外，还有很多其他数据库产品。丰富的产品可以适应不同的应用场合，这是好的方面。不幸的是，各类数据库产品的操作虽然相似但略有不同，使用的 SQL 语句语法也略有差别，造成的结果是为一种数据库编写的程序往往不能用于另一种数据库。

目前数据库产品的主流仍然是关系型数据库，目前使用的编程语言大多是面向对象的编程语言，但关系型数据库中的表、记录、字段等概念与面向对象编程中对象的概念差别很大，用面向对象语言处理数据库中的数据时，往往需要进行大量人为的转换。

为了解决上面两个问题，ORM 的概念应运而生。对象关系映射（Object Relational Mapping，ORM）框架通过使用描述对象和数据库之间映射的元数据，将程序中的对象自动持久化到关系型数据库中。ORM 的 O 表示类对象，R 表示关系型数据库中的表（在数据库术语中也称为关系），M 是映射，ORM 框架在类与数据库表之间建立映射，编程人员通过类和对象就能操作它所对应的表中的数据。ORM 框架还有一个功能，它可以根据设计的类自动创建数据库表，省去了编写建表语句的过程。ORM 在业务逻辑层和数据库层之间充当桥梁的作用。

对于 ORM 的使用向来存在争议。ORM 的优点为：

- 建立对象和表的映射。通常把类和表一一对应，类的每个实例对应表中的一条记录，类的每个属性对应表中的每个字段。
- 操作数据库时不再需要写 SQL 语句，只需操作对象，就间接地操作了数据库中的数据。
- 让软件开发人员专注于业务逻辑的处理，回避了烦琐的数据库操作，可以提高开发效率。

ORM 的缺点是一定程度上牺牲了程序的运行效率。

peewee 是一个简单小巧的 Python ORM，它非常容易学习，并且使用起来很直观。它支持 Python2 和 Python3，支持的数据库包括 SQLite、MySQL 和 PostgreSQL。使用 pip 命令下载安装 peewee：

```
pip install peewee
```

本节仍然以 SQLite 数据库为例，使用 peewee，完成 9.4 节示例同样的功能。

1. 连接数据库，定义表

创建一个 Python 文件 peewee_test1.py，代码如下：

```
from peewee import *

# 连接数据库
db = SqliteDatabase('peewee_test.db')

# 定义一个 Emp 类,继承自 Model,默认情况下,对应的数据库表名为 emp
class Emp(Model):
    id = PrimaryKeyField()
    name = CharField()
    age = IntegerField()
    salary = FloatField()

    # 将表和数据库关联
    class Meta:
        database = db
```

程序中只有定义，没有执行部分。

peewee 支持的数据库包括 SQLite、MySQL 和 PostgreSQL，绝大多数操作方法相同，主要区别是需要使用不同的连接函数，下面是一个连接 MySQL 数据库的示例语句：

```
db =MySQLDatabase('test', user='root', host='localhost', port=3306)
```

peewee_test1. py 中定义了一个 Emp 类，对应数据库中的 emp 表。该表包含 4 个字段。peewee 有自己关于字段数据类型的定义，对应不同数据库产品的不同字段类型，如 PrimaryKeyField( ) 对应 Sqlite 的主键字段，CharField( ) 对应 varchar 字段，IntegerField( ) 对应 integer 字段，FloatField( ) 对应 real 字段。其他的 peewee 字段类型，以及与其他数据库的对应情况，可自行查阅资料。

对于 SQLite 数据库，id 字段可以不必显式地定义。如果没有定义 id 字段，SQLite 会自动加上。也就是说，如果上述代码中没有 "id = PrimaryKeyField( )" 一句，效果就相同。

Meta 是 Model 类的一个内部类，用于定义 peewee 的 Model 类的行为特性。在本例中，通过为 database 属性赋值的方式，将类和数据库关联。

通常数据库中不会只有一个表，当有多个表时，更专业的做法是先定义一个继承自 Model 的类，作为所有表的基类。在该类中做好通用的设置后，就不必在每个表中设置了。下面示例除使用基类外，还展示了 peewee 的其他一些特性，更全面的说明请自行参考相关资料。

创建一个 Python 文件 peewee_ school. py，代码如下：

```
from peewee import *

db =SqliteDatabase('department. db')

class ModelBase(Model):
    class Meta:
        database = db                              # ①

class Dept(ModelBase):
    id =PrimaryKeyField()
    name =CharField(null=False)                    # ②
    description =CharField()

    class Meta:
        indexes = ((("title"), True),)             # ③

class Emp(ModelBase):
    id =PrimaryKeyField()
    name =CharField()
    age =IntegerField()
    salary =FloatField()
    dept_id =ForeignKeyField(Dept, to_field='id')  # ④
```

第①行：将类与数据库的关联放到基类中，在子类中就不必再做此关联。

第②行：指定当前字段不能为空。

第③行：为表定义索引。

第④行：为表定义外键。

2. 创建表，插入数据

创建一个 Python 文件 peewee_test2. py，代码如下：

```
#导入前面定义的 Emp 类
from peewee_test1 import Emp

# 创建表
Emp. create_table()
```

```
# 用第一种方法插入一条数据
Emp.create(id=1, name='Zhang', age=28, salary=16000)

# 用第二种方法插入一条数据
p =Emp()                        # 创建一个 Emp 实例,对应表中的一条记录
p.name = 'Wang'                 # 为 Emp 实例属性赋值
p.age = 29
p.salary = 15000
p.save()                        # 插入并提交

# 用第三种方法插入一条数据
p =Emp.insert(                  # 调用 Emp 的插入方法,指定必要的参数(字段)值
    name='Li',
    age=30,
    salary=18000
)
p.execute()                     # 执行
```

有多种方法可以向表中插入数据，从面向对象的角度看，都非常容易理解。

执行该程序看不出反应，但如果使用 SQLiteStudio 之类的工具打开数据库，就可以看到表中增加了三条数据。程序中的第二、三种方法没有指定 id 字段的值，但从工具中可以看到，其 id 值分别为 2 和 3。

3. 查询

创建一个 Python 文件 peewee_test3.py，代码如下：

```
from peewee_test1 import Emp

# 查询全部记录
for p inEmp.select():
    print(p.name, p.age, p.salary)
```

执行结果：

```
Zhang 28 16000.0
Wang 29 15000.0
Li 30 18000.0
```

这是最简单的查询方法，查询全部记录。Emp.select()得到的是记录集合，p 是 Emp 类的实例。

4. 修改数据

创建一个 Python 文件 peewee_test4.py，代码如下：

```
from peewee_test1 import Emp

# 用第一种方法修改
p =Emp.update(salary=20000).where(Emp.name == 'Zhang')
p.execute()

# 用第一种方法查询
p_list =Emp.select().where(Emp.name == 'Zhang')
for p in p_list:
    print(p.name, p.age, p.salary)

# 用第二种方法修改
q =Emp().get(id=2)
```

```
q. age = 31
q. save()

# 用第二种方法查询
q =Emp. get(id=2)
print(q. name, q. age, q. salary)
```

执行结果：

```
Zhang 28 20000. 0
Wang 31 15000. 0
```

分别用两种方法修改和查询。

第一种修改方法是调用类的 update 方法，指明必要的参数值，可以用 where 方法进行条件限定。

第一种查询方法与前述查询方法相同，但使用了 where 方法进行条件限定。

第二种修改方法与第二种查询方法本质相同。先用 Emp 类的 get 方法获得 Emp 实例，调用实例的 save 方法进行修改并提交。这种修改方法与前述的第二种插入方法本质也相同。

5. 删除数据

创建一个 Python 文件 peewee_test5. py，代码如下：

```
from peewee_test1 import Emp

# 用第一种方法删除
Emp. delete(). where(Emp. name == 'Zhang'). execute()

# 用第二种方法删除
q = Emp. get(id=2)
q. delete_instance()

# 查询剩余的所有记录
for p inEmp. select():
    print(p. name, p. age, p. salary)
```

两种方法，与前述修改的两种方法本质相同。至此，读者应该已经能够找到 peewee 数据库操作的规律了。

9.6 习题

1. 简单说明文本文件与二进制文件的区别。

2. 假设有一个英文文本文件，编写程序读取其内容，并将其中的大写字母变为小写字母，小写字母变为大写字母。

3. 读入磁盘文件 a. txt，把其中的大写字母全部换成小写字母，存放在 b. txt 文件中。

4. 从键盘上读入 50 个整数，存入磁盘文件 idata. dat 中。

5. 将上题建立的 idata. dat 中的 50 个整数读到内存中，并显示出来。

6. 编写程序，统计一文本文件中字符的个数。

7. 某文件中有 40 个字符，假定当前文件读写指针位置为 20，若将指针移至 30 处，seek 方法有几种写法？

8. 编写程序，将文件 old. txt 从第 10 个字符开始复制到 new. txt 中。

9. 有两个磁盘文件 a 和 b，各存放一行字母。要求将两个文件的内容读到内存中，并将其合并到一起（按字母顺序排序），然后输出到一个新文件中。

10. 有 5 个学生，每个学生有 3 门课成绩，从键盘上输入学生数据（包括学号、姓名、三门课成绩），计算出平均成绩，将原有数据和计算出的平均成绩存放到磁盘文件 stud. txt 中。

11. 编写程序，将包含学生成绩的字典保存为二进制文件，然后再读取内容并显示。

12. 编程实现以下功能：

1）用 9. 2 节的方法获取行情数据。

2）用 9. 4 节的方法，将获取的行情数据写入到数据库。数据库表的结构由读者自行定义。

3）从数据库中取出所有行情数据，并保存到 CSV 文件。

4）从 CSV 文件中读取数据并显示。

13. 用 9. 5 节的方法，重新实现上题的功能。

14. 在单位数据库中，单位表的设计见表 9-4，单位表的示例数据见表 9-5。请用 9. 4 节的方法，编程实现以下功能：

表 9-4　单位（departments）表

字段名	中文说明	类型	长度	其他
dept_id	单位号	N	5	主键
dept_name	单位名称	V	100	非空
dept_phone	单位电话	V	50	

表 9-5　单位表示例数据

单位号 dept_id	单位名称 dept_name	单位电话 dept_phone
1	计算机中心	11111111
2	教育技术中心	22222222
3	计算机专业 1 班	33333333
4	计算机专业 2 班	44444444

1）创建并打开 SQLite 数据库 dept. db。

2）创建单位表 departments。

3）向单位表中插入如表 9-5 所示的数据。

4）查询并显示所有单位的信息。

5）将计算机中心的电话改为 88888888。

6）从表中删除教育技术中心。

7）显示计算机专业 1 班的电话。

用 9. 5 节的方法，重新实现题 12 的功能。

第10章 案例一 金融数据处理

第4章习题36（编写日历程序）是对Python语句和数据类型的一个综合练习。本部分是Python编程进阶，掌握了本部分内容就可以开始Python的专业编程实践。由学习到实践，需要进行技能和心态的转换，这个转换主要由读者自行完成，本章试图对这个转换过程进行提醒和帮助。

使用PyCharm创建一个新的项目ch10，用来验证本章案例。

10.1 系统目标

回顾我们使用过的应用程序，大多有图形界面，如PyCharm，再比如您玩过的所有游戏，这类程序被称为窗口应用程序，本书第三部分主要介绍窗口应用程序的开发。另外还有一类应用程序，它们没有图形界面，用户通过输入命令的方式与其进行交互，如Windows的命令行工具CMD，再如Python解释器，这类程序也被称为控制台应用程序。

10.1.1 系统目标概述

与窗口应用程序相比，控制台应用程序弱化界面，强调功能。由于没有图形界面开销，控制台应用程序效率更高，稳定性更强，往往用于比较专业的场合。本章模仿Python解释器，与读者一起实现一个专业化的金融数据处理系统，先来看系统目标。本书直接给出系统目标，实际上也就是本系统的需求。而实际开发中，读者需要自行整理、分析用户的需求。

系统目标：对股票行情数据进行处理，实现包括行情数据的下载、存储、展示和预测等功能。

功能描述：

- 系统启动时进入命令行状态，显示系统提示符“Pushkin>”。
- 在内存中保存某只股票某个时段的（日线）行情数据。
- 使用配置命令C，对股票代码和行情的起止时间进行配置。
- 使用下载命令L，从网上下载指定股票的行情数据。
- 使用保存命令S，将内存中的行情数据保存到CSV文件。
- 使用加载命令R，将CSV文件中的行情数据加载到内存。
- 使用显示命令D，以列表的形式显示行情数据。
- 使用图表命令K，以K线图的形式显示行情数据。
- 使用预测命令P，对收盘价格进行预测。
- 使用帮助命令H，给出系统使用方法的提示。
- 使用退出命令Q（或Quit）退出系统运行。

其中比较复杂的是配置命令。假设内存数据有股票代码、行情起始日期和终止日期三个属性，系统规定配置命令的格式为：

```
c -code=股票代码 -start=yyyy-mm-dd -end=yyyy-mm-dd
```

例如：

```
c -code=600000 -start=2019-01-01 -end=2019-02-01
```

可以三个属性一起设置，也可以分别设置。

面对陌生的系统需求，需要考虑两个问题：第一个问题是如何将系统开发出来？第二个问题是如何提高系统的开发质量？

假设您在阅读本书之前没有或者只有很少的编程经验，见到上面的需求可能会不知从何处入手。本书作者的经验是，既不要被陌生的需求所吓倒，也不要把任务想象得太容易（总能做得更好）。如果您不知从何处入手，可以尝试把复杂问题分解成一个一个的小问题，然后逐个解决。

10.1.2 难点分析

假设读者只有本书前面章节的知识基础，实现本系统有以下难点问题需要解决。

1. 用户与系统的交互

可以使用 2.3.5 节介绍的 input()函数获得用户输入。系统需要持续对用户输入必须的响应，因此需要有一个循环结构来获得用户输入并处理。实现方法可参考第 4 章的习题 10。

2. 字符串处理

对用户输入进行处理是本系统的一项重要工作。实际系统不同于习题作业，对用户各种可能的输入都要必须合理的响应。对合法的输入给出正确的结果，对非法的输入分析原因并给出适当的建议。

3. 下载行情数据

可使用 8.3.2 节的方法实现。

4. 保存和读取 CSV 文件

可使用 9.2 节的方法实现。

5. 用 K 线图显示行情数据

本书前面没有介绍，需要自行查阅资料、研究解决。

6. 对收盘价格进行预测

本书前面没有介绍，需要自行查阅资料、研究解决。

可以看到，经过分解，本系统的难点大部分都有解决方法，只有个别难点需要研究解决。需要研究解决的问题已经相当具体，无论是请教老师还是请教网络，针对性都比较强，也就降低了解决的难度。

10.2 系统主框架

本系统采用自顶向下的设计方法，先设计系统主框架，再实现各功能模块和对象。本系统框架如图 10-1 所示。

程序启动后进入循环。在每次循环中，首先接受用户输入的命令，然后对命令进行解析。如果是退出命令，则退出循环，程序结束运行；如果不是退出命令，则对命令进行处理。在命令处理的过程中，需要存取内存中以 DataFrame 形式存储的行情数据，还需要存取磁盘上以 CSV 文件形式存储的行情数据。将行情数据的管理功能实现为一个行情数据管理类。

在实际的开发工作中，设计与实现这两个阶段不必生硬地分开。特别是采用自顶向下设计方法时，框架程序设计完成后，可以先行实现，便于对后续要实现的各个功能模块进行测试。

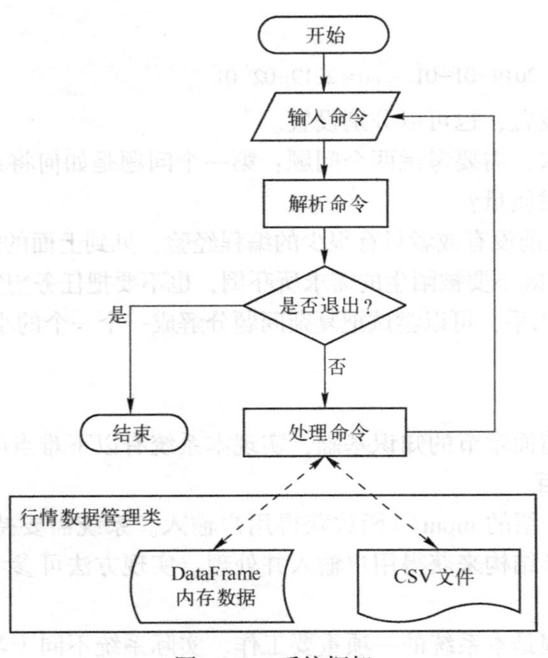

图 10-1　系统框架

创建一个 Python 文件 main1. py，代码如下：

```
def main():
    """程序主函数"""
    while True:
        # 输入命令行并分割成多个单词
        line = input('Pushkin> ')
        words = line.split(' ')

        # 根据输入的命令进行处理
        words[0] = words[0].upper()
        if words[0] == 'Q' or words[0] == 'QUIT':    # 退出命令
            break
        else:
            print('{}为非法命令,您可以使用帮助命令 H 获得帮助信息。'.format(words[0]))

if __name__ == '__main__':
    main()
```

程序目前只处理退出命令，保证程序可以正常地运行和结束，后续再增加其他命令的处理。

需要说明的一点是，作为实际系统，当遇到用户输入的非法命令时，不能生硬地使用如下的提示方法：

```
print('非法命令！')
```

而是应该：

- 给出更详细的提示，如在提示信息中指明用户输入中出错的具体位置和原因。
- 给出适当的建议，至少告诉用户如何获得帮助信息。
- 尽量少用感叹号。用户出错可能是因为你程序编得不好，无论如何用户都不该受到你的训斥。

在上述代码中，使用 split 方法将用户输入的命令行分割成多个单词并存入字符串列表中。列表的第 0 个元素是命令字符串，为了后续处理方便，将其转换为大写。

下面解决本系统遇到的第一个实际问题。split 方法只能指定一个分割符，而有些用户在输入命令时习惯于用 Tab 键分隔单词，所以程序需要兼顾不同的输入习惯。我们可以自行编程对命令行中的每个字符进行判断处理，但在使用这种比较“笨”的方法之前，也许可以先上网查一查有没有更简便的方法。

在百度中输入三个关键字“Python 字符串 多分割符”，可以搜到多个博客、简书等网页，其中多数都会提到一个名为 re 的标准库。re 可以通过正则表达式匹配字符串，能够实现字符串的多分割符功能。

没有人能通晓 Python（包括所有标准库和第三方包）的所有细节，本书的知识只是一个很好的基础，在实际编程中，使用网络资源自行解决问题是重要技能。本书不再深入讨论 re 的详细功能，这项工作留给感兴趣的读者自行完成，这里主要展示自行解决问题的过程。

在程序的开始处导入 re：

```
import re
```

将程序中的 words = line. split(' ')一句改为：

```
words = re.split('[ \t]\\s*', line.strip())
```

这样用户就可以同时使用空格或 Tab 键作为分割符。

小经验：如何选择百度搜索关键字？本例使用“Python 字符串 多分割符”作为搜索关键字。通常情况下，“Python”是需要的，否则可能查到大量其他编程语言的技巧。要搜索的技巧属于字符串操作，所以“字符串”也是需要的。但如果只有这两个关键字，搜到的则大多是字符串的一般操作，针对性不强，所以还需要增加关键字。但也不需要太严格，例如不使用“多分割符”而是使用“分割符”或者“划分”等，也都能得到想要的结果。

main1. py 的框架是不完整的。在需求明确的情况下，可以一开始就建立比较完成的框架程序。创建一个 Python 文件 main2. py，在 main1. py 的基础上继续修改，部分代码如下：

```
"""系统主模块"""
import re

def sys_help():
    """帮助命令 H"""
    print('普吸金金融数据处理系统使用说明:')
    print('配置命令 C:')
    print('    格式:c -code=股票代码 -start=yyyy-mm-dd -end=yyyy-mm-dd')
    print('    示例:c -code=600000 -start=2019-01-01 -end=2019-02-01')
    print('    说明:可以三个属性一起设置,也可以分别设置。')
    ……

def sys_config(words: list):
    """配置命令 C"""
    pass

def load():
    """下载命令 L"""
    pass
……
```

```
def main():
    """程序主函数"""
    while True:
        # 输入命令行并分割成多个单词
        line = input('Pushkin> ')
        words = re.split('[ \t]\\s*', line.strip())

        # 根据输入的命令进行处理
        words[0] = words[0].upper()
        if words[0] == 'Q' or words[0] == 'QUIT':    # 退出命令 Q
            break
        elif words[0] == 'H':                        # 帮助命令 H
            sys_help()
        elif words[0] == 'C':                        # 配置命令 C
            sys_config(words)
        elif words[0] == 'L':                        # 下载命令 L
            load()
        ……
        else:
            print('{}为非法命令,您可以使用帮助命令 H 获得帮助信息。'.format(words[0]))

if __name__ == '__main__':
    main()
```

对 main2.py 的代码说明如下：

- 使用 elif 语句为所有命令建立分支。所有命令的处理最好都放到不同的函数中，保持主函数的简洁清晰。
- 关于注释：注释不是越多越好。注释是给专业人员看的，像 input()这样的功能性语句就不需要单独注释，但可以给这些语句组合起来的语句块加注释，说明这一整段程序的功能。函数的文档字符串非常必要，函数调用时也可以适当地使用注释。
- 帮助命令不依赖于底层支持，可以先行实现。事实上，对于比较复杂的系统，开发者本人可能也经常需要查看帮助信息。
- 其他命令都是单字符命令，命令处理函数不需要带参数。配置命令可能带有多个配置项，需要将分割后的字符串列表作为参数传入。

如果用户使用 PyCharm 这类功能比较完备的 IDE，除了提供编辑、编译和运行等基本 IDE 功能之外，还会提供一些高级功能。比如使用 PyCharm 编辑上述程序时，细心的读者会发现“def sys_help():”一句下面有一条暗灰色波浪线。将鼠标停留在该句之上时，会在悬浮的小窗口中提示“PEP 8: expected 2 blank lines, found 1”，也就是按照 PEP 8 建议书（见 5.6.4 节），函数定义之前期望两个空行。除 PEP 8 建议之外，PyCharm 还会对变量定义的拼写等进行检查。

本书由于书籍排版的原因不能完全排除这些问题，此类提示也不总是合理，但本书作者在实际编程中会尽量排除这些问题，尽管它们并不影响程序的执行。

10.3 通用函数设计

每个系统都会有一些通用的操作，这些操作在整个系统范围内都需要，不局限于某个特定的模块。在本系统中，需要判断用户输入的股票代码是否合法，需要判断用户输入的日期字符串是否合法。这些操作可能在多个类中使用（本案例只有一个类，实际的金融数据处理系统可能会有多个类），也可能在类外使用（例如可能在主函数或其他的通用函数中使用），那么这些操作就可以实现为通用函数。

在某些纯的面向对象编程语言中，此类需求可以单独设计一个类，各通用函数以静态方法的形式实现。Python 程序员习惯于将此类通用函数实现到独立的模块中，在需要使用这些函数的场合，导入该模块即可使用。此类模块不一定只有一个，通用函数也可以分类，不同的函数放到不同的模块中。

创建一个 Python 文件 utility. py，作为通用函数模块。首先实现函数 is_valid_code()，判断股票代码是否合法，如系统要求股票代码只能是 6 位数字，代码如下：

```
def is_valid_code(code: str) -> bool:
    """是否合法的股票代码"""
    if not code.isnumeric():
        print('股票代码必须是数字,请重新设定。')
        return False

    if len(code) != 6:
        print('股票代码长度只能是6位,请重新设定。')
        return False

    return True
```

再实现函数 is_valid_date()，判断是否是合法的日期字符串，代码如下：

```
def is_valid_date(s: str) -> bool:
    """是否是合法的日期字符串"""
    try:
        datetime.datetime.strptime(s, '%Y-%m-%d')
        return True
    except ValueError:
        print('日期字符串格式错,请重新设定。')
        return False
```

实现方法是尝试将字符串按照指定格式转换成日期类型。如果转换成功，说明字符串格式合法；如果转换中发生异常，说明格式不合法。

现在尝试对上述实现方法进行评价，这样实现好不好？事实上，不能抛开具体情况讨论好还是不好，而是应该结合具体情况讨论这样实现是否合适。如果像本案例只是一个教学系统，或者只是一个给自己或几个同事偶尔使用的小工具，那么上述实现方法是合适的。但如果是支撑大型商业系统的通用函数，上述实现方可能还不够。比如判断股票代码时，并不是所有 6 位数字都合法，可能还需要从股票列表中查到这个代码才行；如果从历史的角度考虑，有些股票现在已经退市了，但历史上是存在的，而用户就是要取那个时期的数据。再比如判断日期时，可能还需要确定这个日期是否在股市建立之后。

并不是所有系统都要实现得很复杂很全面，很多情况下“简单就是美”。但“简单实现”最好是权衡之后的结果，而不是根本就没多想。在一个开发团队中，往往是由核心成员确定实现到什么程度；这个程度确定之后，真正的实现工作基层程序员就能做得很好。

10.4 类设计

创建一个 Python 文件 stock_data. py，将行情数据的管理功能实现为一个行情数据管理类 StockData，其初始化代码如下：

```
def __init__(self):
    #为属性赋初值
    self.data: pd.DataFrame = None
    self.code = None
    self.start = '2019-10-01'
    self.end = '2020-01-01'

    # 初始化数据目录。如果该目录不存在,则创建
    cwd = os.getcwd() + '\\Data'
    if os.path.isfile(cwd):
        print('当前目录下有名称为 data 的文件,无法创建同名目录。')
        return

    if not os.path.exists(cwd):
        os.mkdir(cwd)
    self.data_path =cwd + '\\'
```

初始化主要完成两项工作，第一项是为属性赋初值。self.data 是一个 DataFrame，用于存储行情数据，初始值为 None。self.code 用于存储股票代码，初始值也为 None。

初始化的第二项工作是初始化数据目录。本系统可将行情数据存储到以股票代码为名称的 CSV 文件中，这些文件存储在当前目录下的 Data 子目录中。系统启动时检查该目录是否存在，如果不存在就创建它。与目录相关的功能需要用到标准模块 os，见 6.3.2 节。

为行情数据管理类设计两个方法，is_code_ok 用于判断股票代码是否已配置，is_data_ok 用于判断行情数据是否准备好，这两个方法的实现不再详细介绍。

方法 load 用于下载行情数据，代码如下：

```
import pandas as pd
import tushare as ts
……
    def load(self) -> 'DataFrame':
    """从网上下载行情数据"""
        if not self.is_code_ok():
            return

        # 股票代码和日期格式的合法性在配置时检查
        # 此处不需要再检查

        # 下载行情数据,并修改各列的名称以及索引列的数据类型
        self.data = ts.get_hist_data(self.code, start=self.start,
                                     end=self.end).sort_index()
        self.data = self.data[['open', 'close', 'high', 'low', 'volume']]
        self.data.index.name = 'Date'
        self.data.index = pd.to_datetime(self.data.index)
        self.data.rename(columns={'open': 'Open', 'close': 'Close',
                                  'high': 'High', 'low': 'Low',
                                  'volume': 'Volume'},inplace=True)
```

行情数据通过 tushare 下载，见 8.3 节。本系统使用第三方包 mplfinance 显示 K 线图，mplfinance 要求行情数据各列的列名首字符大写，还需要将索引的数据类型改为日期时间型。

方法 display 用于以列表的方式显示行情数据，代码如下：

```
def display(self) -> None:
    """显示行情数据"""
    print('属性值:')
```

```
        print('    code={}'.format(self.code))
        print('    start={}'.format(self.start))
        print('    end={}'.format(self.end))
        print('')

        print('行情数据:')
        if self.data is None:
            print('    当前行情数据为空。')
            print('    请使用 L 命令下载数据。')
            print('    或使用 R 命令从文件中读取数据。')
        else:
            if len(self.data) <= 4:
                print(self.data)
            else:
                print(self.data.head(2))
                print('...')
                print(self.data.tail(2))
```

首先显示各属性值，然后显示行情数据。如果行情数据不存在，给出提示，提示信息要尽量周到；如果有行情数据且比较多，也不必全部显示，只显示开始和结束的部分数据即可。

方法 save 将行情数据保存到 CSV 文件，代码如下：

```
    def save(self) -> None:
        """将行情数据保存到 CSV 文件"""
        if not self.is_data_ok():
            return

        file_name = self.data_path + self.code + '.csv'
        self.data.to_csv(file_name)
```

不同股票的数据保存到 Data 子目录下不同的文件中。

方法 restore 用于从 CSV 文件中读取行情数据，代码如下：

```
    def restore(self) -> None:
        """从 CSV 文件中读取行情数据"""
        if not self.is_code_ok():
            return

        # 判断行情数据文件是否存在
        file_name = self.data_path + self.code + '.csv'
        if not os.path.exists(file_name):
            print('指定股票的行情数据文件不存在。')
            return

        # 读取数据
        self.data = pd.read_csv(file_name, index_col=0, parse_dates=True)
        if len(self.data) <= 0:
            return

        # 修改实例属性
        d_start = self.data.index[0]
        self.start = d_start.strftime('%Y-%m-%d')
        d_end = self.data.index[len(self.data) - 1]
        self.end = d_end.strftime('%Y-%m-%d')
```

细心的读者可能会注意到，本方法的核心语句其实只有 read_csv( )一句，但之前需要判断行情数据文件是否存在，之后需要对文件读取的结果进行判断，还需要对实例属性进行修改。与本书前面的教学示例不同，在实际系统的开发中，往往 80%以上的代码用于辅助功能。

方法 k_line 用于用 K 线图显示行情数据，代码如下：

```
import mplfinance as mpf
……
    def k_line(self) -> None:
        """用 K 线图显示行情数据"""
        if not self.is_data_ok():
            return

        try:
            mpf.plot(self.data, type='candle')
        except:
            print("显示 K 线图失败。")
            print("可能是行情数据未准备好,请先用显示命令 D 查看数据。")
```

在早期版本的 matplotlib 中有一个子包 finance，用于以图表的形式显示金融数据。从 matplotlib 2.2.0 版开始，matplotlib.finance 从 matplotlib 中剥离出来，形成独立的金融图表包 mpl_finance。到 2020 年，mpl_finance 又继续进化为 mplfinance 包。

本案例以完全默认的方式显示 K 线图，将显示效果的优化工作留给读者自行完成。

方法 predict 用于对股票的收盘价格进行预测，代码如下：

```
import numpy as np
fromsklearn.linear_model import LinearRegression
fromsklearn.model_selection import train_test_split
……
    def predict(self) -> None:
        """对收盘价格进行预测"""
        if not self.is_data_ok():
            return

        # 确定特征值和目标值
        feature = self.data[['Open', 'High', 'Volume', 'Low']].values
        target = np.array(self.data['Close'])

        # 划分训练集和测试集,20%的数据用于测试集
        feature_train, feature_test, target_train, target_test \
            = train_test_split(feature, target, test_size=0.2)

        # 训练
        sk =LinearRegression()
        sk.fit(feature_train, target_train)

        # 预测
        predict_data = sk.predict(feature_test)
        next_day = predict_data[len(predict_data) - 1]
        print(next_day)
```

本书 8.1 节提到了一个和机器学习有关的包 Scikit-learn，可以从中选择合适的算法对股票价格进行预测。本书是介绍编程技巧的书籍，机器学习算法不是重点，仅选择其中最简单的线性回归算法，如何选择更恰当的算法交由相关专业人员去研究。从本功能的实现可以看出，当

选择到了合适的第三方包后完成专业任务还是很方便的。

在实现行情数据管理类的同时，可以同步完善主模块中的函数，例如：

```
def load( ):
    """下载命令 L"""
    data. load( )
```

将原来的 pass 语句改为实例方法的调用。

其中 sys_config( ) 函数的主要工作也是字符串处理，请读者自行完成。

10.5 习题

1. 模仿 Python 解释器，为系统增加欢迎信息。

2. 将帮助信息存储到文本文件，需要显示时从文件读取。

3. 将行情信息存储到数据库，要求：

1）将数据库操作实现为独立的类。

2）设计数据库表结构。

3）将数据库的读和写分别实现为方法。

4）数据库中保存尽量完整的数据，如库中已有某只股票 2019-01-01 到 2019-12-31 的数据，现在又存入 2019-07-01 到 2020-07-01 的数据，不要将原数据删除，而是将两部分数据合并成 2019-01-01 到 2020-07-01 的数据。

4. 增加周期属性，行情数据可选择 5 分钟、15 分钟、30 分钟、60 分钟、日线、周线和月线等。

5. 研究 mplfinance 包的细节，改善 K 线图的显示效果。

6. 总结第 2 章第 14 题、第 4 章第 10 题以及本章案例，在分割用户输入的字符串时，处理方法有何区别？

7. 实现主模块的 sys_config( ) 函数。

8. 文件处理、数据库操作和网络通信等都是容易产生异常的操作，应该为此类操作增加异常处理功能。本案例仅在个别场合进行了异常处理，但处理方法很不细致。研究本案例还有哪些地方需要进行异常处理？已经进行了异常处理的地方还可以进行哪些改进？

9. 系统要作为整体来设计，否则即使每个功能看起来都是正确的，但系统可能仍然存在这样那样的问题。本案例功能仍然存在不一致的地方，比如在内存中有数据的情况下重新配置了股票代码，然后直接执行保存命令，就会将内存中的数据按照新配置的代码保存到文件中，也就是文件中的数据与文件名称不一致。思考一下本系统还有哪些不一致的地方，可以如何改进？

第三部分

使用 PyQt 进行界面开发

随着计算机技术的发展，人们对应用程序的要求越来越高。在现代程序设计中，图形用户界面（GUI）的设计相当重要，美观、易用的用户界面能够在很大程度上提高软件的使用量，因此，许多软件都在用户界面的设计上倾注了大量的精力。Python 最初作为一门脚本语言并不具备 GUI 功能，但由于其本身具有良好的可扩展性，能够不断地通过 C/C++模块进行功能性扩展，因此目前已经有相当多的 GUI 控件集（Toolkit，也称图形界面包）可以在 Python 中使用[8]。

在 Python 中经常使用的图形界面包有 PyQt、Tkinter、wxPython、PyGTK 和 PySide 等，本部分将全面介绍如何使用 PyQt 进行界面开发。学习本部分，除完成每章的习题外，最好的方法就是编程验证书中的所有示例。

第 11 章　PyQt 基础

Qt 是最早由挪威 Trolltech（奇趣科技公司）开发的一个 C++ GUI 开发工具集，包括跨平台类库和跨平台集成开发环境（IDE），既可以用于开发 GUI 程序，也可以用于开发非 GUI 程序。PyQt 是 Python 与 Qt 结合的产物，使用 PyQt 开发 GUI 应用程序，既可以利用 Python 简洁、易用的语法，又可以利用 Python 所有的第三方包，还可以得到 Qt 美观的 GUI 界面。

11.1 PyQt 介绍

PyQt 是 Python 对跨平台的 GUI 开发工具 Qt 的包装，实现了 600 多个类以及 6000 多个函数或者方法。PyQt 的功能非常强大，如果可以用 Qt 开发多么漂亮的界面，就可以用 PyQt 开发多么漂亮的界面。

11.1.1 PyQt5

自从 Qt 移植到 Python 上形成 PyQt 框架以来，已经开发出 PyQt3、PyQt4 和 PyQt5 三个版本。PyQt5 遵循 Qt 的发布许可，拥有双重协议，自由开发者可以选择使用免费的 GPL 版本，如果准备将 PyQt5 用于商业活动，则必须为此支付商业许可费用。

PyQt5 正受到越来越多的 Python 程序员的喜爱，这是因为 PyQt5 具有以下优点：

- 基于高性能的 Qt GUI 控件集。

- 能够跨平台运行在 Windows、Linux 和 Mac OS 等系统上。
- 使用信号/槽机制进行通信。
- 对 Qt 库的完全封装。
- 可以使用 Qt 成熟的 IDE（如 Qt Designer）进行图形界面设计，并自动生成可执行的 Python 代码。
- 提供一整套种类丰富的窗口控件。

PyQt5 包含多个模块，主要模块有：

- QtCore：包含了核心的非 GUI 功能。此模块用于处理时间、文件和目录、各种数据类型、流、URL、MIME 类型、线程或进程。
- QtGui：包含窗口系统集成、事件处理、二维图形、基本成像、字体和文本。
- QtWidgets：包含一整套 UI 元素类，支持创造经典窗口风格的用户界面。
- QtMultimedia：包含了处理多媒体内容和调用摄像头 API 的类。
- QtBluetooth：包含了查找和连接蓝牙的类。
- QtNetwork：包含了网络编程的类，这些类能让 TCP/IP 和 UDP 开发变得更加方便和可靠。
- QtPositioning：包含了用于定位的类，可以使用卫星、WiFi 甚至文本文件。
- Enginio：实现了客户端库访问 Qt 云服务托管的应用程序运行平台。
- QtWebSockets：包含实现 WebSocket 协议的类。
- QtWebKit：包含的类基于 WebKit2，用于实现 Web 浏览器。
- QtWebKitWidgets：包含的类基于 Webkit1，用于在基于 QtWidgets 的应用中实现 Web 浏览器。
- QtXml：包含与 XML 文件相关的类。
- QtSvg：包含了显示 SVG 文件内容的类。
- QtSql：提供了操作数据库的类。
- QtTest：提供了测试 PyQt5 应用的工具。

11.1.2　其他 Python 图形界面包

从 Python 语言的诞生之日起，就有许多优秀的图形界面包整合到 Python 当中，这些优秀的图形界面包使得 Python 也可以在图形界面编程领域大展身手，许多应用程序都是由 Python 结合这些优秀的图形界面包编写的。下面介绍除 PyQt 之外的几种常用图形界面包。

- Tkinter。绑定了 Python 的 Tk 图形界面包。其是历史最悠久，Python 事实上的标准 GUI。Python 中使用 Tk 图形界面包的标准接口，已经包括在标准的 Python Windows 安装中，IDLE 就是使用 Tkinter 实现的。Tkinter 创建的 GUI 非常简单，学习和使用都非常方便。
- wxPython。其是 Python 对跨平台的 GUI 开发工具 wxWidgets（C++编写）的包装，作为 Python 的一个扩展模块，在各种平台下都表现良好。
- PyGTK。其是 Python 对 GTK+GUI 库的包装。许多 GNOME 下的著名应用程序的 GUI 都是用 PyGTK 实现的，如 BitTorrent、GIMP 和 Gedit 都有 PyGTK 的可选实现。因为 PyGTK 基于 GTK，所以在 Windows 平台上表现一般。
- PySide。其是另一个 Python 对 Qt 的包装，捆绑在 Python 当中，最初由 Boost C++库实现，后来迁移到 Shiboken。

11.2 安装 PyQt5

使用 PIP 命令安装 PyQt5。

```
pip installPyQt5
```

包比较大，下载安装需要较长的时间。安装完成后，执行下面命令查看安装结果：

```
pip list
```

应该可以看到类似下面一行的内容：

```
PyQt5                    5.13.0
```

测试 PyQt5 的安装是否正确，最简单的方法是在 IDLE 中执行：

```
import PyQt5
```

可以测试 PyQt5 的执行效果。用任意文本编辑器创建一个文件 HelloPyQt.py：

```
import sys
from PyQt5 import QtWidgets

app =QtWidgets.QApplication(sys.argv)
widget =QtWidgets.QWidget()
widget.resize(360, 160)
widget.setWindowTitle("Hello PyQt!")
widget.show()

sys.exit(app.exec_())
```

打开 CMD 命令行工具，将当前目录切换到 HelloPyQt.py 所在的目录，执行：

```
python HelloPyQt.py
```

弹出窗口如图 11-1 所示。

图 11-1　测试 PyQt5 的执行效果

第 12 章　PyQt5 界面编程

PyQt5 安装成功后，本章继续全面介绍使用 PyQt5 进行界面编程的相关内容，包括：基础界面功能的编程，使用布局管理器对界面布局进行管理，创建带有菜单、工具栏和状态栏的窗口，使用信号/槽机制进行事件处理以及使用 PyQt5 预定义的标准对话框等。

使用 PyCharm 创建一个新的项目 ch12，用来验证本章示例。

12.1　PyQt5 基本功能

PyQt5 编程非常简单方便，不需要枯燥的学习，即可编写出漂亮的界面。本节用一些简单示例，初步展示 PyQt5 的强大功能。

12.1.1　最简单的 PyQt5 程序

PyQt5 是高级的编程语言，下面示例只用几行代码，就能显示一个典型的窗口界面，包含了窗口的基本功能。创建一个 Python 文件 simple. py，代码如下：

```
import sys

# 导入必要的模块。本例需要使用 PyQt5. QtWidgets 模块中的 QApplication 和 QWidget
from PyQt5. QtWidgets import QApplication, QWidget

# 每个 PyQt5 应用程序都必须创建一个应用程序对象
#sys. argv 参数是一个列表,从命令行获得参数
app =QApplication(sys. argv)
#QWidget 是 PyQt5 所有用户界面对象的基类
w =QWidget()
# resize 方法调整窗口的大小,此处是 360px 宽 160px 高
w. resize(360, 160)
# move 方法将窗口移动到屏幕上的指定位置,此处是移到坐标 x=300,y=200
w. move(300, 200)
# 设置窗口的标题
w. setWindowTitle('最简单的 PyQt5 程序')

# 在屏幕上显示窗口
w. show()

# app. exec_方法的作用是让程序进入消息循环
#sys. exit 方法确保应用程序干净地退出
# 注意:app 的 exec_方法有下划线。因为 exec 是一个 Python 保留字,所以用 exec_代替
sys. exit(app. exec_())
```

执行结果如图 12-1 所示。

本例在屏幕上显示一个小窗口，鼠标单击窗口右上角的×按钮可以关闭窗口。代码中已经加入了详细的注释，无需更多说明。本例演示了 PyQt5 程序的最基础功能，其代码基本上是所

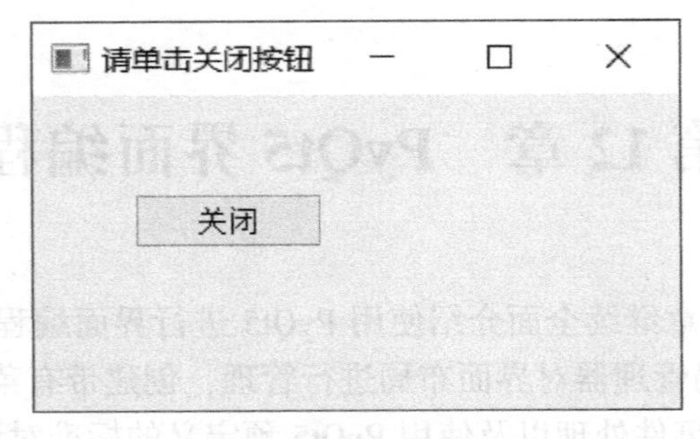

图 12-1　最简单的 PyQt5 程序

有 PyQt5 程序所必须的，读者需要熟练掌握。

可以对窗口进行进一步的定制。例如，可以为应用程序使用一个个性化的图标。将一个图形文件，如 YuLan. png（读者可以选择其他任意图标大小的图形文件），复制到 simple. py 所在的目录。在程序开始的地方导入：

```
from PyQt5. QtGui import QIcon
```

在 w. show( ) 语句之前增加：

```
# 设置窗口的图标,使用当前目录下的 YuLan. png 图片
w. setWindowIcon( QIcon( 'YuLan. png') )
```

再次执行程序，可以看到图标已经改变。

12. 1. 2　PyQt5 的坐标体系

GUI 界面最基础的概念是位置和形状。PyQt5 的坐标系统涉及复杂的图形学基础，使用逻辑坐标和设备坐标两个体系，理解起来比较困难。本小节尝试用比较简单但不一定规范的方式讨论一下 PyQt5 的坐标系统，有兴趣或有专业需求的读者请进一步参考相关文档。

PyQt5 使用的坐标系统，规定以左上角为原点即(0,0)点，从左向右为 x 轴正向，从上向下为 y 轴正向。

PyQt5 应用程序中使用多个坐标系统，如图 12-2 所示。以屏幕的左上角为原点，以整个屏幕为范围的坐标系统用来定位顶层窗口。每个窗口内部也有自己的坐标系统，而且每个窗口至少有两个坐标系。以整个窗口左上角为原点的坐标系称为框架坐标系，以客户区左上角为原点的坐标系称为客户区坐标系。

PyQt5 的 QPoint 类用于创建“点”对象，点对象的 x 和 y 方法用于取坐标的 x 和 y 值，setX 和 setY 方法用于设置坐标值。

PyQt5 的 QRect 类用于创建“矩形”对象，矩形对象各方法的含义如图 12-3 所示。

在 PyQt5 中可以通过 QWidget 的 geometry 方法返回一个 QRect 对象，代表窗口的客户区。QWidget 的 frameGeometry 方法同样返回一个 QRect 对象，代表整体窗口区域（框架区），编程中用得较多的是客户区（因为要在客户区中进行操作）。QWidget 直接提供的方法 x 和 y，返回窗口左上角的坐标，方法 width 和 height 获得客户区的宽和高。

在示例 simple. py 中，w. move(300,200)一句通过屏幕坐标指定窗口的位置。程序执行时可以看到，窗口靠近屏幕的左上角。可以用如下方法使窗口显示在屏幕的中央。

继续修改 simple. py 文件，在 PyQt5. QtWidgets 模块中增加对 QDesktopWidget 的导入：

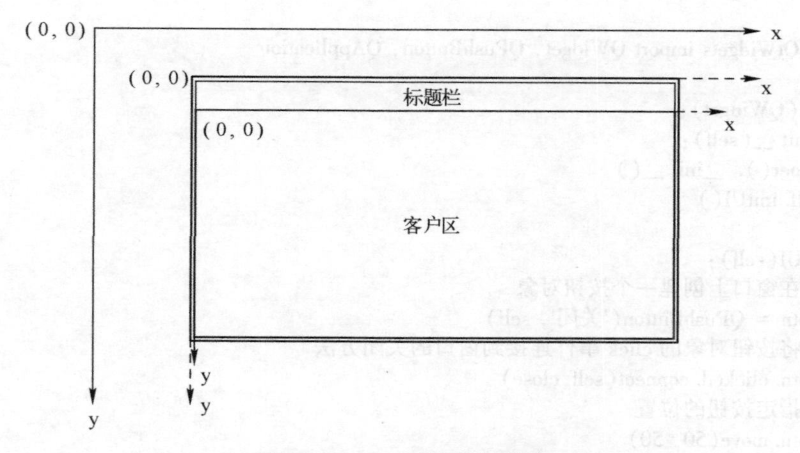

图 12-2　PyQt5 的坐标系统

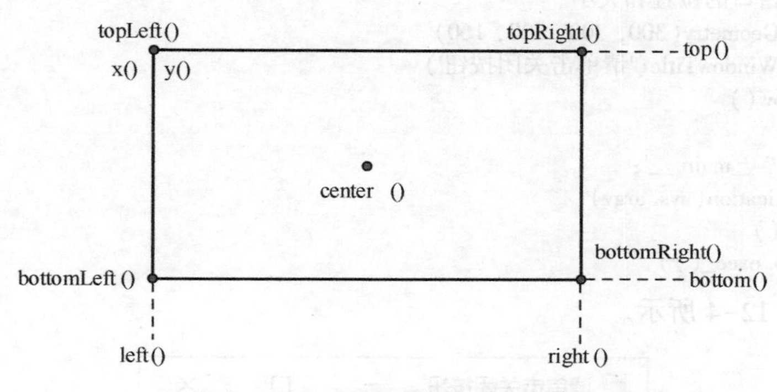

图 12-3　QRect 类各方法的含义

```
from PyQt5.QtWidgets import QApplication, QWidget, QDesktopWidget
```

去掉 w. move(300,200)一句，改用如下代码：

```
# 获得屏幕的中心点
cp = QDesktopWidget().availableGeometry().center()
# 获得窗口的矩形区域
qr = w.frameGeometry()
# 将窗口的中心定位到屏幕的中心
# 注意:此句只改变矩形对象,并没有实际地移动窗口
qr.moveCenter(cp)
# 移动窗口:将窗口的左上角定位到矩形对象的左上角
w.move(qr.topLeft())
```

再次执行程序，可以看到窗口显示在屏幕的中央。

12.1.3　关闭窗口

前面示例中，在关闭窗口时可以单击标题栏上的×按钮，这是 QWidget 的默认响应行为。本小节的示例将演示如何通过编程来关闭窗口，用这种方法，将来就可以在关闭窗口时加入额外的操作。创建一个 Python 文件 quitbutton. py，代码如下：

```
import sys
```

```
from PyQt5.QtWidgets import QWidget, QPushButton, QApplication

class Widget(QWidget):
    def __init__(self):
        super().__init__()
        self.initUI()

    def initUI(self):
        # 在窗口上创建一个按钮对象
        qbtn = QPushButton('关闭', self)
        # 将按钮对象的 click 事件连接到窗口的关闭方法
        qbtn.clicked.connect(self.close)
        # 指定按钮的位置
        qbtn.move(50, 50)

        # 设定窗口的位置和大小
        self.setGeometry(300, 300, 320, 160)
        self.setWindowTitle('请单击关闭按钮')
        self.show()

if __name__ == '__main__':
    app = QApplication(sys.argv)
    w = Widget()
    sys.exit(app.exec_())
```

执行结果如图 12-4 所示。

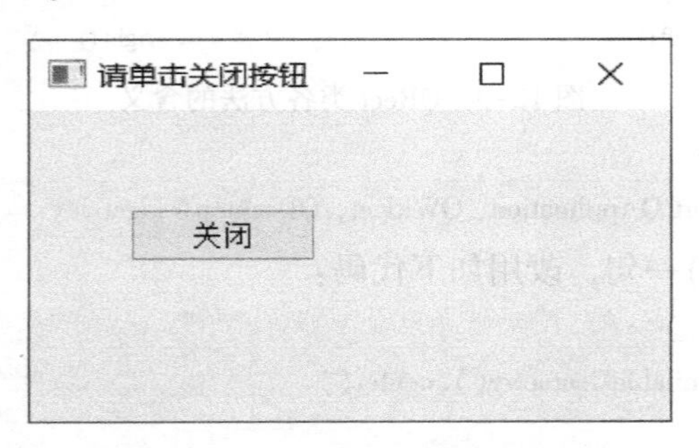

图 12-4　关闭窗口示例

本例在屏幕上显示一个小窗口，用鼠标单击窗口上的“关闭”按钮可以关闭该窗口。

simple.py 使用的是结构化程序设计风格，主要是为了演示 PyQt5 最常用的对象和方法。本例使用面向对象的编程风格，这是 Python 和 PyQt5 共同推荐的风格。

```
class Widget(QWidget):
```

以上定义了一个继承自 QWidget 的类 Widget。在该类的 __init__方法中，先调用父类的 __init__方法，完成窗口的一般性初始化工作，然后再调用本类的 initUI 方法，完成本窗口类的初始化工作。

在 initUI 方法中，先创建一个按钮对象，相关代码将在后续章节中会详细介绍，本例中只需要根据注释了解其基本功能就可以了。本例使用 QWidget 的 setGeometry 方法设定窗口的位置和大小，是与 simple.py 不同的另一种实现方法，结合前文对坐标系的说明，应该容易理解。

使用面向对象编程风格，程序的执行部分将变得非常简练，只有三行代码。

还有一点需要说明，5.6.4 节讨论了 PEP 8 推荐的编码风格，其中提到“类名用驼峰命名法，函数和方法名用小写加下划线”。PyQt5 因为自身原因没有完全遵守 PEP 8 推荐的风格，如方法名采用的是所谓“小驼峰命名规则”，即第一个单词小写，其他单词首字母大写。本书作者在编程时，PyQt5 的界面代码使用小驼峰命名规则，一般的 Python 代码用 PEP 8 推荐的风格。这种情况也存在于其他的一些第三方包中，请读者灵活掌握。

下面继续增强程序的功能：当用户关闭窗口时，程序给出提示，请用户确认是否真的要关闭窗口。修改 quitbutton.py 文件，在 PyQt5.QtWidgets 模块中增加对 QMessageBox 的导入：

```
from PyQt5.QtWidgets import QWidget, QPushButton, QApplication, QMessageBox
```

在 Widget 类中，重写父类 QWidget 的 closeEvent 方法，代码如下：

```
    def closeEvent(self, event):
        reply = QMessageBox.question(self, '提示信息',
                                     '确认要关闭窗口？', QMessageBox.Yes |
                                     QMessageBox.No, QMessageBox.No)

        if reply == QMessageBox.Yes:
            event.accept()
        else:
            event.ignore()
```

注意，并不是“增加一个新的方法”，而是重写父类 QWidget 的 closeEvent 方法，该方法在试图关闭窗口时被自动调用。执行程序，无论是通过按钮还是通过窗口右上角的×按钮关闭窗口，都会弹出如图 12-5 所示的对话框。

QMessageBox 包含一系列 PyQt5 的标准对话框，本例用到的 question 对话框是比较简单的一种，其他的将在 12.5 节介绍。question 对话框的参数包括：

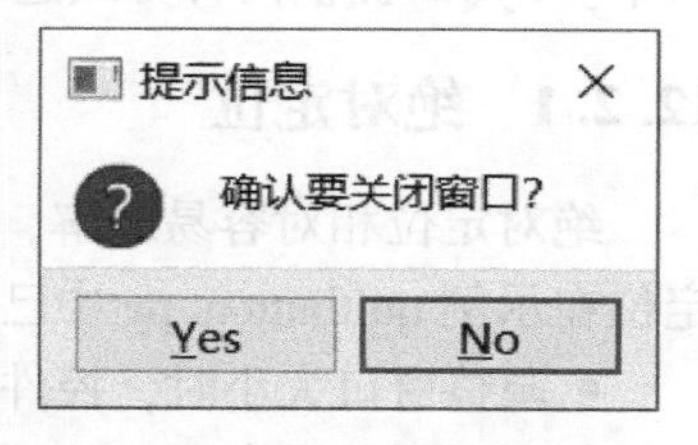

图 12-5　弹出对话框

- 第一个字符串参数作为对话框标题。
- 第二个字符串参数作为对话框中显示的文本。
- 第三个参数指定出现在对话框中的按钮组合，本例显示两个按钮：“Yes” 和 “No”。
- 第四个参数是默认按钮，这个按钮将默认获得输入焦点。

对话框返回一个枚举值，程序中检测该值。如果返回的是 QMessageBox.Yes，则执行 event.accept()一句，关闭窗口；否则执行 event.ignore()一句，忽略用户的关闭窗口请求。

12.1.4　自己解决问题

读者在阅读前面内容时可能会产生一些困惑。面对程序中突然出现的非 Python 标准语句，读者可能会不知所措。这些产生困惑的地方可能是 PyQt5 中的模块名、类名或者方法名等，在程序中不需要定义即可直接使用。其实这些名称是非常直观、含义非常明确的，有经验的程序员不经查阅资料就能看懂。但对于编程的初学者，就会搞不清这些名称的来源及含义。事实上，Python 语言包括它的每个第三方包都博大精深，没有哪个人能通晓所有细节，更没有哪一本书能说明所有细节。无论多有经验的程序员都可能遇到新问题，无论经过怎样的严格训练，在实际编程中都还需要继续学习。所以，自学能力是使用一种语言进行编程工作所必备的能力，无论是编程大神还是小白，自学能力的高低本身就是区分大神和小白的重要标准。

具体到 PyQt5，当遇到困惑时，可通过（但不限于）以下方法自行解决：

- 上网搜索。哪个词看不懂就搜索哪个，其他人在学习过程中很可能也遇到过同样的困惑，但他后来解决了，而且还会热心地把解决方法分享出来。按照本书作者的经验，所有的搜索都会有结果，如果确实没有，换个关键词再试试。如果还搜不到，那这个词很可能就是一个用户自定义的词，再看看程序，就能找到它的出处。
- 到 Qt 官网阅读 PyQt5 参考手册，这是比较高级也比较专业（枯燥）的方法。参考手册不必通读，可以通过多种手段直接找到需要学习的内容；但也不能仅看要查找的内容，适当阅读一些相关内容可以拓展知识面，提高解决问题的能力。
- 再进一步，还可以到 Qt 官网阅读 Qt 的参考手册。PyQt 来源于 Qt，Qt 的文档更详细。能力强或者有 C++基础的读者，干脆把 Qt 一起学会，多掌握一种解决问题的手段。
- 多看示例，不但能快速掌握语言本身的规定，还可以学习语言未规定，但大多数程序员都遵循的习惯。在看示例的过程中，有时候也可以用学习外语“泛读”的方法，不必一遇到问题就上网查，保留一段时间，可能自己就想通了。
- 多实践。编程归根结底是编会的而不是学会的，没有足够的实践，任何学习方法都是空谈。

12.2 布局管理

在 GUI 程序中，布局是很重要的内容。所谓布局就是用何种方式将控件放到应用程序窗口中。PyQt5 提供两种方式进行布局：绝对定位和使用 layout 类。

12.2.1 绝对定位

绝对定位相对容易理解，就是由程序指定每个控件的位置和大小（以像素为单位）。绝对定位在示例 quitbutton. py 中已经使用过。绝对定位在功能上会受到一些限制：

- 调整窗口大小时，控件的大小和位置不会随之改变。
- 在不同的平台上，应用程序的外观略有不同。
- 如果改变字体，应用程序的布局就会改变。
- 当需要改变布局时，必须完全重做。

创建一个 Python 文件 absolute. py，代码如下：

```
import sys
from PyQt5.QtWidgets import QWidget, QPushButton, QApplication

class Widget(QWidget):
    def __init__(self):
        super().__init__()
        self.initUI()

    def initUI(self):
        qbtn1 = QPushButton('功能 1', self)
        qbtn1.move(50, 50)

        qbtn2 = QPushButton('功能 2', self)
        qbtn2.move(100, 100)
```

```
        qbtn3 = QPushButton('功能 3', self)
        qbtn3.move(150, 150)

        self.setGeometry(300, 300, 280, 170)
        self.setWindowTitle('绝对定位')
        self.show()

if __name__ == '__main__':
    app = QApplication(sys.argv)
    w = Widget()
    sys.exit(app.exec_())
```

执行结果如图 12-6 所示。

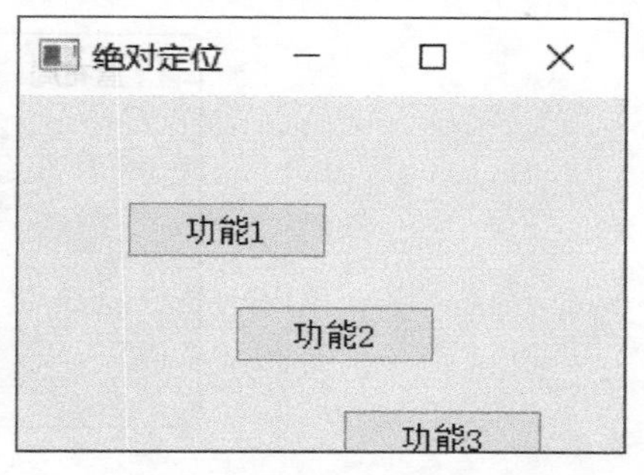

图 12-6　绝对定位示例

程序创建三个按钮，并用 move 方法进行绝对定位。从执行结果可以看出，由于定位与窗口大小不匹配，第三个按钮只显示了一半。此时通过鼠标拖拉的方式改变窗口的大小，按钮的位置并不随之改变，适应性比较差。

使用 layout 类（布局），程序代码稍微复杂一些，还需要一定的空间与层次的感觉，但得到的程序界面更灵活合理。layout 类有多种，下面分别介绍。

12.2.2　盒布局 BoxLayout

使用盒布局能让程序具有更强的适应性，盒布局类有两个：QHBoxLayout 和 QVBoxLayout，在 QHBoxLayout 中控件水平排列，在 QVBoxLayout 中控件垂直排列。

假设想要把两个按钮放在窗口的右下角，可以分别使用一个水平和一个垂直的盒布局。创建一个 Python 文件 buttons.py，代码如下：

```
import sys
from PyQt5.QtWidgets import (QWidget, QPushButton,
                             QHBoxLayout, QVBoxLayout, QApplication)

class Widget(QWidget):
    def __init__(self):
        super().__init__()
        self.initUI()

    def initUI(self):
        okButton = QPushButton("确认")            # ①
        cancelButton = QPushButton("取消")

        hbox = QHBoxLayout()                     # ②
        hbox.addStretch(4)
        hbox.addWidget(okButton)
        hbox.addWidget(cancelButton)
        hbox.addStretch(1)

        vbox = QVBoxLayout()                     # ③
        vbox.addStretch(1)
        vbox.addLayout(hbox)
```

```
        self.setLayout(vbox)                          # ④

        self.setGeometry(300, 300, 360, 150)
        self.setWindowTitle('盒布局')
        self.show()

if __name__ == '__main__':
    app =QApplication(sys.argv)
    w = Widget()
    sys.exit(app.exec_())
```

先看程序的执行结果，如图 12-7 所示。

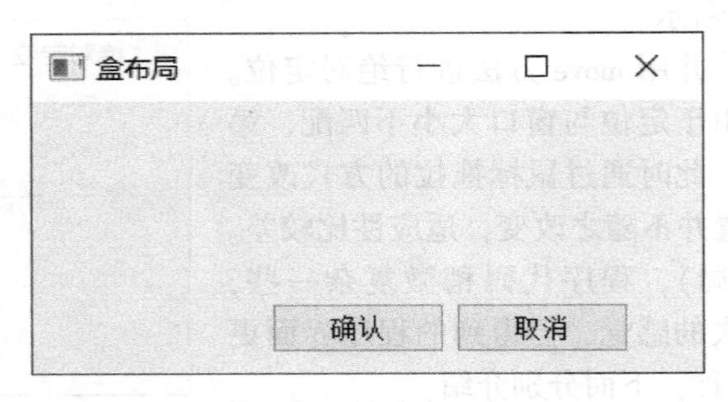

图 12-7　盒布局示例

通过鼠标拖拉的方式改变窗口大小，按钮始终在右下角。

下面对程序进行详细说明。

第①部分：创建两个按钮对象，这两个按钮将被布局到窗口的右下角。

第②部分：创建一个水平盒布局对象 hbox。调用 addWidget 方法将两个按钮加入盒布局当中。

在两个按钮的前后，各用 addStretch 方法加入一个弹簧（Qt 中也叫分裂器），弹簧顾名思义，就是一个可伸缩的空隙。addStretch 方法带有一个参数，表示与同布局对象内其他弹簧的空间比例。在本例中，两个弹簧的参数分别为 4 和 1，也就是说，在窗口的横向空间中，除了两个按钮的空间外，按照 4：1 的比例分配给两个弹簧空间，如图 12-8 所示。

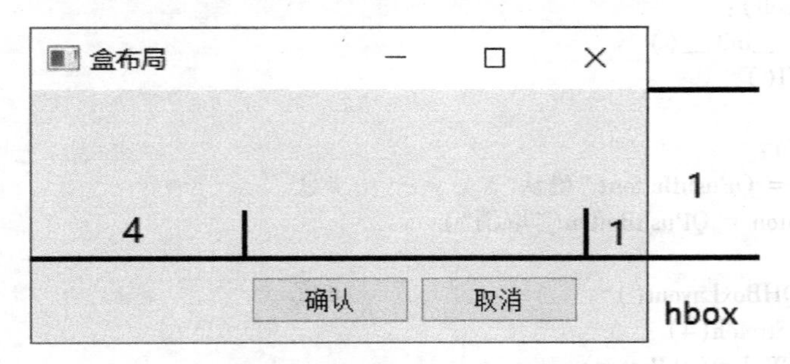

图 12-8　弹簧的按比例分配

第③部分：创建一个垂直盒布局对象 vbox。将一个弹簧和前面创建的水平盒布局对象 hbox 加入到 vbox 中。由于没有其他的弹簧参与分配空间，所以这个弹簧把 hbox 压到窗口的最底部。

第④部分：将 vbox 设为窗口的主布局对象。

12.2.3 网格布局 QGridLayout

网格布局将窗口空间划分为行和列，使界面控件可以有规律地排列。可以使用 QGridLayout 类创建网格布局对象。创建一个 Python 文件 calculator.py，代码如下：

```
import sys
from PyQt5.QtWidgets import QWidget, QGridLayout, QPushButton, QApplication

class Widget(QWidget):
    def __init__(self):
        super().__init__()
        self.initUI()

    def initUI(self):
        grid = QGridLayout()                                          # ①
        self.setLayout(grid)

        names = ['Cls', 'Bck', '', 'Close',                           # ②
                 '7', '8', '9', '/',
                 '4', '5', '6', '*',
                 '1', '2', '3', '-',
                 '0', '.', '=', '+']

        positions = [(i, j) for i in range(5) for j in range(4)]      # ③

        for position, name in zip(positions, names):                  # ④
            if name == '':
                continue
            button = QPushButton(name)
            grid.addWidget(button, *position)

        self.move(300, 160)
        self.setWindowTitle('计算器')
        self.show()

if __name__ == '__main__':
    app = QApplication(sys.argv)
    w = Widget()
    sys.exit(app.exec_())
```

执行结果如图 12-9 所示。

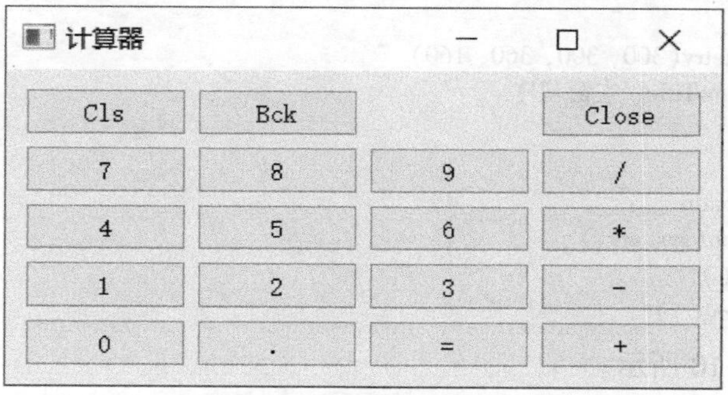

图 12-9 网格布局示例

窗口上的 19 个按钮，分为 5 行 4 列，均匀地分布在窗口上，这种界面特别适合使用网格布局。

第①部分：创建一个网格布局对象 grid，并将其设为窗口的主布局对象。

第②部分：创建一个拥有 20 个元素的字符串列表 names，这些字符串将作为按钮的标题文字。注意其中有一个空串，这个空串将来需要做特殊处理，在这个位置上不放按钮。

第③部分：创建一个拥有 20 个元素的元组列表 positions。在网格布局对象中，用二元组表示控件网格布局的行列值；坐标原点在左上角，行列从 0 开始计数。

第④部分：循环取每个坐标和按钮名称。根据名称创建按钮对象，如果名称为空串则什么都不做。将创建的按钮加入到网格布局对象中。

12.3 菜单栏、工具栏和状态栏

前面示例使用 QWidget 对象创建应用程序的窗口，QWidget 是 PyQt5 所有用户界面对象的基类，窗口和控件都直接或间接继承自 QWidget。

PyQt5 中有三个类用来创建窗口，分别是 QWidget、QMainWindow 和 QDialog，可以直接使用也可以继承后再使用。QMainWindow 可以包含菜单栏、工具栏、状态栏和标题栏等，通常作为 GUI 程序的主窗口。QDialog 是对话框窗口的基类。对话框主要用来执行短期任务，或与用户进行交互，可以是模态的（所谓模态对话框，就是指当这个对话框弹出时，鼠标不能单击这个对话框之外的区域，这种对话框往往是用户进行了某种操作后才出现的）也可以是非模态的。QDialog 没有菜单栏、工具栏和状态栏。

本节讨论如何在 QMainWindow 窗口中使用菜单栏、工具栏和状态栏，先从状态栏开始。

12.3.1 状态栏

创建一个 Python 文件 mainwindow.py，代码如下：

```
import sys
from PyQt5.QtWidgets import QMainWindow, QApplication

class MainWindow(QMainWindow):                          # ①
    def __init__(self):
        super().__init__()
        self.initUI()

    def initUI(self):
        self.statusBar().showMessage('就绪')            # ②

        self.setGeometry(300, 300, 360, 160)
        self.setWindowTitle('主窗口')
        self.show()

if __name__ == '__main__':
    app = QApplication(sys.argv)
    w = MainWindow()
    sys.exit(app.exec_())
```

执行结果如图 12-10 所示。

第①行：以 QMainWindow 为基类，定义一个 MainWindow 类。

图 12-10　状态栏示例

第②行：调用 QMainWindow 类的 statusBar 方法，第一次调用为主窗口创建并返回一个状态栏对象，后续调用仅仅是返回已创建的状态栏对象。状态栏对象的 showMessage 方法，作用是在状态栏上显示一条消息。

12.3.2　菜单栏

菜单栏是图形界面最常见的部分，是用户执行功能的重要手段之一。从本小节开始介绍图形界面的多种菜单形式，从菜单栏及一般菜单项的创建开始。修改文件 mainwindow.py，相关代码如下：

```
import sys
from PyQt5.QtWidgets import QMainWindow, QApplication, QAction          # ①
from PyQt5.QtGui import QIcon                                            # ②

class MainWindow(QMainWindow):
    def initUI(self):
        # ③行为相关的代码
        # 创建一个行为对象
        exitAction = QAction(QIcon('exit.png'), '退出(&Q)', self)
        # 设置行为的快捷键
        exitAction.setShortcut('Ctrl+Q')
        # 设置行为的状态栏提示文本
        exitAction.setStatusTip('退出应用程序。')
        # 将该行为作关联到窗口的关闭事件
        exitAction.triggered.connect(self.close)

        # ④菜单栏相关的代码
        # 创建一个菜单栏
        menubar = self.menuBar()
        # 在菜单栏中添加一个菜单
        fileMenu = menubar.addMenu('文件(&F)')
        #将行为添加到菜单
        fileMenu.addAction(exitAction)
......
```

执行结果如图 12-11 所示。

可以看到，界面上增加了一个菜单栏，菜单栏上有一个“文件”菜单。单击“文件”菜单将其打开，其中包含一个菜单项“退出”。当鼠标停留在“退出”之上时，状态栏上会显示该菜单项的提示文本。单击该菜单项，程序窗口关闭。

菜单栏对象由 QMainWindow 的 menuBar 方法创建并获得。菜单栏上可以有多个菜单

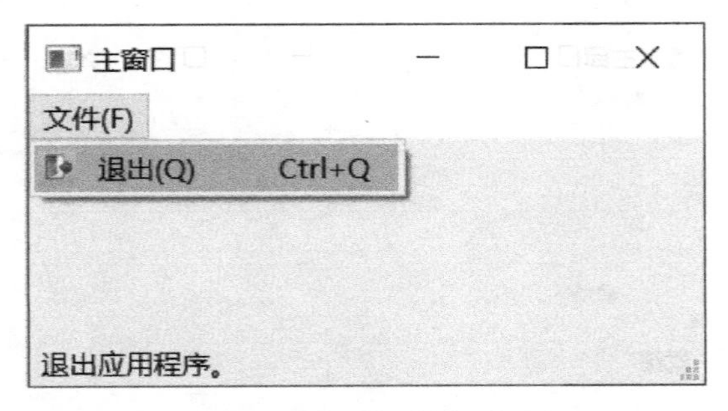

图 12-11　菜单栏示例

(QMenu 对象)。每个菜单中可以包含多个菜单项，称为行为（QAction 对象）。要使用菜单，首先要创建各菜单项行为，然后将它们按次序加入到相应的菜单当中。

第①行：为了使用菜单项，在 PyQt5. QtWidgets 模块中增加对 QAction 的导入。

第②行：为了在菜单项中使用图标，导入 QIcon。

第③部分：与行为相关的代码。

创建一个行为对象 exitAction。创建时指定其图标为 exit. png，菜单文字为“退出（&Q）”。其中 & 为快捷键转换符，例如 &Q 显示到菜单上时通常是一个加了下划线的 Q，执行效果是：当“文件”菜单打开时，按 Q 键，直接执行行为 exitAction 所对应的功能。

setShortcut 方法为行为设置快捷键，本例是将'Ctrl+Q'设置为快捷键。执行效果是：在程序执行期间（即使在菜单没有打开的情况下），按下'Ctrl+Q'键，直接执行行为 exitAction 所对应的功能。

setStatusTip()可以为行为设置一段提示文本，当鼠标停留在对应的菜单项上时，这段提示文本会显示在状态栏中。

exitAction. triggered. connect(self. close)一句，将行为与事件关联。在本例中，当该菜单项被触发时，执行窗口的关闭事件。

第④部分：与菜单栏相关的代码。

创建菜单栏，并返回给变量 menubar。在菜单栏上增加一个菜单 fileMenu，其菜单文字为“文件（&F）”，其中 & 为快捷键转换符。将前面创建的行为添加到菜单 fileMenu 中。

12.3.3　子菜单

菜单中除了可以添加行为对象外，还可以加入其他 QMenu 对象，作为本级菜单的子菜单。子菜单中还可以添加行为和子菜单，最终形成一种树型的菜单结构。向菜单中加入子菜单可以使用 addMenu 方法。继续修改文件 mainwindow. py，相关代码如下：

```
from PyQt5. QtWidgets import QMainWindow, QApplication, QAction, QMenu    # ①
class MainWindow(QMainWindow):
    def initUI(self):
        ……
        fileMenu = menubar. addMenu('文件(&F)')

        # ②创建两个行为和一个菜单,并将两个行为添加到菜单中
        impTextAct = QAction('文本文件', self)
        impPictAct = QAction('图形文件', self)
```

```
        impMenu = QMenu('导入', self)
        impMenu.addAction(impTextAct)
        impMenu.addAction(impPictAct)

        fileMenu.addMenu(impMenu)                     # ③将子菜单添加到父菜单
        fileMenu.addSeparator()                       # ④在菜单中加入一条分隔线
        fileMenu.addAction(exitAction)
```

执行结果如图 12-12 所示。

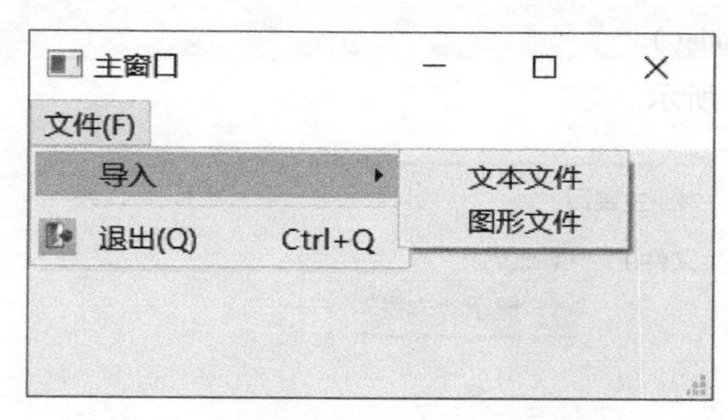

图 12-12　子菜单示例

打开“文件”菜单，可以看到增加了一个子菜单“导入”（菜单项右端有小三角的为子菜单）。当鼠标停留在子菜单上时，该子菜单展开。在“导入”与“退出”之间，还增加了一道分隔线。

第①行：为了使用菜单，在 PyQt5.QtWidgets 模块中增加对 QMenu 的导入。

第②部分：代码增加到 fileMenu.addAction(exitAction)一句之前。

创建两个行为，简单起见，只指定行为的文字。创建一个子菜单 impMenu，同样调用 addAction 方法将两个行为添加到子菜单中。

第③行：将子菜单添加到父菜单 fileMenu 当中。

第④行：菜单中除子菜单和行为外，还可以有其他的元素，比如分隔线。

12.3.4　勾选菜单

用鼠标选择某个菜单项（对应某个行为）时，不仅可以指定执行某个功能（对应一个函数/方法），还可以同时改变菜单项的外观，如增加了勾选功能的菜单项，可以同时改变其勾选状态。继续修改文件 mainwindow.py，相关代码如下：

```
class MainWindow(QMainWindow):
    def initUI(self):
        ……
        # ①创建一个带勾选功能的行为
        viewStatAct = QAction('显示状态栏', self, checkable=True)
        viewStatAct.setStatusTip('状态栏显示开关。')
        viewStatAct.setChecked(True)
        viewStatAct.triggered.connect(self.toggleMenu)

        # ②创建一个新的菜单,并添加到菜单栏当中
        viewMenu = menubar.addMenu('视图(&V)')
        viewMenu.addAction(viewStatAct)
```

```
        self.statusBar().showMessage('就绪')
        ......

    def toggleMenu(self, state):
        """③行为"显示状态栏"的处理函数"""
        statusbar = self.statusBar()
        if state:
            statusbar.show()
        else:
            statusbar.hide()
```

执行结果如图 12-13 所示。

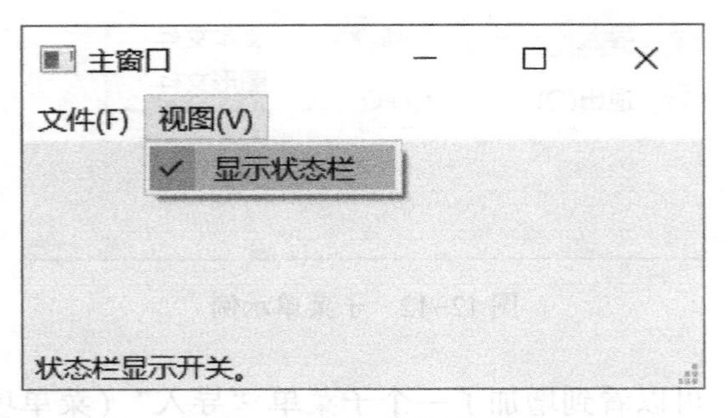

图 12-13　勾选菜单示例

菜单栏上增加了一个“视图”菜单，“视图”菜单中有一个菜单项“显示状态栏”，“显示状态栏”的左侧有一个表示选中的对勾。单击该菜单项，窗口下部的状态栏消失，菜单项左侧的对勾也消失；再次单击，状态栏和对勾都恢复。

initUI 方法中增加的代码在 self.statusBar().showMessage('就绪')一句之前。

第①部分：创建一个带勾选功能的行为。与创建一般行为相比，创建该行为时增加了 checkable=True 选项，允许菜单项被勾选，还增加了对 QAction 的 setChecked 方法的调用，将勾选状态设为 True。

第②部分：创建一个新的菜单，并添加到菜单栏中。由于是后添加的，位置在“文件”菜单之后。

第③部分：定义一个方法，用于响应“显示状态栏”的触发事件。

由于是可勾选菜单项，系统会传入一个参数 state，代表菜单项的勾选状态。如果勾选，就显示状态栏，否则就隐藏状态栏。

至此，系统主菜单的功能已经基本掌握。

12.3.5　右键菜单

除系统主菜单外，有的应用程序支持用户在界面上单击鼠标右键，根据鼠标单击的位置，弹出上下文相关的菜单，供用户执行有针对性的功能。

继续修改文件 mainwindow.py，在 MainWindow 类中，重写父类 QMainWindow 的 contextMenuEvent 方法，相关代码如下：

```
    def contextMenuEvent(self, event):
        cmenu = QMenu(self)

        func1Act = cmenu.addAction("功能 1")
        func2Act = cmenu.addAction("功能 2")
        quitAct = cmenu.addAction("退出")
        action = cmenu.exec_(self.mapToGlobal(event.pos()))

        if action == quitAct:
            self.close()
```

contextMenuEvent 方法用于响应主窗口的右键菜单事件。执行结果如图 12-14 所示。

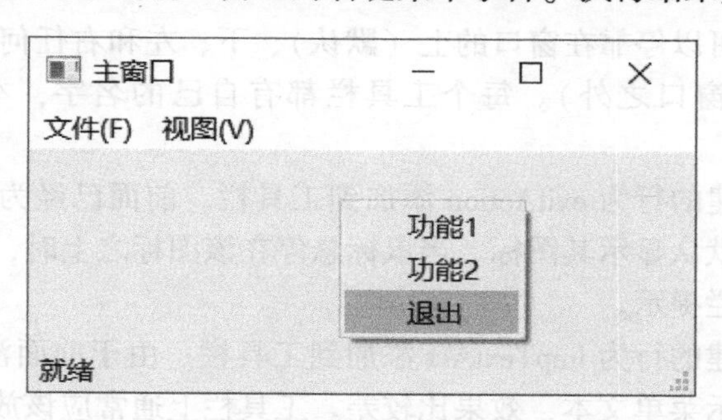

图 12-14 右键菜单示例

在主窗口上单击鼠标右键，弹出的菜单中包含三个菜单项，单击“退出”关闭窗口。

右键菜单通常用于执行上下文相关的功能，在右键菜单事件中，往往需要根据位置的不同，显示不同的菜单。本例做了简化，显示统一的菜单。

本例先创建一个菜单对象 cmenu，继续为该菜单创建三个行为（菜单项）。执行菜单对象的 exec_方法激活菜单。

系统向右键菜单事件传入一个参数 event，该参数的类型为 QContextMenuEvent。通过 event 的 pos 方法可以得到鼠标在窗口坐标系中的位置，使用主窗口的 mapToGlobal 方法将窗口坐标转化为屏幕坐标，菜单对象的 exec_方法在这个屏幕坐标上激活菜单。

根据用户的选择，exec_方法返回对 QAction 的一个引用。程序进行判断，如果返回的是 quitAct 行为，则执行窗口的关闭事件。

至此，读者已经掌握了所有与菜单有关的编程技巧。

12.3.6 工具栏

在主窗口上，除菜单栏和状态栏外，还有一个重要的区域——工具栏。如果说菜单栏包含了所有的功能命令，工具栏则包含了最常用的命令，工具栏提供了一个对常用命令的快速访问方式。继续修改文件 mainwindow.py，在 MainWindow 类的 initUI 方法中，增加如下代码：

```
self.toolbar = self.addToolBar('Exit')          # ①
self.toolbar.addAction(exitAction)             # ②
self.toolbar.addAction(impTextAct)             # ③
```

执行结果如图 12-15 所示。

界面上增加了一个工具栏，上面有两项。

第①行：创建一个工具栏，并将其引用保存到属性 self.toolbar 中。一个主窗口可以有多个

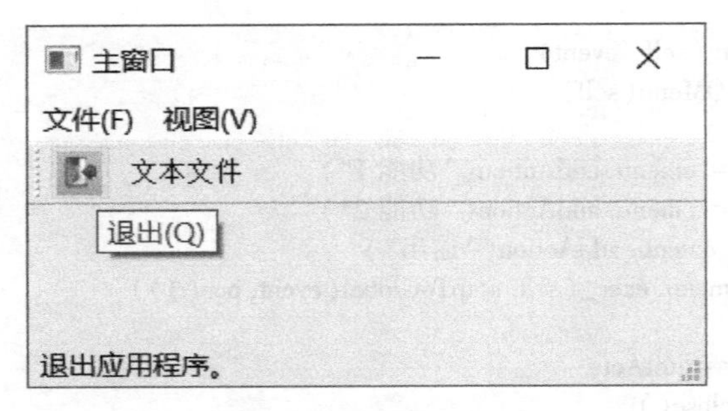

图 12-15　工具栏示例

工具栏，每个工具栏都可以停靠在窗口的上（默认）、下、左和右任何一侧，也可以悬浮在屏幕的任意位置（可以在窗口之外）。每个工具栏都有自己的名字，本例创建的工具栏名为“Exit”。

第②行：将前面创建的行为 exitAction 添加到工具栏。前面已经为此行为指定了图标，所以在工具栏上显示时，默认显示其图标。当鼠标悬停在该图标之上时，会显示其菜单文本，状态栏上也会显示其状态栏提示。

第③行：将前面创建的行为 impTextAct 添加到工具栏。由于前面没有为此行为指定图标，所以在工具栏上只能显示菜单文本，效果比较差。工具栏上通常应该放有图标的行为。

至此，我们得到了一个要素齐全的主界面窗口，读者现在应该已经能够顺利完成与主界面相关的编程工作。

12.4　事件处理

GUI 程序都是事件驱动的。事件大部分由用户的行为产生，但也有可能通过其他途径产生，比如网络连接、线程或定时器等。在本章前面的程序中，当调用程序对象的 exec_方法时，会进入主循环，在主循环中监听和分发事件。

12.4.1　信号与槽介绍

不同的编程工具处理事件的方法不同，PyQt5 使用独特的信号（Signal）与槽（Slot）机制来处理事件。信号与槽是 Qt 的核心机制，也是在 PyQt5 编程中对象之间进行通信的主要机制[8]。要使用 PyQt5 编程，必须熟练掌握它的信号与槽机制，其处理流程如图 12-16 所示。

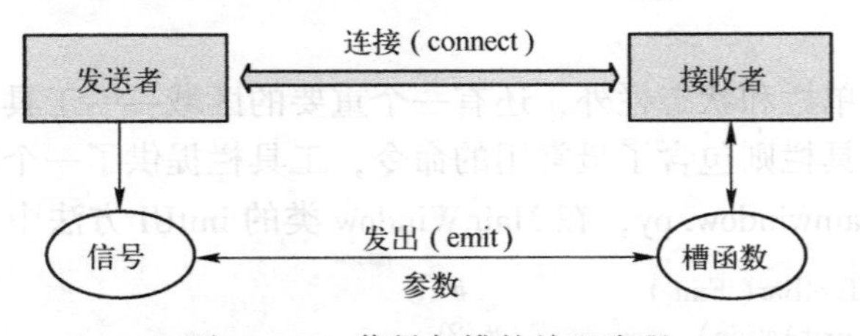

图 12-16　信号与槽的处理流程

当事件发生或者状态改变时，发送者会发出信号，交给接收者的槽函数进行处理。

每个发送者可能发出多种信号，每个接收者也可能有多个槽函数，如何确定某个信号交给哪个槽函数处理呢？PyQt5 用的方法是“连接（connect)”。预先在信号与槽函数之间建立连接，当事件发生时，将信号发送给所有已连接的槽函数进行处理。原生 Qt 的 connect 函数格式非常清晰：

```
connect(对象 1,SIGNAL(signal),对象 2,SLOT(slot));
```

PyQt5 采用面向对象的编程方式，connect 是信号对象的一个方法，可使用如下方式进行连接：

```
对象 1. 信号 . connect(对象 2. 槽函数)
```

PyQt5 的窗口控件类中有很多内置信号，开发者也可以添加自定义信号。信号与槽具有如下特点[8]：

- 一个信号可以连接多个槽。
- 一个信号可以连接另一个信号。
- 信号参数可以是任何 Python 类型。
- 一个槽可以监听多个信号。
- 信号与槽的连接可以跨线程。

12.4.2 信号与槽的简单示例

下面通过一个信号与槽的简单示例，帮助读者建立对信号与槽机制的认识。创建一个 Python 文件 sigslottest. py，代码如下：

```
import sys
from PyQt5. QtWidgets import QMainWindow, QPushButton, QApplication, QMessageBox

class MainWindow(QMainWindow):
    def __init__(self):
        super(). __init__()
        self. initUI()

    definitUI(self):
        btn1 = QPushButton("按钮 1", self)
        btn1. move(30, 50)
        btn1. clicked. connect(self. showMsg)          # ①

        self. setGeometry(300, 300, 290, 150)
        self. setWindowTitle('信号与槽')
        self. show()

    def showMsg(self):                                 # ②
        QMessageBox. information(self, '提示信息', '按钮被按下。')

if __name__ == '__main__':
    app =QApplication(sys. argv)
    ex =MainWindow()
    sys. exit(app. exec_())
```

执行结果如图 12-17 所示。

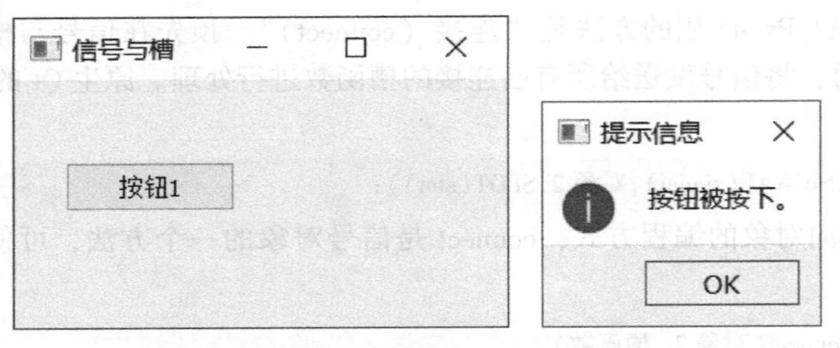

图 12-17　信号与槽的简单示例

程序窗口上有一个按钮，单击该按钮，弹出一个提示信息对话框。

本例的代码在前面示例中都用到过，在此仅对其中关键细节进行说明。

第①行：建立信号与槽的连接。本例中，信号的发送者是 btn1，信号是 clicked（这是按钮控件的一种内置信号），接收者是 self，槽函数是 showMsg。读者可将此行代码与前小节的说明相结合，搞清事件处理各参与者之间的关系。

第②部分：槽函数，这里只是简单地显示一个提示信息对话框。

12.4.3　事件发送者

一个信号可以有多个相连接的槽函数，当事件发生时，信号会被发送给所有已连接的槽函数进行处理。本书不再给出此内容的示例，请读者自行编程验证。一个槽也可以监听多个信号，此时如果想知道信号是由哪个控件发出的，可使用 PyQt5 提供的 sender 方法。

创建一个 Python 文件 sigslottest2. py，代码可以在 sigslottest. py 的基础上增加，相关代码如下：

```
class MainWindow(QMainWindow):
    def initUI(self):
        ……
        btn2 = QPushButton("按钮 2", self)
        btn2.move(150, 50)
        btn2.clicked.connect(self.showMsg)          # ①

    def showMsg(self):                              # ②
        sender = self.sender()
        QMessageBox.information(self, '提示信息', f'{sender.text()}按钮被按下。')
```

执行结果如图 12-18 所示。

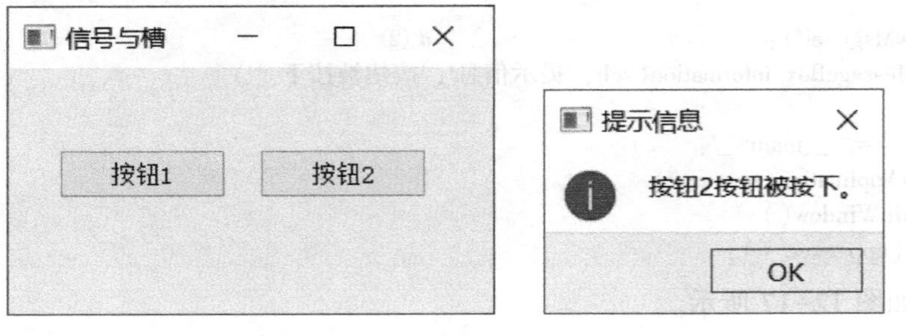

图 12-18　事件发送者示例

程序窗口上有两个按钮，单击不同的按钮，所弹出的对话框显示的信息不同，指明了是哪个按钮被按下。

第①行：创建的第二个按钮，其 clicked 信号与第一个按钮连接到相同的槽函数。

第②部分：使用 self. sender 方法获得发送者对象，将其引用保存到 sender，下面在显示信息时，通过 sender. text 方法取得控件的文本。

12. 4. 4　内置信号与内置槽

信号和槽都既可以使用内置的，又可以使用自定义的。前一小节示例使用内置信号（按钮的 clicked 信号）+自定义槽（自定义方法 showMsg）。本小节演示内置信号+内置槽。事实上，这种机制前文已经使用过，见“关闭窗口”小节的示例，相关代码如下：

```
qbtn.clicked.connect(self.close)
```

有兴趣的读者可以查看 QWidget 的联机文档，QWidget 类有一个公共槽函数 close()，该槽函数的说明是“Closes this widget. Returns true if the widget was closed; otherwise returns false.”上述语句的作用是将按钮对象的 click 事件连接到窗口的 close()槽函数。

在事件的接收者端，槽函数可能还会继续触发相应事件。如上述 close()槽函数，会触发 QWidget（接收者）的 closeEvent 事件。QWidget 类已经为 closeEvent 事件定义了默认的动作。我们不能重写 close()槽函数，但可以重写它所触发的事件处理方法（也称事件处理器、事件句柄），就如在“关闭窗口”示例中重写了 closeEvent 方法。

至此，读者应该对“关闭窗口”示例有了更透彻的理解。事实上，重写事件处理器是 PyQt5 最常用的编程技巧之一，即使不与信号/槽机制结合。例如在“关闭窗口”示例中，即使不使用按钮关闭窗口，也可以用此方法重写事件处理器，效果是单击窗口右上的×按钮时也会弹出提示对话框。

下面是另一个重写事件处理器的例子。创建一个 Python 文件 escape. py，代码如下：

```
import sys
from PyQt5.QtCore import Qt
from PyQt5.QtWidgets import QWidget, QApplication

class Widget(QWidget):
    def __init__(self):
        super().__init__()
        self.initUI()

    def initUI(self):
        self.setGeometry(300, 300, 360, 130)
        self.setWindowTitle('按 Esc 键关闭窗口')
        self.show()

    def keyPressEvent(self, e):
        if e.key() == Qt.Key_Escape:
            self.close()

if __name__ == '__main__':
    app = QApplication(sys.argv)
    w = Widget()
    sys.exit(app.exec_())
```

本例代码非常简单，没有在窗口上增加任何控件。只是重写了键盘事件处理器，对按键进行检测，如果用户按下的是〈Esc〉键，则调用窗口的 close 方法，关闭窗口。注意，前面在连接信号与槽时是用的函数名，所以 close 不带括号；此处是调用，需要带括号。

熟悉 PyQt5 控件的内置槽函数是 PyQt5 编程的重要能力，熟练掌握内置槽函数，有时可以使程序非常简练，请看下面示例。创建一个 Python 文件 lcddisp. py，代码如下：

```
import sys
from PyQt5. QtCore import Qt
from PyQt5. QtWidgets import (QWidget, QLCDNumber, QSlider,
                              QVBoxLayout, QApplication)

class Widget(QWidget):
    def __init__(self):
        super(). __init__()
        self. initUI()

    def initUI(self):
        lcd = QLCDNumber(self)                          # ①
        sld = QSlider(Qt. Horizontal, self)             # ②

        vbox = QVBoxLayout()
        vbox. addWidget(lcd)
        vbox. addWidget(sld)

        self. setLayout(vbox)
        sld. valueChanged. connect(lcd. display)        # ③

        self. setGeometry(300, 300, 300, 150)
        self. setWindowTitle('LCD 显示')
        self. show()


if __name__ == '__main__':
    app =QApplication(sys. argv)
    w = Widget()
    sys. exit(app. exec_())
```

执行结果如图 12-19 所示。

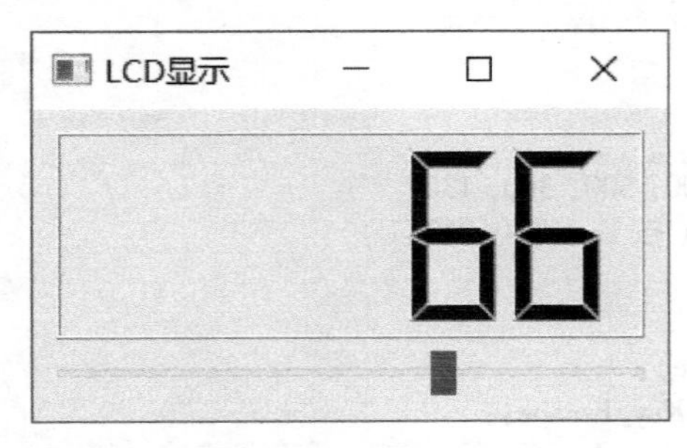

图 12-19　内置信号与内置槽示例

窗口上部是一个仿真 LCD 显示控件，下部是一个滑动条。用鼠标拖动滑动条上的滑块，随着滑块位置的改变，上部 LCD 控件上显示的值也会随之改变。

代码的其他部分读者应该已经非常熟悉，本节只对新增内容进行讨论。

第①行：创建一个 QLCDNumber 控件，QLCDNumber 控件用于显示一个带有仿真液晶显示屏效果的数字。

第②行：创建一个 QSlider 控件。QSlider 控件提供了一个水平或垂直滑动条。它允许用户沿水平（本例指定为水平）或垂直方向移动滑块，并将滑块所在的位置转换成一个合法范围内的值。方法 setMinimum 和 setMaximum 用于定义滑动条的范围，默认为 0~99，本例不用修改。

第③行：将滑动条的 valueChanged 信号与 LCD 控件的 display 槽函数连接。valueChanged 信号在发送时会带有一个整数参数，而 display 槽函数恰好需要接收一个整数参数，将它们相连接，代码非常简洁。

12.4.5 自定义信号

本节前面都使用内置信号。在实际应用中，很多情况下信号不是从窗口控件发出，如收到网络响应，又如线程处理中需要向其他线程发出信号，此时则需要使用自定义信号。只有从 QObject 类继承的类，才具有信号能力。

创建一个 Python 文件 customsignal.py，代码如下：

```
import sys
from PyQt5.QtCore import pyqtSignal, QObject             #①
from PyQt5.QtWidgets import QMainWindow, QApplication

class MySignal(QObject):                                 #②
    sigClose = pyqtSignal()

class MainWindow(QMainWindow):
    def __init__(self):
        super().__init__()
        self.initUI()

    def initUI(self):
        self.sig = MySignal()                            #③
        self.sig.sigClose.connect(self.close)            #④

        self.setGeometry(300, 300, 320, 150)
        self.setWindowTitle('单击鼠标关闭')
        self.show()

    def mousePressEvent(self, event):                    #⑤
        self.sig.sigClose.emit()                         #⑥
        # self.close()                                   #⑦

if __name__ == '__main__':
    app = QApplication(sys.argv)
    w = MainWindow ()
    sys.exit(app.exec_())
```

本例演示了自定义信号的定义与发出。执行程序，显示一个没有任何控件的窗口。在窗口客户区的任何地方单击鼠标，窗口关闭。

第①行：使用自定义信号，需要从 QtCore 模块导入 pyqtSignal 和 QObject。

第②行：定义一个自定义信号类 MySignal，从 QObject 继承。该类中只有一个 pyqtSignal

类型的属性 sigClose。

第③行：为主窗口类定义一个 MySignal 类型属性 sig。

第④行：将 sig 的 sigClose 信号与窗口的 close( )槽函数连接。

第⑤行：重写窗口的 mousePressEvent 事件处理器，该处理器在鼠标按下时被触发。

第⑥行：将 sig 的 sigClose 信号发出，会调用与之连接的 close( )槽函数关闭窗口。

第⑦行：如果只完成本例的功能，只需要使用被注释掉的一句即可，不需要绕一大圈发出自定义信号。本例只是演示自定义信号的使用方法。

如前所述，从 QObject 类继承的类具有信号能力。QWidget 和 QMainWindow 都是从 QObject 类直接或间接继承，所以它们都具有信号能力。利用这一特性，本例还有另一种形式的实现方法。创建一个 Python 文件 customsignal2. py，代码如下：

```
import sys
from PyQt5. QtCore import pyqtSignal
from PyQt5. QtWidgets import QMainWindow, QApplication

class MainWindow(QMainWindow):
    sigClose = pyqtSignal()                          # ①

    def __init__(self):
        super(). __init__()
        self. initUI()

    def initUI(self):
        self. sigClose. connect(self. close)           # ②

        self. setGeometry(300, 300, 320, 150)
        self. setWindowTitle('单击鼠标关闭')
        self. show()

    def mousePressEvent(self, event):
        self. sigClose. emit()                         # ③

if __name__ == '__main__':
    app =QApplication(sys. argv)
    w =MainWindow ()
    sys. exit(app. exec_())
```

程序的执行效果与前例完全相同。

第①行：直接在 MainWindow 类中定义信号属性，不需要为信号属性专门定义一个类。

第②行：将 sigClose 信号与窗口的 close( )槽函数连接。

第③行：将 sigClose 信号发出。

细心的读者可能已经发现问题。按照本书第 7 章内容（见“信号属性类属性和类方法”一节），第①行定义的信号属性 sigClose 是类属性，第②行和第③行使用的 sigClose 是实例属性，两者应该不一样。事实上，这是 PyQt5 的一个特殊规定。因为 PyQt5 要求信号必须在类创建时就创建，所以允许如本例这般使用。本例也是 PyQt5 程序员非常常用的编程方法，所以在此特别说明。

12.4.6 事件对象

如前所述，当事件的发送者向接收者发送信号时，可以带有参数。参数可以是任何 Python 数据类型，但对于内置的信号与槽函数来说，参数通常是事件对象。事件对象是一个 Python 对象，包含了可以描述事件本身的多个属性。编程时需要根据事件类型的不同，使用不同类型的事件对象。创建一个 Python 文件 eventobject. py，代码如下：

```
import sys
from PyQt5. QtWidgets import QWidget, QApplication, QLabel

class Widget(QWidget):
    def __init__(self):
        super(). __init__()
        self. initUI()

    def initUI(self):
        self. label =QLabel("x: 0,   y: 0             ", self)     # ①
        self. label. move(10, 10)

        self. setMouseTracking(True)                               # ②

        self. setGeometry(300, 300, 350, 200)
        self. setWindowTitle('事件对象')
        self. show()

    def mouseMoveEvent(self, e):                                   # ③
        x = e. x()# ④
        y = e. y()

        text = f"x: {x},   y: {y}"
        self. label. setText(text)                                 # ⑤

if __name__ == '__main__':
    app =QApplication(sys. argv)
    w = Widget()
    sys. exit(app. exec_())
```

执行结果如图 12-20 所示。

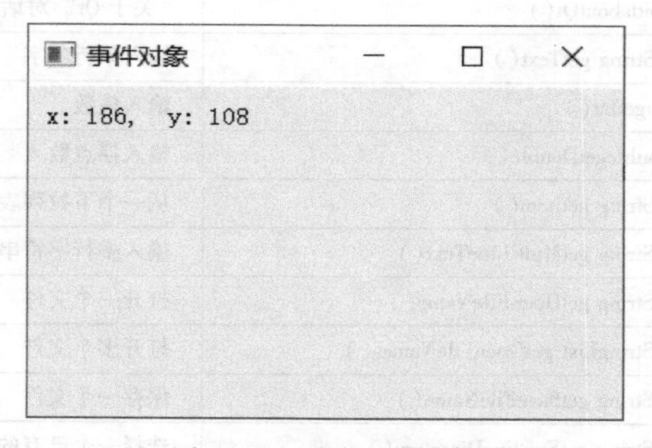

图 12-20 事件对象示例

当鼠标在客户区内移动时，鼠标的坐标显示在客户区的左上角。

第①行：本例使用一种新的控件 QLabel，用于显示文本。注意，在创建 QLabel 控件时，参数文本的后部留了一部分空格。因为 PyQt 会根据创建时的文本自动设定控件的大小，空格预留的空间可以容纳多位数字。

第②行：当鼠标移动时，可能会触发鼠标移动事件。该事件如果开启会被频繁触发，所以默认是不开启的，本例需要开启该事件。

第③行：鼠标移动事件处理器 mouseMoveEvent()。除 self 参数外，还带有一个参数 e，该参数的类型是 QMouseEvent。如前所述，不同事件可能对应不同类型的事件对象，比如鼠标移动事件对应 QMouseEvent 对象。

第④行：通过 QMouseEvent 对象的 x 和 y 方法，取得鼠标坐标。

第⑤行：将根据坐标合成的文本显示在 QLabel 控件上。

12.5 标准对话框

对话框是现代 GUI 应用不可或缺的功能。对话是两个人之间的交流，对话框则是人与计算机之间的交流。对话框可以用来显示信息、输入数据、修改数据、修改应用设置等。

PyQt5 为应用程序提供了一些常用的标准对话框，如消息对话框、输入对话框、文件对话框、颜色对话框和字体对话框等。这些对话框在编程中经常用到，有了这些标准对话框，用户无需再自己设计，可以减少编程工作量。PyQt5 预定义了各种标准对话框类，通过调用各自不同的静态方法来完成功能[10]，常用标准对话框的详细说明见表 12-1。由于输入参数一般较多，表中省略了方法的输入参数，只列出方法的返回值类型。

表 12-1 PyQt5 预定义标准对话框

对 话 框	常用静态方法名称	函 数 功 能
QMessageBox 消息对话框	StandardButton information()	信息提示对话框
	StandardButton question()	询问并获取是否确认的对话框
	StandardButton warning()	警告信息提示对话框
	StandardButton critical()	错误信息提示对话框
	void about()	显示用户自定义信息的“关于”对话框
	voidaboutQt()	“关于 Qt”对话框
QInputDialog 输入对话框	QString getText()	输入单行文字
	intgetInt()	输入整数
	doublegetDouble()	输入浮点数
	QString getItem()	从一个下拉列表框中选择输入
	QString getMultiLineText()	输入多行字符串
QFileDialog 文件对话框	QString getOpenFileName()	打开一个文件
	QStringList getOpenFileNames()	打开多个文件
	QString getSaveFileName()	保存一个文件
	QString getExistingDirectory()	选择一个已有的目录
	QUrl getOpenFileUrl()	打开一个文件，可选择远程网络文件

（续）

对 话 框	常用静态方法名称	函 数 功 能
QColorDialog 颜色对话框	QColor getColor( )	选择颜色
QFontDialog 字体对话框	QFont getFont( )	选择字体

其中，QMessageBox 对话框比较简单，前面的示例中已经使用过（信息提示 QMessageBox. information 和确认选择对话框 QMessageBox. question），本节介绍其他几种标准对话框的使用。

12.5.1 输入对话框

输入对话框 QInputDialog 提供一个简单方便的对话框，允许用户输入字符串、数字或下拉列表框的条目。创建一个 Python 文件 inputdialog. py，代码如下：

```
import sys
from PyQt5. QtWidgets import (QWidget, QPushButton, QLineEdit,
                             QInputDialog, QApplication)

class Widget(QWidget):
    def __init__(self):
        super(). __init__()
        self. initUI()

    def initUI(self):
        self. btn = QPushButton('输入', self)
        self. btn. move(20, 20)
        self. btn. clicked. connect(self. showDialog)

        self. le =QLineEdit(self)                    # ①
        self. le. setEnabled(False)
        self. le. move(20, 60)

        self. setGeometry(300, 300, 300, 110)
        self. setWindowTitle('输入对话框')
        self. show()

    def showDialog(self):                           # ②
        text, ok =QInputDialog. getText(self, '请输入', '您的名字:')
        if ok:
            self. le. setText(str(text))

if __name__ == '__main__':
    app =QApplication(sys. argv)
    w = Widget()
    sys. exit(app. exec_())
```

执行结果如图 12-21 所示。

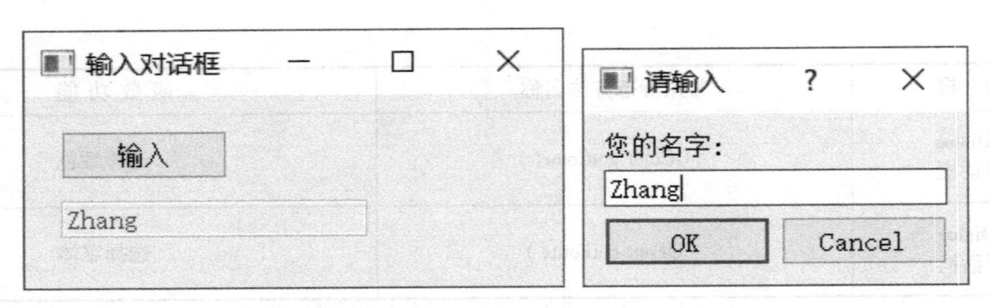

图 12-21　输入对话框示例

窗口上包含一个按钮和一个输入框，但输入框被设为“不可用”，不允许直接输入。单击“输入”按钮，打开输入对话框，按照提示输入名字，单击“OK”按钮返回主界面，所输入的名字显示在输入框中。

第①部分：创建一个 QLineEdit 行编辑对象。QLineEdit 对象用于单行输入，但此处调用 setEnabled(False)方法，将其设为不可用，控件背景变成灰色，表示不接受输入。

第②部分：按钮的槽函数。调用 QInputDialog 的静态方法 getText()，打开输入对话框。除 self 外，getText 方法的第一个文本参数为对话框标题，第二个文本参数为提示信息。拆封后（拆封的概念见 5.2 节）getText 方法返回两个值，如果用户是单击“OK”按钮或者按〈Enter〉键退出的，第二个返回值为 True，此时第一个返回值有意义，为用户输入的字符串；如果单击“Cancel”按钮，或者按〈Esc〉键退出，第二个返回值为 False。程序中判断 ok 的值，如果为 True，则将 text 的值设置到输入框中。

12.5.2　文件对话框

文件对话框有多种形式，如打开文件、保存文件或者选择一个目录等。在不同的操作系统中，文件对话框的样式也有差别，但大同小异。以打开文件对话框为例，样式一般如图 12-22 所示。

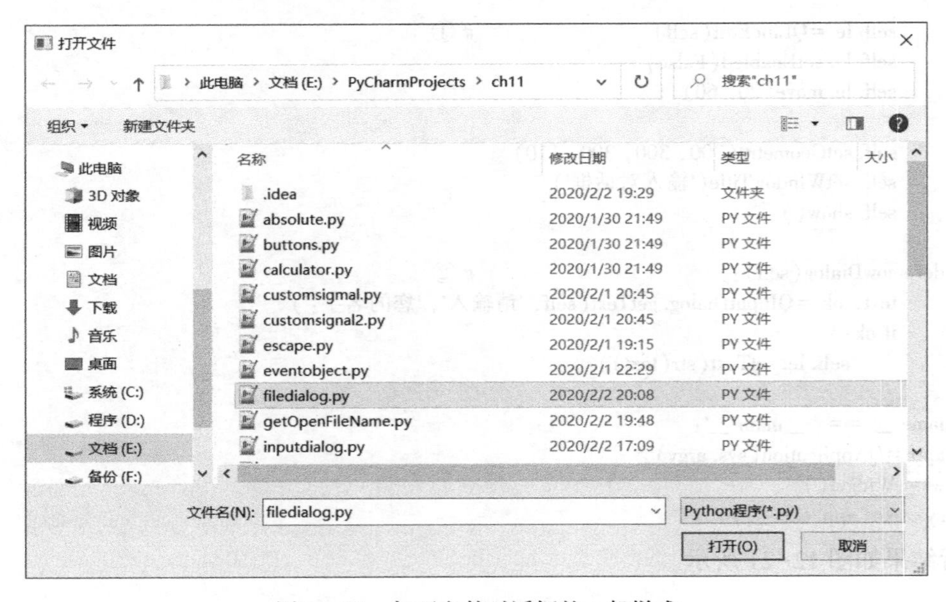

图 12-22　打开文件对话框的一般样式

“文件名”部分是一个输入框，用户可以直接在此输入要打开的文件名。界面的其他部分辅助用户找到并选择文件名，如文件名输入框的右侧有一个下拉式的文件种类列表，可以限制上面文件列表中列出的文件种类。

QFileDialog 类的几个静态方法见表 12-1，用户通过这些方法可以很方便地定制自己的文件对话框。其中，getOpenFileName 方法用于获得要打开的文件名，在《PyQt5 Reference Guide》中，该方法的说明如下[11]：

```
@staticmethod
getOpenFileName(
    parent:QWidget = None,                # 父窗口
    caption: str = '',                    # 对话框的标题
    directory: str = '',                  # 默认的目录
    filter: str = '',                     # 文件扩展名过滤器
    initialFilter: str = '',
    options: Union[Options, Option] = 0
) -> Tuple[str, str]                      # 返回文件名和扩展名
```

常用参数说明如下：

- parent 是父窗口，如果不是在窗口中打开对话框（如在线程中），该参数可以为 None。
- caption 是对话框的标题。
- directory 是默认目录。如果此参数带有文件名，则该文件将是默认选中的文件。
- filter 是文件扩展名过滤器。比如使用“Image files(*.jpg *.gif)”表示只能显示扩展名为 .jpg 或者 .gif 的文件。如果要设置多个文件扩展名过滤，则用双分号分开。

QFileDialog 类中的其他方法也有相似的参数。

该方法有两个字符串型的返回值：

- 文件名。如果用户在选择文件时单击过“Cancel”按钮，则返回一个空串。
- 文件类型。在图 12-22 的文件种类列表中所做的选择。

通常只用第一个返回值。

创建一个 Python 文件 filedialog.py，代码如下：

```
import sys
from PyQt5.QtWidgets import (QWidget, QPushButton, QLineEdit,
QFileDialog, QApplication)

class Widget(QWidget):
    def __init__(self):
        super().__init__()
        self.initUI()

    def initUI(self):
        self.btn = QPushButton('打开文件', self)
        self.btn.move(20, 20)
        self.btn.clicked.connect(self.showDialog)

        self.le1 =QLineEdit(self)
        self.le1.setEnabled(False)
        self.le1.resize(360,22)                # ①
        self.le1.move(20, 60)
```

```
        self.le2 = QLineEdit(self)
        self.le2.setEnabled(False)
        self.le2.resize(360,22)
        self.le2.move(20, 90)

        self.setGeometry(300, 300, 400, 140)
        self.setWindowTitle('文件对话框')
        self.show()

    def showDialog(self):                               # ②
        fileName,filetype = QFileDialog.getOpenFileName(self,
            "打开文件",
            "./",
            "所有文件(*);;Python 程序(*.py);;文本文件(*.txt)")
        if fileName:
            self.le1.setText(str(fileName))
            self.le2.setText(str(filetype))

if __name__ == '__main__':
    app = QApplication(sys.argv)
    w = Widget()
    sys.exit(app.exec_())
```

执行结果如图 12-23 所示。

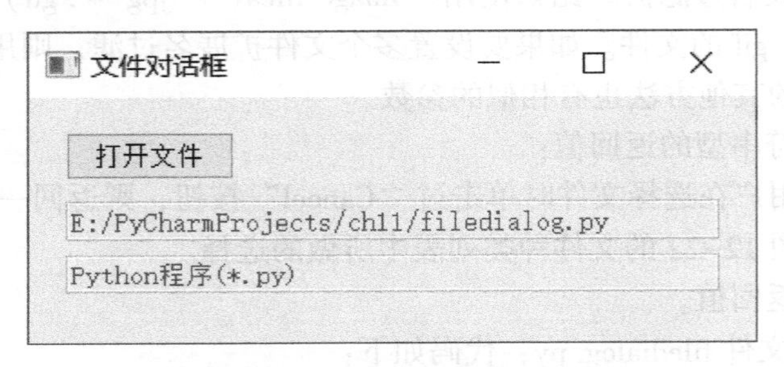

图 12-23　文件对话框示例

窗口上有一个按钮和两个不可用的输入框。单击“打开文件”按钮，弹出如图 12-22 所示的“打开文件”对话框。输入或者选择一个文件，单击“打开”按钮返回主界面，文件名和文件类型分别显示在两个输入框中。

第①部分：对于创建的两个输入框，使用 resize 方法设置其大小，以使其能够容纳下完整的文件名（带有文件路径）。

第②部分：弹出“打开文件”对话框。默认目录设为"./"，表示当前目录，也就是程序文件所在的目录。文件扩展名过滤器设置文件种类列表有三项，分别是所有文件、Python 程序和文本文件，注意每项之间用双分号隔开。

12.5.3　颜色对话框

在 PyQt5 中，QColor 对象表示颜色，它可以提供基于 RGB（red，green，and blue）、HSV（hue，saturation，and value）或 CMYK（cyan，magenta，yellow and black）的颜色表示，也可以直接用颜色名称表示。

getColor 方法是 QColorDialog 类的静态方法，用于打开颜色对话框并返回用户选择的颜色值。在《PyQt5 Reference Guide》中，该方法的说明如下[11]：

```
@staticmethod
getColor(
    initial: Union[QColor, GlobalColor] = white,
    parent:QWidget = None,
    title: str = '',
    options: Union[ColorDialogOptions, ColorDialogOption] =QColorDialog.ColorDialogOptions()
)-> QColor
```

常用参数说明如下：

- initial 指定进入对话框时默认选中的颜色，默认为白色。
- parent 是父窗口，如果不是在窗口中打开对话框（如在线程中），该参数可以为 None。
- title 是对话框的标题。

该方法返回一个 QColor 类型的值，通过 QColor 类的 isValid 方法可以判断用户选择的颜色是否有效。

创建一个 Python 文件 colordialog.py，代码如下：

```
import sys
from PyQt5.QtWidgets import (QWidget, QPushButton, QFrame,
                             QColorDialog, QApplication)
from PyQt5.QtGui import QColor

class Widget(QWidget):
    def __init__(self):
        super().__init__()
        self.initUI()

    def initUI(self):
        col =QColor(0, 0, 0)                              # ①

        self.btn = QPushButton('选择颜色', self)
        self.btn.move(20, 20)
        self.btn.clicked.connect(self.showDialog)

        self.frm = QFrame(self)                           # ②
        self.frm.setStyleSheet(f"QWidget {{ background-color: {col.name()} }}")
        self.frm.setGeometry(130, 22, 100, 100)

        self.setGeometry(300, 300, 300, 150)
        self.setWindowTitle('颜色对话框')
        self.show()

    def showDialog(self):                                 # ③
        col =QColorDialog.getColor(title='请选择颜色')
        if col.isValid():
            self.frm.setStyleSheet(f"QWidget {{ background-color: {col.name()} }}")

if __name__ == '__main__':
    app =QApplication(sys.argv)
```

```
    w = Widget()
    sys.exit(app.exec_())
```

执行结果如图 12-24 所示。

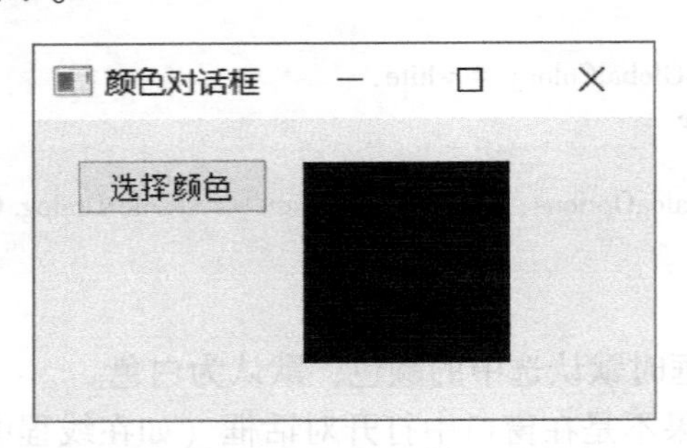

图 12-24 颜色对话框示例

窗口上有一个按钮和一块由 QFrame 确定的颜色显示区。初始时该区域为黑色。单击按钮打开颜色对话框，选择一种颜色，单击“OK”按钮，所选择的颜色会显示在颜色显示区中；如果单击“Cancel”按钮，颜色显示区的颜色不改变。

第①行：创建一个 QColor 对象 col，三个初始化参数分别表示 RGB 颜色中红、绿和蓝三种色素的值，本例中都为 0，得到的颜色为黑色。

第②部分：创建一个 QFrame 对象 frm。QFrame 继承自 QWidget，是窗口控件的基类。因为它不具备最终控件的外观和行为，在窗口中就表现为一块区域；如果不进行设置，这块区域是不可见的。为了达到显示颜色的效果，本例通过改变该区域背景色的方式使该区域可见。PyQt5 没有直接设置背景色的方法，需要通过改变样式表（StyleSheet）的方法达到目的。样式表用字符串表示，有兴趣的读者可以查阅相关文档。QColor 对象的 name 方法，返回用"#RRGGBB"格式表示的颜色名称字符串，该字符串可以用来设置颜色显示区的背景色。

第③部分：弹出颜色对话框，其标题为“请选择颜色”。使用 isValid 方法对返回值 col 进行判断，如果是有效的颜色，则用该颜色设置颜色显示区的背景色。如果用户在颜色对话框中单击的是“Cancel”按钮，返回的颜色值无效。

12.5.4 字体对话框

在 PyQt5 中，QFont 对象用于表示字体，QFontDialog 对话框用于选择字体。

getFont 方法是 QFontDialog 类的静态方法，用于打开字体对话框并返回用户选择的字体。在《PyQt5 Reference Guide》中，该方法的说明如下[11]：

```
@staticmethod
getFont(
QFont,
    parent:QWidget = None,
    caption: str = '',
    options: Union[FontDialogOptions, FontDialogOption] =QFontDialog.FontDialogOptions()
)-> (QFont, bool)
```

常用参数说明如下：

- 第 1 个参数要求传入一个 QFont 类型的对象，作为进入对话框时默认选中的字体。
- parent 是父窗口，如果不是在窗口中打开对话框（如在线程中），该参数可以为 None。

- caption 是对话框的标题。

该方法返回两个值，如果用户是单击“OK”按钮或者按〈Enter〉键退出的，第二个返回值为 True，此时第一个返回值有意义，为用户选择的字体；如果单击“Cancel”按钮，或者按〈Esc〉键退出，第二个返回值为 False。

创建一个 Python 文件 fontdialog. py，代码如下：

```
import sys
from PyQt5.QtWidgets import (QWidget, QVBoxLayout, QPushButton,
                             QLabel, QFontDialog, QApplication)
from PyQt5.QtGui import QFont

class Widget(QWidget):
    def __init__(self):
        super().__init__()
        self.initUI()

    def initUI(self):
        vbox = QVBoxLayout()
        self.setLayout(vbox)

        btn = QPushButton('选择字体', self)
        btn.clicked.connect(self.showDialog)
        vbox.addWidget(btn)

        self.font =QFont("宋体", 12)                  # ①

        self.lbl = QLabel('桃李春风一杯酒,江湖夜雨十年灯。', self)
        self.lbl.setFont(self.font)                   # ②
        vbox.addWidget(self.lbl)

        self.setGeometry(300, 300, 300, 180)
        self.setWindowTitle('字体对话框')
        self.show()

    defshowDialog(self):                              # ③
        self.font, ok =QFontDialog.getFont(self.font, caption='请选择字体')
        if ok:
            self.lbl.setFont(self.font)

if __name__ == '__main__':
    app =QApplication(sys.argv)
    w = Widget()
    sys.exit(app.exec_())
```

执行结果如图 12-25 所示。

窗口上有一个按钮和一行文本。初始时文本的字体为("宋体", 12)。单击按钮打开字体对话框，选择一种字体，单击“OK”按钮，窗口中的文本会改为用户所选择的字体，图 12-25 是选择了("隶书", 20)之后的效果；如果单击“Cancel”，文本字体不会改变。

本例使用一个 QVBoxLayout 对象管理布局，有关布局的内容见 12.2 节。

第①行：创建一个字体。注意，这个字体保存在实例属性 self. font 中。后续在选择字体时，该字体会作为默认字体转入，返回的字体也会保存在该属性中，效果就是在多次打开字体

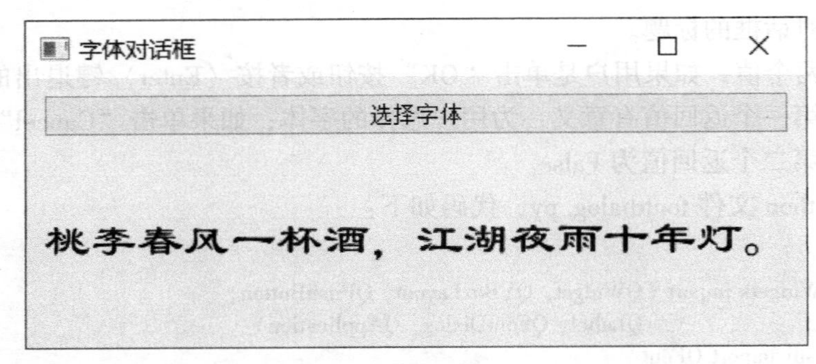

图 12-25　字体对话框示例

对话框时，每次打开都把上次的字体作为默认字体。

第②部分：将创建的文本标签用默认字体显示。

第③部分：弹出字体对话框，其标题为“请选择字体”。对第二个返回值 ok 进行判断，如果 ok 为 True，将文本标签的字体改为用户选择的字体。

12.6　习题

1. 简述 PyQt5 的坐标体系。

2. 为 12.1.3 节的关闭对话框增加一个“Cancel”按钮。

3. 上网查找资料，看能否将 12.1.3 节的关闭对话框中按钮上的文字（“Yes”和“No”）改为中文。

4. 12.2.3 节的计算器示例还缺少一个显示输入的计算值与计算结果的控件，请将该控件增加到界面的上部。

5. 查找资料，看状态栏能否分成几个区域并分别显示不同的内容。

6. 简述 PyQt5 的信号与槽机制。

7. 设计一个程序，界面上有一个 QLabel 控件显示一段文字；另有两个按钮，分别打开颜色对话框和字体对话框，用来改变文字的颜色和字体。

第 13 章　PyQt5 控件

控件种类、数目繁多是 PyQt5 的一大优势。PyQt5 最常用的控件可分为以下 5 类：

- 按钮类：QPushButton、QToolButton、QCheckBox、QRadioButton 和 QCommandLinkButton 等。
- 条目选择类：QListView、QTreeView、QTableView、QUndoView、QListWidget、QTreeWidget 和 QTableWidget 等。
- 容器类：QGroupBox、QScrollArea、QToolBox、QTabWidget、QFrame、QWidget 和 QMdiArea 等。
- 输入类：QLineEdit、QTextEdit、QPlainTextEdit、QComboBox、QFontComboBox、QSpinBox、QDoubleSpinBox、QTimeEdit、QDateEdit、QDateTimeEdit、QDial、QScrollBar 和 QSlider 等。
- 显示类：QLabel、QTextBrowser、QGraphicsView、QCalendarWidget、QLCDNumber、QProgressBar、Line 和 QOpenGLWidget 等。

掌握各种控件的使用方法是 PyQt5 编程能力的重要体现。限于篇幅，本书不能对上述控件一一介绍，介绍每种控件也不可能涉及其所有细节。本章选择编程中最常用的，各类控件中最有代表性的 QPushButton、QCheckBox、QListWidget、QLineEdit、QComboBox、QCalendarWidget、QProgressBar、QTreeWidget 和 QTableWidget 进行介绍。读者重点要掌握方法，这样以后通过参考文档，就可以在实际编程中使用任何控件了。

使用 PyCharm 创建一个新的项目 ch13，用来验证本章示例。

13.1　按钮 QPushButton

按钮是最常用的界面控件之一，本章前面示例已经多次使用按钮完成界面功能。在 PyQt5 中，按钮的功能非常强大，如可以在按钮上加图标，甚至可以将菜单添加到按钮上。本节演示一个按钮的简单扩展，为按钮增加复选功能。

鼠标点按普通按钮时，按钮也会表现出两种状态。但按下的状态不会保持，即鼠标释放时，按钮也就随之“弹起”。使用 QPushButton 的 setCheckable（True）方法，可以使普通按钮变成复选按钮。复选按钮有两种状态：按下与未按下。通过单击按钮可在这两种状态间切换，此功能在某些场合非常有用。

创建一个 Python 文件 togglebutton. py，代码如下：

```
import sys
from PyQt5.QtWidgets import QWidget, QPushButton, QApplication

class Widget(QWidget):
    def __init__(self):
        super().__init__()
        self.initUI()

    def initUI(self):
        self.btn = QPushButton('未按下', self)
```

```
            self.btn.setCheckable(True)                          # ①
            self.btn.move(50, 30)
            self.btn.clicked[bool].connect(self.setText)         # ②

            self.setGeometry(300, 300, 280, 120)
            self.setWindowTitle('复选按钮')
            self.show()

        def setText(self, pressed):                              # ③
            if pressed:
                self.btn.setText("已按下")
            else:
                self.btn.setText("未按下")

    if __name__ == '__main__':
        app = QApplication(sys.argv)
        w = Widget()
        sys.exit(app.exec_())
```

执行结果如图 13-1 所示。

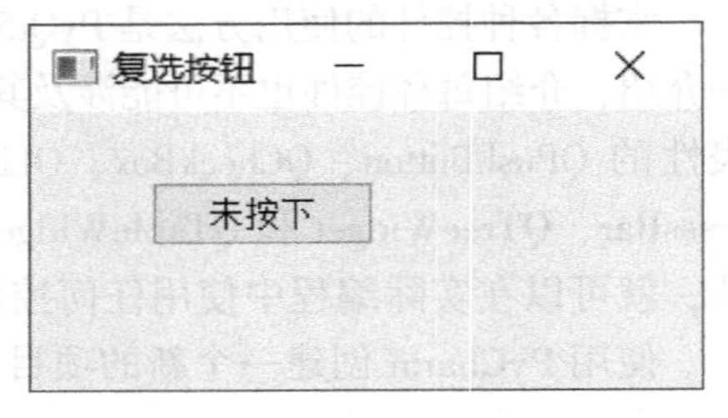

图 13-1　复选按钮示例

窗口中有一个按钮。单击该按钮，按钮变成按下状态，按钮的背景色与常态不同，按钮文字也变成“已按下”状态；再次单击，按钮恢复成“未按下”状态。

第①行：调用 QPushButton 的 setCheckable（True）方法，使按钮具有复选功能。

第②行：与本章前面内容不同，对于复选按钮，此处的按钮单击信号多了一个布尔型的参数，表示按钮按下的状态。

第③部分：处理按钮单击信号的槽函数也多了一个参数 pressed，根据 pressed 是否为 True，改变按钮上的文字。按钮的状态特征，如背景色，不需要编程处理，系统会自动改变。

13.2　复选框 QCheckBox

与前节的复选按钮功能相比，QCheckBox 控件是更常用的状态切换控件，先看简单示例。创建一个 Python 文件 checkbox.py，代码如下：

```
import sys
from PyQt5.QtWidgets import QWidget, QCheckBox, QLabel, QApplication

class Widget(QWidget):
    def __init__(self):
        super().__init__()
        self.initUI()

    def initUI(self):
        cb = QCheckBox('显示文字', self)
        cb.move(20, 20)
```

```
            cb.toggle()                                                    # ①
            cb.stateChanged.connect(self.changeText)                       # ②

            self.lbl = QLabel('桃李春风一杯酒,江湖夜雨十年灯。', self)
            self.lbl.move(20, 60)

            self.setGeometry(300, 300, 290, 120)
            self.setWindowTitle('复选框')
            self.show()

        def changeText(self, state):                                       # ③
            self.lbl.setVisible(state)

    if __name__ == '__main__':
        app = QApplication(sys.argv)
        w = Widget()
        sys.exit(app.exec_())
```

执行结果如图 13-2 所示。

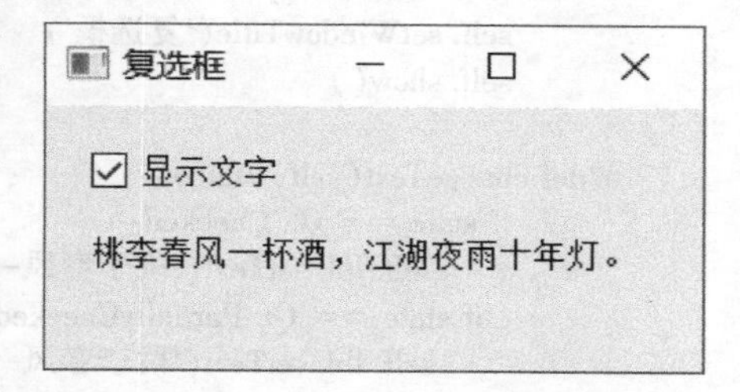

图 13-2　复选框示例

窗口中有一个复选框和一段文字。初始时复选框为选中状态。单击该复选框，变为未选中状态，下面的文字消失。再次单击，复选框恢复为选中状态，文字再次出现。

第①行：toggle 方法将创建的复选框控件设置为选中状态，默认为未选中状态。

第②行：将复选框的 stateChanged 信号与槽函数连接。

第③部分：根据传入的复选框状态，设置文字是否可见。

本例第③部分的程序非常简练，但不是太严谨（原因见下面示例）。

与上一节的复选按钮不同，复选框可以有三种状态，见表 13-1。

表 13-1　复选框的三种状态

名　称	值	含　义
Qt.Checked	2	被选中
Qt.PartiallyChecked	1	被半选中
Qt.Unchecked	0	未被选中（默认）

默认情况下，复选框是两态的，即只有选中和未选中两个状态。可以通过 setTristate 方法开启三态选择。

使用 isChecked 方法可以判断两态，返回一个布尔值；使用 checkState 方法可以判断三态，返回表 13-1 中的三个枚举值之一。stateChanged 信号传递的参数也是这三个枚举值之一，是数值类型，所以说上例中用它来直接设置文字是否可见是不严谨的，该方法只适合于两态。创建一个 Python 文件 checkbox2.py，可以在 checkbox.py 的基础上修改，代码如下：

```
import sys
```

```
from PyQt5.QtWidgets import QWidget, QCheckBox, QLabel, QApplication
from PyQt5.QtCore import Qt

class Widget(QWidget):
    def __init__(self):
        super().__init__()
        self.initUI()

    def initUI(self):
        cb =QCheckBox('显示文字', self)
        cb.move(20, 20)
        cb.setTristate(True)                              # ①
        cb.setCheckState(Qt.Checked)                      # ②
        cb.stateChanged.connect(self.changeText)

        self.lbl = QLabel('桃李春风一杯酒,江湖夜雨十年灯。', self)
        self.lbl.move(20, 60)

        self.setGeometry(300, 300, 290, 120)
        self.setWindowTitle('复选框')
        self.show()

    def changeText(self, state):
        if state == Qt.Checked:                           # ③
            self.lbl.setText('桃李春风一杯酒,江湖夜雨十年灯。')
        elif state == Qt.PartiallyChecked:
            self.lbl.setText('桃李春风一杯酒,')
        else:
            self.lbl.setText('')

if __name__ == '__main__':
    app =QApplication(sys.argv)
    w = Widget()
    sys.exit(app.exec_())
```

执行结果如图 13-3 所示。

界面与上例相同，但多了一个半选中状态，在半选中状态下只显示诗的第一句。

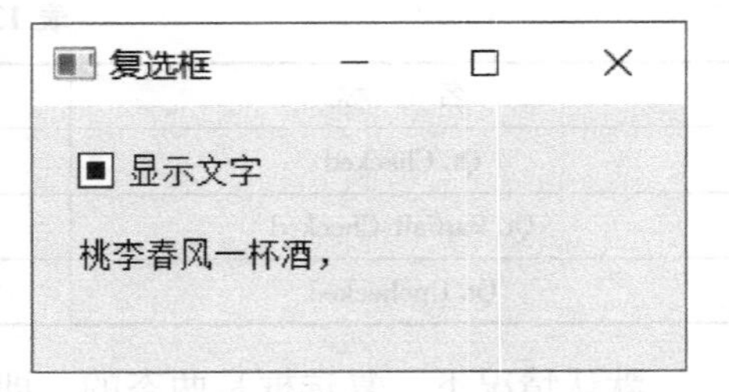

图 13-3　三态复选框示例

第①行：用 setTristate 方法将复选框设为三态选择。

第②行：与 toggle 方法不同，setCheckState 方法可以将复选框设为三态之一，参数是代表三态的枚举值之一。

第③部分：状态可能是三个枚举值之一，所以要用 elif 语句，进行三分支处理。

13.3　列表框 QListWidget

有些条目选择类控件有两个版本，分别以 View 和 Widget 作为扩展名，如 QListView、QTreeView 和 QTableView 以及 QListWidget、QTreeWidget 和 QTableWidget 等。

以列表框控件为例，QListView 和 QListWidget 的区别在于：QListWidget 继承自 QListView。QListView 相对基础，需要自己来建模（如建立 QStringListModel、QSqlTableModel 等）保存数据。自己建模大大降低了数据冗余，提高了程序的执行效率，但需要编程者对数据建模有一定的了解。QListWidget 是升级版本的 QListView，它已经预先建立了一个数据存储模型（QListWidgetItem），操作方便，直接调用 addItem 即可添加项目（条目可以是文字、图标等）。初学者可以从 QListWidget 开始使用。

创建一个 Python 文件 listwidget. py，代码如下：

```
import sys
from PyQt5. QtWidgets import ( QWidget, QLabel,
                                QListWidget, QApplication)

class Widget( QWidget) :
    def __init __( self) :
        super( ). __init __( )
        self. initUI( )

    def initUI( self) :
        self. lbl = QLabel( self)                                    # ①
        self. lbl. move(20, 20)

        lw =QListWidget( self)                                       # ②
        lw. addItem( "Python")
        lw. addItem( "C++")
        lw. addItem( "C#")
        lw. addItem( "Java")
        lw. resize(230, 100)
        lw. move(20, 50)

        lw. currentTextChanged[ str]. connect( self. TextChanged)    # ③

        self. setGeometry(300, 300, 320, 170)
        self. setWindowTitle('列表框')
        self. show( )

    defTextChanged( self, text) :                                    # ④
        self. lbl. setText( text)
        self. lbl. adjustSize( )                                     # ⑤

if __name __ = = ' __main __':
    app =QApplication( sys. argv)
    w = Widget( )
    sys. exit( app. exec_( ) )
```

执行结果如图 13-4 所示。

窗口上有一个文本标签和一个列表框。列表框中有四个选项，鼠标单击某个选项，上部的文本标签就会显示该选项的文本。

第①行：创建一个 QLabel 对象。与 12. 4. 6 节示例不同，本例创建的文本标签没有初始文本。

第②部分：创建一个 QListWidget 对象 lw。调用 addItem 方法将四个选项加入到 lw 中。设

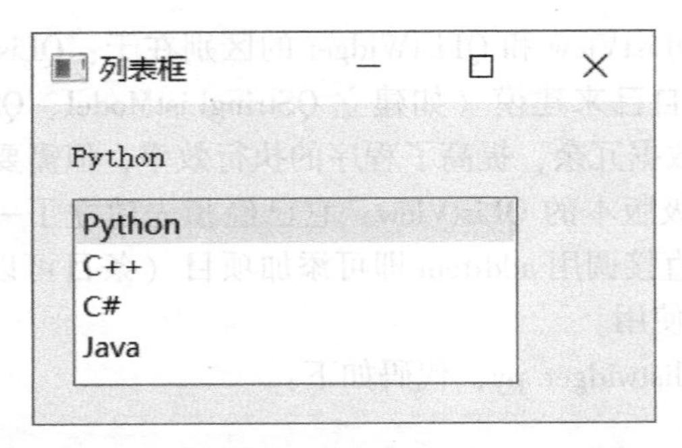

图 13-4　列表框示例

置 lw 的大小及位置。

第③行：将 lw 的 currentTextChanged 信号与槽函数 self. TextChanged 连接。currentTextChanged 信号在列表框中选项文本改变时被发出，并将改变后的文本作为参数传递给槽函数。

第④行：定义槽函数，接收一个字符串参数，根据参数值改变文本标签上的文本。

第⑤行：调整文本标签的大小以适应文本内容。回顾 12. 4. 6 节有关“事件对象”的示例，其中也有调整文本标签大小的需求。当时使用的方法是在创建文本标签对象时使用一个“最长”的文本，用于初始化标签对象的大小，后面显示的文本都不会超过此长度，也就回避了改变标签对象大小的需求。比较而言，本示例的方法更规范，12. 4 节的方法则显得比较“土”。但考虑到 mouseMoveEvent( ) 函数的调用太过频繁，使用比较“土”的方法，使得在 mouseMoveEvent( ) 函数中少一个 adjustSize 方法的调用，也是不错的。

另外，细心的读者可能已经注意到，本例在创建 QLabel 对象时并没有使用初始化的文本，但在程序启动时已经自动显示了列表框中当前选项的文本。说明列表框的 currentTextChanged 信号在程序启动时已经发出了一次，这也正是我们想要的效果。

13. 4　行编辑 QLineEdit

行编辑控件 QLineEdit 是最普通最常用的输入控件，用于输入或编辑单行文本或数字，并支持编辑所需要的撤销重做、剪切、复制和拖拽等功能。12. 5 节的示例曾经使用过 QLineEdit 控件，但当时用于显示内容，不允许输入。本节介绍该控件的编辑功能，创建一个 Python 文件 lineedit. py，代码如下：

```
import sys
from PyQt5. QtWidgets import (QWidget, QLabel,
                              QLineEdit, QApplication)

class Widget(QWidget):
    def __init__(self):
        super(). __init__()
        self. initUI()

    definitUI(self):
        self. lbl = QLabel(self)
        self. lbl. move(20, 20)
```

```
        le = QLineEdit(self)                                    # ①
        le.move(20, 50)

        le.textChanged[str].connect(self.TextChanged)           # ②

        self.setGeometry(300, 300, 280, 170)
        self.setWindowTitle('行编辑')
        self.show()

    def TextChanged(self, text):                                # ③
        self.lbl.setText(text)
        self.lbl.adjustSize()

if __name__ == '__main__':
    app = QApplication(sys.argv)
    w = Widget()
    sys.exit(app.exec_())
```

执行结果如图 13-5 所示。

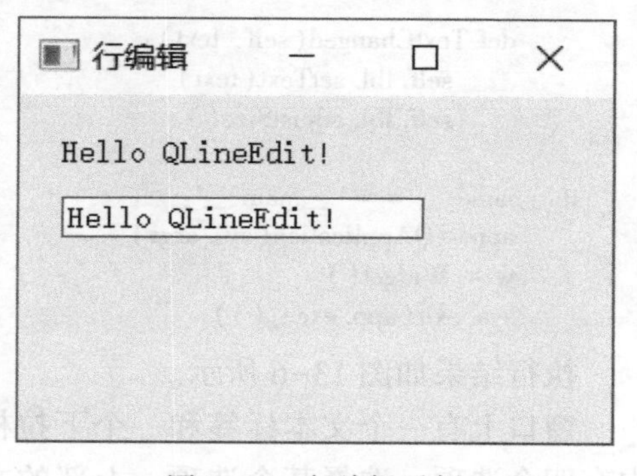

图 13-5　行编辑示例

窗口上有一个文本标签和一个行编辑控件。在行编辑器中输入文本，输入内容“实时”地更新到文本标签上。

第①部分：创建一个 QLineEdit 对象 le，并设置其位置。

第②行：将 le 的 textChanged 信号与槽函数 self.TextChanged 连接。textChanged 信号在行编辑器中文本改变时被发出，并将改变后的文本作为参数传递给槽函数。

第③行：定义槽函数，实现方法与前例相同，不再赘述。

13.5　下拉式列表框 QComboBox

下拉式列表框简称下拉框，允许用户从下拉列表中进行选择，是常用的输入类控件。下拉框和列表框在功能与编程上有许多相似之处，但下拉框除了可以在列表中选择外，还可以手工输入，可以认为是 QListWidget 与 QLineEdit 的结合，所以归入输入类控件。

创建一个 Python 文件 combobox.py，代码如下：

```
import sys
from PyQt5.QtWidgets import (QWidget, QLabel,
                             QComboBox, QApplication)

class Widget(QWidget):
    def __init__(self):
        super().__init__()
        self.initUI()
```

```
    definitUI(self):
        self.lbl = QLabel(self)
        self.lbl.move(20, 20)

        combo = QComboBox(self)                                       # ①
        combo.addItem("Python")
        combo.addItem("C++")
        combo.addItem("C#")
        combo.addItem("Java")
        combo.move(20, 50)

        combo.currentTextChanged[str].connect(self.TextChanged)       # ②
        combo.currentTextChanged.emit(combo.currentText())            # ③

        self.setGeometry(300, 300, 320, 160)
        self.setWindowTitle('下拉式列表框')
        self.show()

    def TextChanged(self, text):
        self.lbl.setText(text)
        self.lbl.adjustSize()

if __name__ == '__main__':
    app = QApplication(sys.argv)
    w = Widget()
    sys.exit(app.exec_())
```

执行结果如图 13-6 所示。

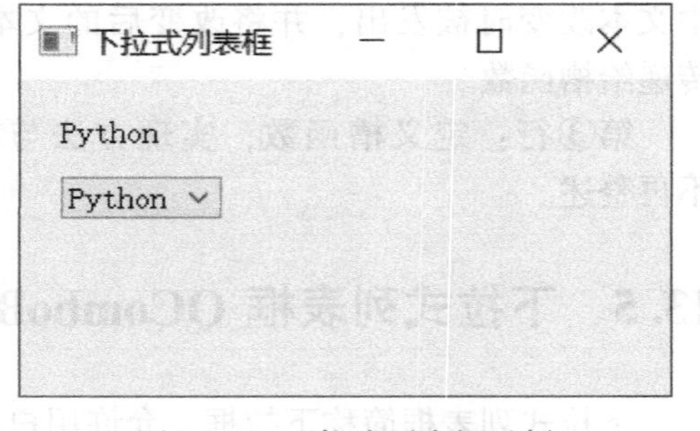

图 13-6 下拉式列表框示例

窗口上有一个文本标签和一个下拉框。下拉框中有四个选项，选择某个选项，上部的文本标签就会显示该选项的文本。

第①部分：创建一个 QComboBox 对象 combo。调用 addItem 方法将四个选项加入到 combo 中。设置 combo 的位置。可以看到，使用的方法与 QListWidget 非常相似。

第②行：将 combo 的 currentTextChanged 信号与槽函数 self.TextChanged 连接。可以看到，信号的名称与参数都与 QListWidget 非常相似。

第③行：有一点不同，就是下拉框的 currentTextChanged 信号不会在程序创建时自动发出一次。如果希望在程序启动时自动显示下拉框中当前选项的文本，需要手工发出该信号，或者直接在文本标签创建时，初始化为需要的内容。

本例的下拉框不具有编辑功能，如果希望它具有编辑功能，可对程序做如下改动。在 combo 创建后，增加如下两行代码：

```
combo.setEditable(True)
combo.editTextChanged[str].connect(self.TextChanged)
```

第一行将控件设为可编辑。第二行将 combo 的 editTextChanged 信号与槽函数 self.TextChanged 连接。可以看到，信号连接的方法与 QLineEdit 非常相似，只是信号名略有不同。

此时下拉框控件就具备了编辑功能，执行效果与13.4节示例相同，但美中不足的是下拉框控件尺寸太小，输入时不方便。可将combo创建部分的代码改为：

```
combo =QComboBox(self)
combo.addItems(["Python", "C++", "C#", "Java"])
combo.setGeometry(20,50,200,30)
```

可以用addItems方法一次性增加全部条目，用setGeometry方法同时设置位置和大小。

至此，读者已经看到多个PyQt5示例。在这些示例中，move()、resize()和setGeometry()等方法被反复使用，读者应该很容易总结出这些方法的使用规律。PyQt5编程是非常灵活直观的，本节示例还展示了不同控件完成相似功能时，在编程上的相似之处，希望读者加以体会和总结，很快就能掌握PyQt5的编程规律。

13.6 日历控件 QCalendarWidget

现代应用程序经常要跟日期、时间数据打交道。根据应用场合的不同，显示或输入日期、时间需要不同的控件。QCalendarWidget是一个基于月份的日历控件，允许用户通过鼠标或键盘选择日期，默认选中的是当天的日期。

创建一个Python文件calendar1.py，代码如下：

```
import sys
from PyQt5.QtWidgets import (QWidget, QCalendarWidget,
                             QVBoxLayout, QLabel, QApplication)
from PyQt5.QtCore import QDate, Qt

class Widget(QWidget):
    def __init__(self):
        super().__init__()
        self.initUI()

    def initUI(self):
        cal = QCalendarWidget(self)                    # ①
        cal.setGridVisible(True)
        cal.clicked[QDate].connect(self.showDate)

        self.lbl = QLabel(self)                        # ②
        self.lbl.setAlignment(Qt.AlignHCenter)
        cal.clicked.emit(cal.selectedDate())

        vbox = QVBoxLayout()                           # ③
        vbox.addWidget(cal)
        vbox.addWidget(self.lbl)
        self.setLayout(vbox)

        self.setGeometry(300, 300, 350, 300)
        self.setWindowTitle('日历')
        self.show()

    def showDate(self, date):                          # ④
```

```
            self.lbl.setText(date.toString())
            self.lbl.adjustSize()

if __name__ == '__main__':
    app = QApplication(sys.argv)
    w = Widget()
    sys.exit(app.exec_())
```

执行结果如图 13-7 所示。

图 13-7　日历控件示例

窗口中有一个日历控件和一个文本标签。开始时日历停留在当天的日期上。在日历控件上可以改变年、月和日，随着日期的改变，日历的当前日期会显示在窗口下部的文本标签上。

第①部分：创建一个日历控件。setGridVisible（True）方法设置在日历上显示格线。日历控件的外观可以非常灵活地定制，有兴趣的读者可以自行查阅相关资料。将日历的 clicked 信号与槽函数 self.showDate 连接。PyQt5 用 QDate 类型的对象表示日期，clicked 信号将日历上选择的日期作为参数传递给槽函数。

第②部分：创建一个 QLabel 对象。为了美观，将其设为居中显示。在日历控件之外，可以调用日历控件的 selectedDate 方法取得日历上的当前日期。为了能在窗口打开时就在文本标签上显示当天的日期，人为发出日历的 clicked 信号，并将日历的当前日期作为参数传递。

第③部分：使用 QVBoxLayout 布局，控制日历在上、文本标签在下。

第④部分：使用 QDate 类的 toString 方法，将日期数据转为文本，并显示在文本标签上。

13.7　进度条 QProgressBar 与定时器

本节将定时器与进度条结合介绍，先介绍定时器。

13.7.1　QTimer 和 QBasicTimer 定时器

如果需要在程序中周期性地执行某项操作，比如检测某种设备的状态，可以使用定时器。PyQt5 提供两类定时器，QTimer 和 QBasicTimer。

QTimer 继承自 QObject，提供定时器信号/槽方法。使用时首先导入 QTimer 模块：

```
fromPyQt5. QtCore import QTimer
```

然后创建一个 QTimer 对象，将该对象的 timeout 信号连接到自定义的槽函数，并且启动：

```
timer =QTimer( self)                              # 创建一个定时器
timer. timeout. connect( self. OnTimer)          # 计时结束则调用自定义的 OnTimer( )函数
timer. start(2000)                                # 设置计时间隔为 2 s,并启动定时器
```

将想要定时执行的操作在槽函数中实现：

```
def OnTimer( self) :
    pass
```

本书 14. 5 节有使用 QTimer 的示例，本节不详述。

QBasicTimer 没有从其他类继承，是一个高效、轻量级的定时器类。该定时器是一种重复性定时器，在启动后会不断地向目标对象发送定时器事件，直到它的 stop 方法被调用时才停止。

QBasicTimer 的 start 方法用于启动定时器，然后随时可以调用 stop 方法来停止它。isActive 方法用来判断一个定时器是否正在运行。如果有多个定时器，可以通过 timerId( )来获得定时器的 id。start 方法有两种调用格式：

```
void QBasicTimer: :start( int msec, QObject * object)
void QBasicTimer: :start( int msec, Qt: :TimerType timerType, QObject * obj)
```

其中，msec 参数表示定时器的时间间隔，以毫秒为单位；object 参数表示接受定时器到期事件的对象；timerType 参数表示启动的定时器的类型。

13. 7. 2　进度条 QProgressBar

有些操作需要较长时间，使用一个进度条是增加界面友好性的有力措施。使用 QProgressBar 控件可以创建水平或垂直的进度条，可以设置进度条的最小值和最大值，默认从 0 到 99。

创建一个 Python 文件 progressbar. py，代码如下：

```
import sys
from PyQt5. QtWidgets import ( QWidget, QProgressBar,
                              QPushButton, QApplication)
from PyQt5. QtCore import QBasicTimer

class Widget( QWidget) :
    def __init __( self) :
        super( ). __init __( )
        self. initUI( )

    def initUI( self) :
        self. pbar = QProgressBar( self)                # ①
        self. pbar. setGeometry( 20, 20, 260, 25)

        self. btn = QPushButton('开始', self)
        self. btn. move( 20, 60)
        self. btn. clicked. connect( self. onBtnClicked)
```

```
        self.timer = QBasicTimer()                              # ②
        self.step = 0                                           # ③

        self.setGeometry(300, 300, 300, 110)
        self.setWindowTitle('进度条')
        self.show()

    def onBtnClicked(self):                                     # ④
        if not self.timer.isActive():
            self.timer.start(100, self)
            self.btn.setText('暂停')
        else:
            self.timer.stop()
            self.btn.setText('开始')

    def timerEvent(self, e):                                    # ⑤
        if self.step >= 100:
            self.timer.stop()
            self.btn.setText('结束')
            return

        self.step = self.step + 1
        self.pbar.setValue(self.step)


if __name__ == '__main__':
    app = QApplication(sys.argv)
    w = Widget()
    sys.exit(app.exec_())
```

执行结果如图 13-8 所示。

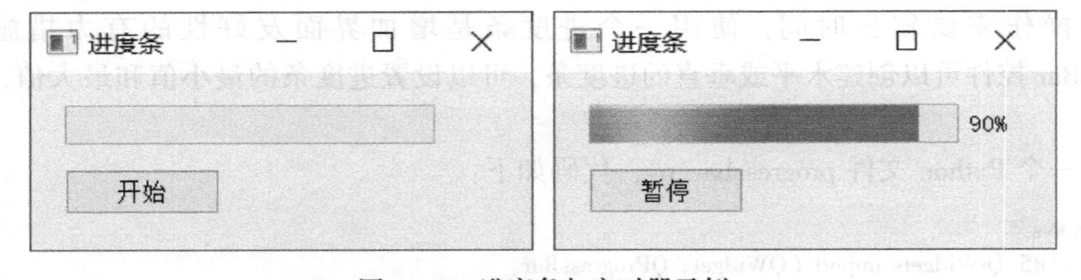

图 13-8　进度条与定时器示例

窗口上有一个进度条和一个按钮。程序启动时，按钮上的文字为“开始”，单击按钮，按钮上的文字变为“暂停”，同时进度条开始变化。这个程序的按钮其实是一个定时器开关，在进度变化的过程中，随时可以单击“暂停”按钮暂停进度，然后再单击“开始”按钮重新开始。当进度变到 100%后停止，同时按钮文字也变成“结束”。

第①部分：创建一个进度条对象（默认为水平进度条），并设置其位置及大小。

第②行：创建一个 QBasicTimer 对象 self.timer。

第③行：定义一个属性 self.step 用于进度计数，并初始化为 0。

第④部分：按钮单击信号的槽函数。调用 self.timer 的 isActive 方法，判断定时器是否正在运行。如果未运行，则启动定时器，时钟间隔为 100 ms，并改变按钮文字；如果正在运行，则停止定时器并改变按钮文字，这样就达到了定时器开关的效果。注意，在调用 start 方法时，第二个参数是 self，表示定时器到期时将触发本窗口的 timer 事件。

第⑤部分：重写本窗口的 timer 事件处理器，该处理器在定时器每次定时结束时被触发。如果进度计数已经到 100，停止定时器并改变按钮文字；否则进度计数加 1，并改变进度条的状态。

13.8 分割器 QSplitter

有些应用需要将界面划分成几个部分，各部分的大小需要灵活调整。将子控件放入 QSplitter 分割器，用户可以通过拖动子控件的边界来调整子控件的大小。

下面示例将三个 QGroupBox 控件放入两个 QSplitter，将窗口分割成三部分：顶部左、顶部右和底部。创建一个 Python 文件 splitter.py，代码如下：

```
import sys
from PyQt5.QtWidgets import (QWidget, QHBoxLayout, QGroupBox,
                             QSplitter, QApplication)
from PyQt5.QtCore import Qt

class Widget(QWidget):
    def __init__(self):
        super().__init__()
        self.initUI()

    def initUI(self):
        hbox = QHBoxLayout(self)

        topleft = QGroupBox('顶部左',self)                  # ①
        topleft.setMinimumHeight(80)
        topright = QGroupBox('顶部右',self)
        bottom =QGroupBox('底部',self)

        splitter1 =QSplitter(Qt.Horizontal)                 # ②
        splitter1.addWidget(topleft)
        splitter1.addWidget(topright)

        splitter2 =QSplitter(Qt.Vertical)                   # ③
        splitter2.addWidget(splitter1)
        splitter2.addWidget(bottom)

        hbox.addWidget(splitter2)                           # ④
        self.setLayout(hbox)

        self.setGeometry(300, 300, 300, 200)
        self.setWindowTitle('分割器')
        self.show()

if __name__ == '__main__':
    app =QApplication(sys.argv)
    w = Widget()
    sys.exit(app.exec_())
```

执行结果如图 13-9 所示。

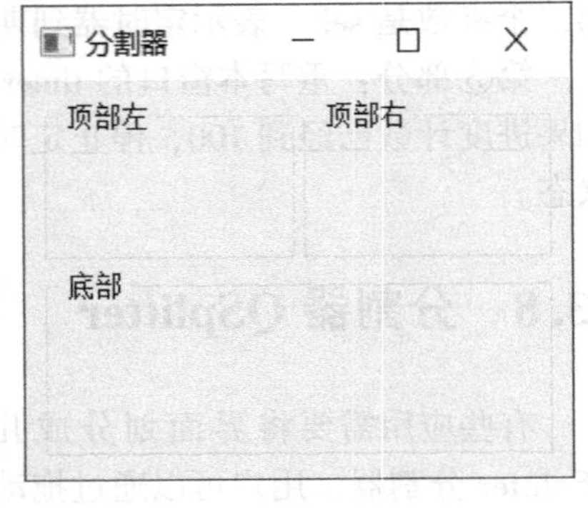

图 13-9　分割器示例

用鼠标拖动各部分之间的边界，可以调整各部分的大小。

第①部分：创建三个 QGroupBox 控件。将第一个 QGroupBox 对象的最小高度设为 80，执行的效果是：调整各部分大小时，此部分的高度最小为 80，再往小调整，该部分就会隐藏。

第②部分：将上部的两个控件加入到第一个 QSplitter 对象中，水平布局。

第③部分：将第一个 QSplitter 对象和第三个控件加入到第二个 QSplitter 对象中，垂直布局。

第④部分：将第二个 QSplitter 对象加入到布局对象。

13.9　树型列表 QTreeWidget

QTreeWidget 属于条目选择类控件。PyQt5 有许多复杂控件，这里的“复杂”指的是功能丰富，功能丰富，编程方法也就丰富（复杂）。QTreeWidget 就是这样的复杂控件，放在此处介绍，有前面的基础后容易理解。

由于功能复杂，介绍 QTreeWidget 的所有功能细节需要大量篇幅，本节从略。下面是一个 QTreeWidget 的简单示例，演示树型列表的基本功能。创建一个 Python 文件 treewidget. py，代码如下：

```
import sys
from PyQt5. QtWidgets import *

class Widget(QWidget):
    def __init__(self):
        super(). __init__()
        self. initUI()

    def initUI(self):
        addBtn = QPushButton("添加节点")                    # ①
        updBtn = QPushButton("修改节点")
        delBtn = QPushButton("删除节点")
        addBtn. clicked. connect(self. addTreeNodeBtn)
        updBtn. clicked. connect(self. updTreeNodeBtn)
        delBtn. clicked. connect(self. delTreeNodeBtn)

        operatorLayout = QHBoxLayout()
        operatorLayout. addWidget(addBtn)
        operatorLayout. addWidget(updBtn)
        operatorLayout. addWidget(delBtn)

        self. tree =QTreeWidget(self)                       # ②
        self. tree. setColumnCount(2)
        self. tree. setHeaderLabels(['名称', '值'])
```

```
        self.tree.setColumnWidth(0, 220)
        self.tree.clicked.connect(self.onTreeClicked)

        root = QTreeWidgetItem(self.tree)                    # ③
        root.setText(0, '量化交易平台')
        root.setText(1, '0')

        child1 = QTreeWidgetItem(root)                       # ④
        child1.setText(0, '服务器+客户端')
        child1.setText(1, '1')

        child2 = QTreeWidgetItem(root)
        child2.setText(0, '单服务器')
        child2.setText(1, '2')

        child3 = QTreeWidgetItem(root)
        child3.setText(0, '单客户端')
        child3.setText(1, '3')

        child4 = QTreeWidgetItem(child3)                     # ⑤
        child4.setText(0, 'vn.py')
        child4.setText(1, '31')

        child5 = QTreeWidgetItem(child3)
        child5.setText(0, 'QuickLib')
        child5.setText(1, '32')

        self.lbl = QLabel("量化交易平台分类。", self)

        mainLayout = QVBoxLayout(self)
        mainLayout.addLayout(operatorLayout)
        mainLayout.addWidget(self.tree)
        mainLayout.addWidget(self.lbl)
        self.setLayout(mainLayout)

        self.setGeometry(300, 300, 360, 260)
        self.setWindowTitle('树型列表')
        self.show()

    def onTreeClicked(self, lindex):                         # ⑥
        item = self.tree.currentItem()
        self.lbl.setText(f"名称={item.text(0)} ,值={item.text(1)}")

    def addTreeNodeBtn(self):                                # ⑦
        self.lbl.setText('添加了一个节点。')
        item = self.tree.currentItem()
        node = QTreeWidgetItem(item)
        node.setText(0, '添加')
        node.setText(1, '101')

    def updTreeNodeBtn(self):                                # ⑧
        self.lbl.setText('修改了一个节点。')
```

```
        item = self.tree.currentItem()
        item.setText(0, '修改')
        item.setText(1, '102')

    def delTreeNodeBtn(self):                                    # ⑨
        item = self.tree.currentItem()
        if item.parent():
            self.lbl.setText('删除了一个节点。')
            item.parent().removeChild(item)
        else:
            self.lbl.setText('根节点不允许删除。')

if __name__ == '__main__':
    app = QApplication(sys.argv)
    w = Widget()
    sys.exit(app.exec_())
```

执行结果如图 13-10 所示。

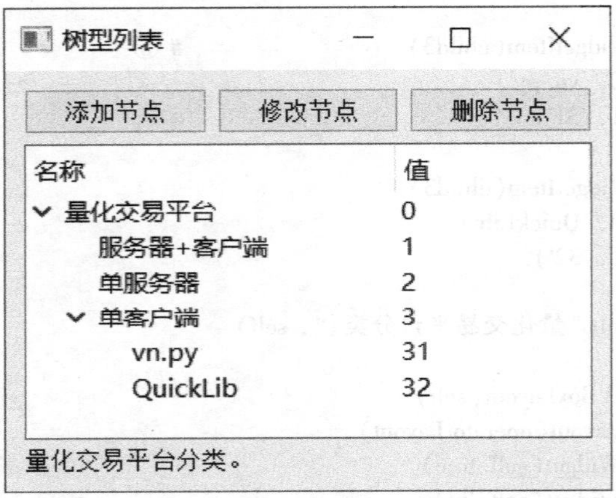

图 13-10　树型列表示例

窗口的中部是一个树型列表，显示了量化交易平台的分类。列表分两列，第一列是组织呈树型的节点，第二列是各节点对应的值。窗口上部是三个按钮，对树中的节点执行添加、修改和删除操作。窗口下部是一个文本标签，显示当前节点的信息或者操作的结果。

第①部分：创建三个按钮。

本例中，创建按钮，关联按钮的槽函数，创建水平和垂直的两个布局对象等内容，前面的示例已经多次使用，这里不再说明。

第②部分：创建一个 QTreeWidget 对象 tree，将该对象设置为两列，各列的头标题分别为名称和值，设置第一列的宽度为合适的值。将 tree 的 clicked 信号与槽函数 self.onTreeClicked() 连接。

第③部分：创建一个节点 root。创建时将该节点加入到树上，所以该节点为根节点。设置该节点两列的值。

第④部分：创建一个节点 child1。创建时指定该节点加入到 root 节点上，作为 root 节点的子节点。

第⑤部分：创建一个节点 child4。创建时指定该节点加入到 child3 节点上，作为 child3 节点的子节点。

第⑥部分：tree 的 clicked 信号的槽函数。先取得当前节点，然后在文本标签上显示该节点的信息。在实际应用中，树型列表的 currentItem 方法不一定能取到节点，比如在当前树为空的时候。所以，健壮的程序应该对 currentItem 方法的返回值进行判断。本例树不可能为空，就没有进行是否为空的判断。此处也提醒读者，为了方便学习，本书的有些代码做了适当简化，当您在实际程序中读到与本书略有差别的代码时，请认真体会其不同之处。

第⑦部分："添加节点"按钮的槽函数。先取得当前节点，然后在当前节点下增加一个子节点。

第⑧部分："修改节点"按钮的槽函数。先取得当前节点，然后修改当前节点的信息。

第⑨部分："删除节点"按钮的槽函数。先取得当前节点，然后检查当前节点有无父节点。如果有，就从父节点上将当前节点删除；如果没有，说明当前节点是根节点，不允许删除。

13.10 表格 QTableWidget

如果应用程序中需要处理批量结构化数据，通常就会用到表格控件。PyQt5 有两个表格控件——QTableView 和 QTableWidget。QTableWidget 继承自 QTableView，QTableView 可以使用自定义的数据模型，通过 setModel 绑定数据源，而 QTableWidget 只能使用标准的数据模型。QTableWidget 的每个单元格都是一个 QTableWidgetItem 对象，单元格需要逐个创建。QTableView 和 QTableWidget 都是功能强大的控件，本节只简单介绍 QTableWidget 最常用的数据显示功能。

下面示例使用 QTableWidget 控件显示股票列表。先制作一个 CSV 文件 stock_ list. csv，内容如下：

```
600000,浦发银行,10.22,10.24,10.15,10.21
600004,白云机场,13.66,13.75,13.32,13.41
600006,东风汽车,4.27,4.27,4.10,4.11
600007,中国国贸,12.94,13.50,12.78,13.48
600008,首创股份,3.13,3.14,3.10,3.11
```

文件中包含若干个股票的代码、名称、开盘价、最高价、最低价和收盘价等信息，文件保存到 ch12 项目相同的目录中。创建一个 Python 文件 tablewidget. py，代码如下：

```
import sys
import pandas as pd
from PyQt5.QtWidgets import (QWidget, QTableWidget, QTableWidgetItem,
                             QAbstractItemView, QVBoxLayout, QApplication)

class Widget(QWidget):
    def __init__(self):
        super().__init__()
        self.initUI()

    def initUI(self):
        self.headers = ['代码','名称','开盘价','最高价','最低价','收盘价']  # ①
```

```
        self. stockList = QTableWidget( )                                    # ②
        self. stockList. setColumnCount(6)                                   # ③
        self. stockList. setHorizontalHeaderLabels( self. headers)           # ④

        self. stockList. setEditTriggers( QAbstractItemView. NoEditTriggers)           # ⑤
        self. stockList. setSelectionBehavior( QAbstractItemView. SelectRows)          # ⑥
        self. stockList. setSelectionMode( QAbstractItemView. SingleSelection)         # ⑦
        self. stockList. horizontalHeader( ). setStyleSheet(
            'QHeaderView: : section{ background: lightgray} ')                         # ⑧

        stock_list = pd. read_csv( r'stock_list. csv', header=None,
                                   encoding='gbk')                                     # ⑨
        for stock in stock_list. itertuples( ) :                                       # ⑩
            self. add_line( stock)

        vbox = QVBoxLayout( )
        vbox. addWidget( self. stockList)
        self. setLayout( vbox)

        self. setGeometry(300, 300, 800, 300)
        self. setWindowTitle('表格')
        self. show( )

    def add_line( self, stock) :
        rowCount = self. stockList. rowCount( )                                        # ①
        self. stockList. setRowCount( rowCount + 1)                                    # ②
        for i in range(6) :                                                            # ③
            item =QTableWidgetItem( str( stock[ i + 1]) )                              # ④
            self. stockList. setItem( rowCount, i, item)                               # ⑤


if __name __ = = ' __main __':
    app =QApplication( sys. argv)
    w = Widget( )
    sys. exit( app. exec_( ) )
```

执行结果如图 13-11 所示。

表格

	代码	名称	开盘价	最高价	最低价	收盘价
1	600000	浦发银行	10.22	10.24	10.15	10.21
2	600004	白云机场	13.66	13.75	13.32	13.41
3	600006	东风汽车	4.27	4.27	4.1	4.11
4	600007	中国国贸	12.94	13.5	12.78	13.48
5	600008	首创股份	3.13	3.14	3.1	3.11

图 13-11　QTableWidget 示例

第①行：表头标题列表。

第②行：创建一个表格控件。

第③行：将表格设置为 6 列。

第④行：设置表格表头。

第⑤行：将表格设置为不允许编辑。

第⑥行：将表格的选择模式设为“行选择”。

第⑦行：设置为只能选择单行，不能同时选择多行。

第⑧行：将表头设为浅灰色背景。

第⑨行：从 CSV 文件中读取数据，保存到一个 DataFrame 对象中，详细说明见 9.2 节。

第⑩部分：从 DataFrame 对象中取每一行数据，详细说明见 8.3 节，调用 add_line 方法，将一行数据添加到表格中。

add_line 方法接受一个参数 stock，其类型为 Pandas 命名元组。

（行号重新计数）

第①行：取表格当前行数。

第②行：表格增加一行。

第③行：循环处理 stock 的 6 个数据。

第④行：从 stock 中取一个数据，创建 QTableWidgetItem 对象。stock 中的第 0 个元素为索引，真正的数据从第 1 个元素开始。

第⑤行：调用表格的 setItem 方法，将 QTableWidgetItem 对象设置到表格中。setItem 方法需要指定单元格的行和列，行号和列号都从 0 开始计数。

13.11 习题

1. QToolButton 是工具按钮，一般用在工具栏上，请上网查找并完成一个 QToolButton 的示例。

2. QGroupBox 是组织界面时常用的一个容器类控件，请上网查找并完成一个 QGroupBox 的示例。

3. QPushButton 的功能非常强大，请上网分别查找并完成在 QPushButton 按钮上添加图标和菜单的示例。

4. QCalendarWidget 是一个基于月份的日历控件，用于选择日期比较方便，但如果希望手工输入日期时间，使用 QTimeEdit、QDateEdit 和 QDateTimeEdit 之类的控件则更适合。请上网查找并完成一个 QDateEdit 的示例。

5. 修改 13.10 节示例，将“名称”列改为用蓝色文字显示。

第14章　PyQt5绘图

绘图是GUI界面的基础功能。PyQt5支持两种绘图机制。一种是使用基本的窗口绘图类控件，包括QPainter、QPen和QBrush等，在窗口的paintEvent事件中编写绘图程序，其本质是绘制位图。这种机制方法简单容易理解，但只适合于绘制复杂度不高的固定图形，并且不能实现图元的选择、编辑、拖放和修改等交互功能。另一种机制是使用Graphics View绘图架构，这是一种基于图元（Graphics Item）的模型/视图模式，可以在一个场景（Scene）中绘制大量图元，且每个图元都是可选择、可交互的。本章先分别介绍这两种机制，然后再介绍一种跟PyQt5能够很好结合的图形库PyQtGraph。

使用PyCharm创建一个新的项目ch14，用来验证本章示例。

14.1　图片显示

显示图片是绘图程序的最初级需求。在介绍如何绘制自己的图形之前，本节通过一个简单示例，先介绍如何显示已经制作好的图片。

在PyQt5中，使用QPainter类绘制二维图形。按照PyQt5的理念，图形一定要显示在某种设备上。这里的设备不是专指某个硬件，而是抽象的设备。QPaintDevice类是所有绘图设备的基类，QPainter只能够在QPaintDevice的子类上进行绘制。QPaintDevice的子类包括我们熟悉的QWidget，除此之外还有QImage、QPixmap、QPicture和QPrinter等。

- QWidget。QWidget类是所有用户界面元素的基类，包括本书前面介绍的大部分界面控件，它能够接受鼠标、键盘和窗口等事件，并在屏幕上绘制自己。
- QImage。QImage类提供了与硬件无关的图像表示，为直接操作像素提供优化。QImage支持单色、8-bit、32-bit和alpha混合图像，使用QImage的优点在于可以获得平台无关的绘制操作。
- QPixmap。QPixmap类是后台显示的图像，为在屏幕上显示图像提供优化。不同于QImage，QPixmap的图像数据对用户不可见，由底层窗口系统管理。PyQt5还提供QPixmap的派生类QBitmap。QBitmap表示单色的Pixmap，主要用来创建自定义的QCursor和QBrush对象，构造QRegion对象，设置pixmap和窗口部件的掩码等。
- QPicture。QPicture类是能够记录和重演QPainter命令的绘图设备。QPicture将QPainter的命令串行化为平台无关的格式，QPicture也与分辨率无关。例如QPicture在不同的设备（如svg、pdf、打印机和屏幕等）上能够有同样的显示效果。
- QPrinter。QPrinter类是在打印机上绘制的绘图设备。QPrinter可以在任意其他QPrintEngine对象上打印，也可以直接生成PDF文件。

下面示例使用QPixmap对象加载图片，并将图片显示在QLabel控件上。创建一个Python文件pixmap.py，代码如下：

```
import sys
from PyQt5.QtWidgets import (QWidget, QHBoxLayout,
QLabel, QApplication)
from PyQt5.QtGui import QPixmap

class Widget(QWidget):
    def __init__(self):
        super().__init__()
        self.initUI()

    def initUI(self):
        pixmap = QPixmap("Python.jpg")                    # ①

        lbl = QLabel(self)
        lbl.setPixmap(pixmap)                             # ②
        lbl.move(70,20)

        self.setGeometry(300, 300, 280, 130)
        self.setWindowTitle('显示图片')
        self.show()

if __name__ == '__main__':
    app = QApplication(sys.argv)
    w = Widget()
    sys.exit(app.exec_())
```

执行结果如图 14-1 所示。

将图片文件 Python.jpg 复制到与程序相同的目录中，该图片可以到 Python 官网下载。也可以使用其他任意 BMP、GIF 或 JPG 格式的文件，但需要修改程序中的相应部分。该图片显示在打开的窗口上。

第①行：创建一个 QPixmap 对象，将文件名作为参数传入。

第②行：将创建的 QPixmap 对象放到 QLabel 控件上，利用 QLabel 控件作为显示图片的载体。

图 14-1　显示图片

14.2　基本绘图类

使用窗口绘图类控件是 PyQt5 的基础绘图方式。在 PyQt5 中，使用 QPainter 类绘制二维图形，绘图效果取决于对 QPainter 的设置。QPainter 包含三个主要的设置，分别为：

- 画笔 QPen：用来画线和边缘。它包含颜色、宽度、线型、拐点风格以及连接风格等属性。
- 画刷 QBrush：用来填充几何形状的图案。它一般由颜色和风格组成，但同时也可以是纹理（一个不断重复的图像）或者是渐变。
- 字体 QFont：用来绘制文字。它包含字体族和磅值大小等属性。

创建一个 Python 文件 painter.py，代码如下：

```python
import sys
from PyQt5.QtWidgets import QApplication, QWidget
from PyQt5.QtGui import QPainter, QColor, QFont
from PyQt5.QtCore import Qt, QPoint

class Widget(QWidget):
    def __init__(self):
        super().__init__()
        self.initUI()

    def initUI(self):
        self.setGeometry(300, 300, 400, 160)
        self.setWindowTitle('基本绘图类')
        self.show()

    def paintEvent(self, event):
        # 初始化绘图工具
        qp =QPainter(self)
        # 开始在窗口绘制
        qp.begin(self)
        # 绘制文本
        self.drawText(qp)
        # 画点
        self.drawPoints(qp)
        # 结束绘制
        qp.end()

    def drawText(self, qp):
        # 将画笔设为绿色
        qp.setPen(Qt.green)
        # 设置字体
        qp.setFont(QFont('宋体', 18))
        # 绘制文字
        qp.drawText(QPoint(10, 40), '用 PyQt5 绘制文本')

    def drawPoints(self,qp):
        # 将画笔设为红色
        qp.setPen(Qt.red)
        # 画 300 个点,组成一条横线
        for i in range(300):
            qp.drawPoint(50+i,100)

if __name__ == '__main__':
    app =QApplication(sys.argv)
    w = Widget()
    sys.exit(app.exec_())
```

执行结果如图 14-2 所示。

程序代码中已经进行了详细注释。从程序中可以看到，需要执行绘图功能的两个方法都带有一个 QPainter 类型的参数，再次说明 QPainter 类在基础绘图功能中的核心作用。

图 14-2　基本绘图类示例

14.3　图形视图架构

使用窗口绘图类控件不太适合于绘制复杂的图形，且没有交互功能。而使用 Graphics View 绘图架构（图形视图架构）则可以满足复杂的、交互式的绘图需求。在 Graphics View 架构中，系统可以利用 PyQt5 绘图系统的防锯齿、OpenGL 工具来改善绘图性能；Graphics View 架构支持的事件传播体系，可以使图元在场景中的交互能力成倍提高，并且每个图元都可选择、拖放和修改；通过二元空间划分树（Binary Space Partitioning，BSP）算法进行快速的图元查找，这样就能够实时地显示包含上百万个图元的大场景。

Graphics View 架构主要包含三个类：场景类（QGraphicsScene）、视图类（QGraphicsView）和图元类（QGraphicsItem）。

（1）场景类（QGraphicsScene）

QGraphicsScene 类提供绘图场景（Scene）。场景不可见，是一个抽象的管理图元的容器，可以向场景添加图元，也可以获取场景中的某个图元。QGraphicsScene 的功能包括：

1）提供管理大量图元的快速接口。

2）将事件传播给每个图元。

3）管理每个图元的状态，包括选择状态和焦点等。

4）管理未经变换的渲染功能。

场景还有背景层和前景层，通常由 QBrush 指定。

（2）视图类（QGraphicsView）

QGraphicsView 类提供视图（View）组件，用于显示场景中的内容。可以为一个场景设置几个不同的视图。

视图接收键盘和鼠标输入，转换为场景事件，进行坐标转换后传递给场景。

（3）图元类（QGraphicsItem）

QGraphicsItem 是场景中各种图元的基类，在它的基础上可能继承出各种图元类，如椭圆类 QGraphicsEclipseItem、矩形类 QGraphicsRectItem 和文字类 QGraphicsTextItem 等。QGraphicsItem 的功能包括：

1）支持鼠标事件响应。

2）支持键盘事件。

3）支持拖放。

4）支持组合。

可以看到，场景是图元的容器，可以在场景上绘制很多个图元。每个图元就是一个对象，这些图元可以被选择和拖动等。视图显示场景的一部分区域，一个场景可以有多个视图；一个视图显示场景的部分区域或者全部区域，或者从不同角度来观察场景。

Graphics View 架构有三个坐标系：场景坐标、视图坐标和图元坐标。

（1）场景坐标

场景坐标是所有图元的基础坐标系统。场景坐标描述了每个顶层图元的位置，创建场景时可以定义场景矩形区的坐标范围。

```
scene = newQGraphicsScene(-400,-300,800,600)
```

场景坐标系一般以场景的中心为原点，是实数坐标系。

（2）视图坐标

视图坐标就是窗口界面（widget）的物理坐标，是整数坐标系，单位是像素。

QGraphicsView 继承自 QWidget，因此视图坐标与 QWidget 坐标是一样的。视图坐标左上角为原点，即（0,0）点，从左向右为 x 轴正向，从上向下为 y 轴正向。

（3）图元坐标

图元使用自己的局部坐标，通常其中心为（0,0），这也是所有坐标变换的原点。图元坐标系是实数坐标系。

图元的坐标用局部坐标表示，创建自定义图元或者绘制图元时，只需要考虑其局部坐标，QGraphicsScene 和 QGraphicsView 会自动进行坐标转换。一个图元的位置是其原点在父坐标系中的坐标，对于没有父图元的图元，其父对象就是场景，图元的位置就是在场景中的坐标。如果一个图元还是其他图元的父项，父项进行坐标变换时，子项也做同样的坐标变换。QGraphicsItem 的大多数方法都使用其局部坐标系。

在场景中操作图元，需要进行场景到图元、图元到场景，还有视图到场景之间的坐标转换。在 QGraphicsView 的视图上单击鼠标，通过 QGraphicsView::mapToScene()将视图坐标映射到场景坐标，用 QGraphicsScene::itemAt()可以获取场景中鼠标光标指向的图元。

创建一个 Python 文件 graphicsview. py，代码如下：

```
import sys
from PyQt5. QtWidgets import (QApplication, QGraphicsScene, QGraphicsView,
                              QGraphicsRectItem, QWidget, QLabel, QGraphicsItem,
                              QGraphicsEllipseItem,QHBoxLayout, QVBoxLayout)
from PyQt5. QtCore import Qt, pyqtSignal, QPoint, QRectF

class QMyGraphicsView(QGraphicsView):
    sigMouseMove = pyqtSignal(QPoint)                        # ①

    def __init__(self):
        super(). __init__()

    def mouseMoveEvent(self, event):
        pt = event. pos()                                    # ②
        self. sigMouseMove. emit(pt)                         # ③
        QGraphicsView. mouseMoveEvent(self, event)           # ④

class Widget(QWidget):
    def __init__(self):
        super(). __init__()
```

```
        self.initUI()

    def initUI(self):
        self.lblview = QLabel('视图坐标:')                        # ①
        self.lblscene = QLabel('场景坐标:')
        self.lblitem = QLabel('图元坐标:')
        hbox = QHBoxLayout()
        hbox.addWidget(self.lblview)
        hbox.addWidget(self.lblscene)
        hbox.addWidget(self.lblitem)

        self.view = QMyGraphicsView()                              # ②
        vbox = QVBoxLayout()                                       # ③
        vbox.addLayout(hbox)
        vbox.addWidget(self.view)
        self.setLayout(vbox)

        self.scene = QGraphicsScene()                              # ④
        self.view.setScene(self.scene)                             # ⑤

        rect = QRectF(-150,-100,300,200)                           # ⑥
        item1 = QGraphicsRectItem(rect)                            # ⑦
        item1.setBrush(Qt.green)                                   # ⑧
        item1.setFlags(QGraphicsItem.ItemIsSelectable |
                       QGraphicsItem.ItemIsFocusable |
                       QGraphicsItem.ItemIsMovable)                # ⑨
        self.scene.addItem(item1)                                  # ⑩

        item2 = QGraphicsEllipseItem(-50, -50, 100, 100)           # ①
        item2.setPos(100, -50)                                     # ②
        item2.setBrush(Qt.red)
        item2.setFlags(QGraphicsItem.ItemIsSelectable |
                       QGraphicsItem.ItemIsFocusable |
                       QGraphicsItem.ItemIsMovable)
        self.scene.addItem(item2)

        self.scene.clearSelection()                                # ③
        self.view.sigMouseMove.connect(self.slotMouseMove)         # ④

        self.setGeometry(300, 300, 460, 300)
        self.setWindowTitle('图形视图架构')

    def slotMouseMove(self,pt):                                    # ⑤
        self.lblview.setText(f'视图坐标:{pt.x()},{pt.y()}')        # ⑥
        pt_scene = self.view.mapToScene(pt)                        # ⑦
        self.lblscene.setText('场景坐标:{:.0f},{:.0f}'
                              .format(pt_scene.x(), pt_scene.y()))
        item = self.scene.itemAt(pt_scene,self.
                                 view.transform())                 # ⑧
        if item is not None:
            pt_item = item.mapFromScene(pt_scene)                  # ⑨
            self.lblitem.setText('图元坐标:{:.0f},{:.0f}'
                                 .format(pt_item.x(), pt_item.y()))
```

```
if __name__ == "__main__":
    app =QApplication(sys.argv)
    w = Widget()
    w.show()
    sys.exit(app.exec_())
```

开始执行时，界面如图 14-3 所示。

窗口上部有三个标签，开始时三个标签都没有显示值。下部是一个由 QGraphicsView 对象创建的图形显示区，显示区中有两个图元，即一个矩形和一个圆形。用鼠标拖动某个图元，随着图元位置的移动，窗口上部的三个标签中会显示三个坐标系中的坐标，坐标值由鼠标当前位置在三个坐标系中的坐标决定。

细心的读者可以观察到，在图元拖动的过程中，图元坐标基本不变（可能会有略微的变化，这是在坐标映射过程中实数/整数转换造成的）。如果在拖动之前尽量把鼠标对准图元的中心点，图元坐标就会非常接近（0,0）。如果在拖动之前尽量把鼠标对准圆形图元的中心点，并将它尽量拖到矩形的中心位置，场景坐标和图元坐标都接近（0,0），如图 14-4 所示。

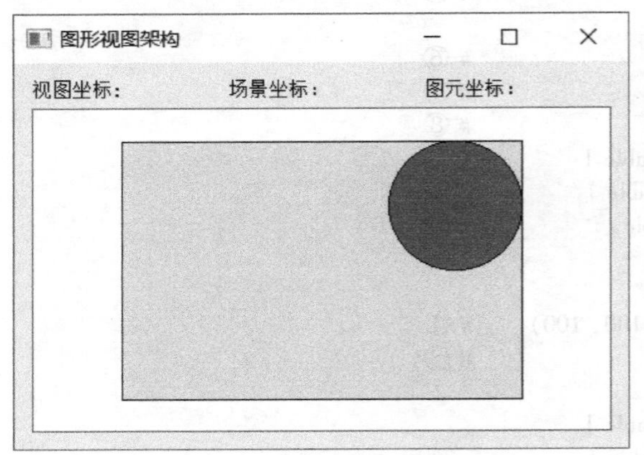

图 14-3　图形视图架构示例（一）

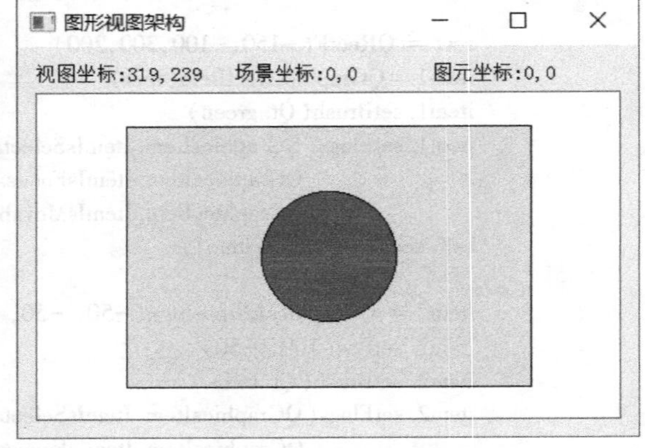

图 14-4　图形视图架构示例（二）

还可以将圆形图元移动到其他一些特殊位置，观察三个坐标的情况。另外，矩形图元也是可以拖动的。

下面对程序代码进行详细说明，如果读者能够完全明白本例的代码与执行效果之间的关系，对图形视图架构也就基本理解了。

程序的第一部分创建了一个 QMyGraphicsView 类，该类从 QGraphicsView 类继承。

第①行：创建自定义信号 sigMouseMove，该信号带有一个 QPoint 类型的参数。

第②行：在 mouseMoveEvent 事件中，获取鼠标坐标。鼠标移动是可视事件，获取的是视图坐标。

第③行：用 sigMouseMove 信号将鼠标（视图）坐标发送出去。

第④行：调用父类的事件处理器。

总之，本部分的作用是从 QGraphicsView 类继承一个类，在子类中定制的功能是，当鼠标移动时，通过信号将鼠标的当前坐标发送出去。

程序的第二部分是继承自 QWidget 的界面部分。

第①部分：创建三个标签，并加入到一个水平布局当中。

第②行：创建一个 QMyGraphicsView 对象（图形视图），用于显示图形。

第③部分：将水平布局和图形视图加入到一个垂直布局中，并将垂直布局设为窗口布局。

第④行：创建场景。

第⑤行：给视图窗口设置场景。用这种设置方法，场景坐标原点默认在场景中心，场景中心位于视图中心；而视图坐标的原点在左上角，两个坐标系的原点不同。

第⑥行：创建一个 QRectF 对象 rect。注意，这只是一个抽象的矩形，其坐标无法说是在哪个坐标系中，也不是指最终显示的那个矩形图元。

第⑦行：使用 rect 创建一个矩形图元。

创建图元时用的是图元坐标，本例的矩形中心在图元坐标原点上。图元最终要加入到场景当中，默认情况下图元原点与场景原点重合，本例创建的矩形图元中心就是在场景坐标原点上。

第⑧行：将矩形图元的画刷设置为绿色。未设置边框（画笔）颜色，将来在界面上画出的矩形是黑框绿底。如果需要，可用如下方法设置边框颜色：

```
item1. setPen( Qt. blue)
```

第⑨行：给图元设置标志。标志可以指定图元的表现，其中：

- QGraphicsItem. ItemIsSelectable 表示图元可被选中。
- QGraphicsItem. ItemIsFocusable 表示图元可获得焦点。
- QGraphicsItem. ItemIsMovable 表示图元可移动。

第⑩行：将图元添加到场景。

（行号重新计数）

第①行：创建椭圆图元，使用的同样是图元坐标。本例椭圆的长短半径相等，是一个正圆形。这是创建图元的另一种形式，四个参数分别表示图元的左上角坐标及宽和高。

第②行：前一行创建的图元坐标原点（圆形圆心）在场景的原点上，本行将其重新定位。所谓重新定位，就是将图元坐标原点移动到指定的场景坐标中。读者换算一下就知道，移动后圆形位于矩形内部右上角。

第③行：清除选择。如果场景中有选中的图元，全部去选。

第④行：将图形视图的 sigMouseMove 信号与槽函数 slotMouseMove 连接。

第⑤行：槽函数。接收到的点坐标为视图坐标。

第⑥行：视图坐标可以直接显示。

第⑦行：将视图坐标转换为场景坐标并显示。

第⑧行：调用场景的 itemAt 方法，根据场景坐标，在场景中查找图元。

由于图形视图可以被设置为可缩放，因此在查找图元时需要知道视图的缩放情况。视图对象的 transform 方法返回一个 QTransform 对象，表示视图的缩放情况，在调用场景的 itemAt 方法查找图元时，需要将此对象作为参数传入。

第⑨行：如果找到了图元，则将场景坐标转换为图元坐标并显示。

本例只使用了两个图元，真实的系统，如股票行情的 K 线图，上面可能有成千上万个图元，使用图形视图架构仍然能够保证很优异的性能。

14.4 PyQtGraph 基础

本章前面介绍的是 PyQt5 本身提供的绘图功能。从本节开始，介绍与 PyQt5 结合非常好的一个图形库——PyQtGraph。

14.4.1 PyQtGraph 介绍

PyQtGraph 是一个功能强大的 2D/3D 绘图包，与 matplotlib 相比，由于在内部实现上使用了高速计算的 NumPy 信号处理库以及 Qt 的 GraphicsView 架构，在大数据量的数字处理和快速显示方面有着巨大的优势，适合于需要快速视频/绘图更新和实时交互性操作的场合。PyQtGraph 不仅为各种数据提供了快速可交互式的图形显示，还提供了用于快速开发应用程序的各种小工具，如属性树、流程图等小部件，在数学、科学和工程领域都有着广泛的应用。PyQtGraph 的主要目标是：

- 为数据提供快速可交互式的图形显示。
- 提供快速开发应用程序的辅助工具。

PyQtGraph 使用了 PyQt 的 GraphicsView 架构并对它进行了优化和简化，使编程人员可以用最小的代码量实现数据可视化。PyQtGraph 的功能包括：

- 在基本的 2D 交互视图中绘制图片、线和散点图。
- 快速、实时地更新视频/绘图数据。
- 用于标记/选择绘图区域的窗口控件。
- 用于标记/选择感兴趣的图像区域，自动切片多维图像数据的窗口控件。
- 根据特定区域构建自定义图片的窗口控件。
- 增强了 Qt 的窗口停靠机制，允许更复杂和更符合预期的停靠方式。
- 用于快速、动态定制的属性树窗口控件（类似于 Qt Designer 的属性树）。
- 更容易编程的基本 3D 场景图。
- 网格的等值面生成渲染。

PyQtGraph 的图形功能不如 matplotlib 完整成熟，但运行速度更快。PyQtGraph 包的几乎所有图形界面都由 PyQt 生成，使用 PyQtGraph 绘图与使用 PyQt 底层方式绘图在速度上没有太大差别。matplotlib 的目标更多是制作出版质量的图形，而 PyQtGraph 则更倾向于数据采集和分析，强调交互性。MATLAB 程序员习惯于用 matplotlib，而 Python/Qt 程序员更习惯于用 PyQtGraph。

14.4.2 PyQtGraph 的安装与测试

使用 pip 命令安装 PyQtGraph。

```
pip installpyqtgraph
```

提示安装成功之后，还需要测试确认，因为 PyQtGraph 有时会与其他库发生冲突。使用 PyQtGraph 的一个好处是通过两行代码就可以看到所有官方示例。在 Python 解释器中输入：

```
>>> import pyqtgraph. examples
>>>pyqtgraph. examples. run( )
```

弹出如图 14-5 所示的窗口。

左侧是示例列表，在其中选择一个示例。右侧是当前示例的代码。单击“Run Example”按钮执行当前示例，弹出一个新的窗口来显示示例执行的结果。

也可以自行编程验证 PyQtGraph 安装的成果。创建一个 Python 文件 pyqtgraphtest. py，代码如下：

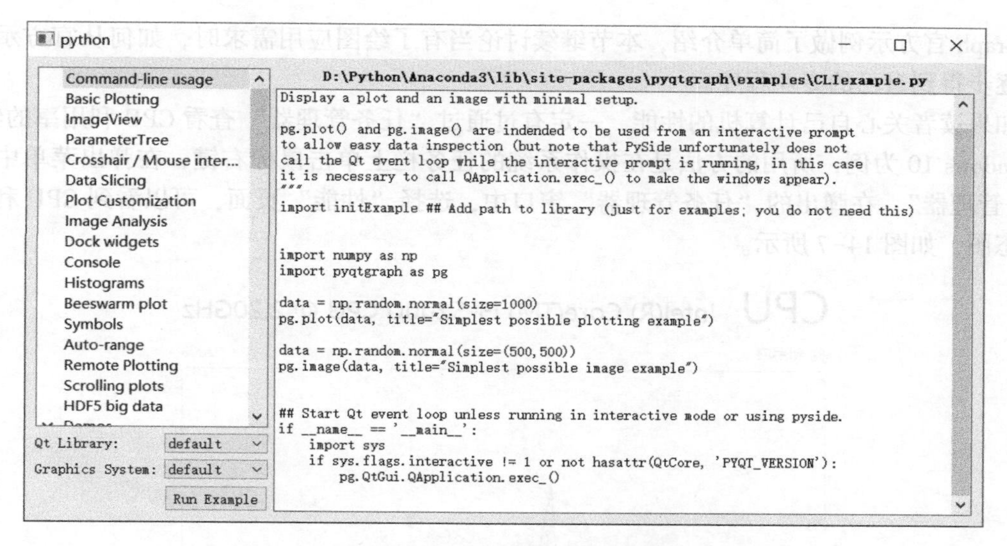

图 14-5　PyQtGraph 的官方示例

```
importnumpy as np
import pyqtgraph as pg

data = np. random. normal( size=1000)
pg. plot( data, title="Simplest possible plotting example" )

## Start Qt event loop unless running in interactive mode or usingpyside.
if __name__ == '__main__':
    pg. QtGui. QApplication. exec_( )
```

执行结果如图 14-6 所示。

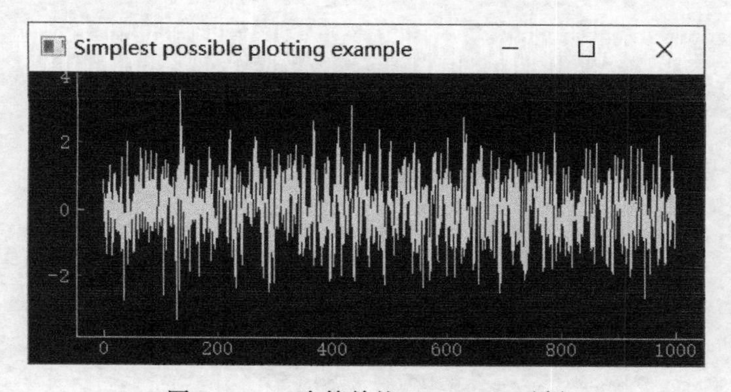

图 14-6　一个简单的 PyQtGraph 示例

事实上，上述代码就是上面的 PyQtGraph 官方示例的部分代码。

14.5　PyQtGraph 折线图

如果在工作中需要长期、深入使用 PyQtGraph，应该从 PyQtGraph 的参考文档入手，在充分掌握 PyQtGraph 相关知识的基础上进行专业开发。如果只是一般性使用，或者即使需要长期使用但目前还处于入门阶段，从 PyQtGraph 的官方示例入手是不错的学习手段。前一节已经对

PyQtGraph 官方示例做了简单介绍，本节继续讨论当有了绘图应用需求时，如何从官方示例开始，逐步得到自己的专业程序。

如果读者关心自己计算机的性能，一定有过通过“任务管理器”查看 CPU 利用率的经历。以 Windows 10 为例，所用的方法是在操作系统的任务栏上单击鼠标右键，在弹出菜单中选择“任务管理器”，在弹出的“任务管理器”窗口中，选择“性能”页面，可以看到 CPU 利用率的动态图，如图 14-7 所示。

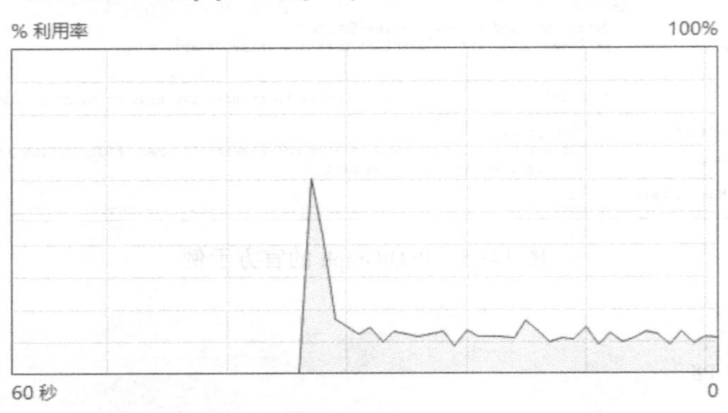

图 14-7　在“任务管理器”中查看 CPU 利用率

为编程实现相同的功能，首先到 PyQtGraph 官方示例中找到合适的示例。通过比较，感觉其中的 Scrolling plots 与我们的需求比较接近。Scrolling plots 的示例界面如图 14-8 所示。

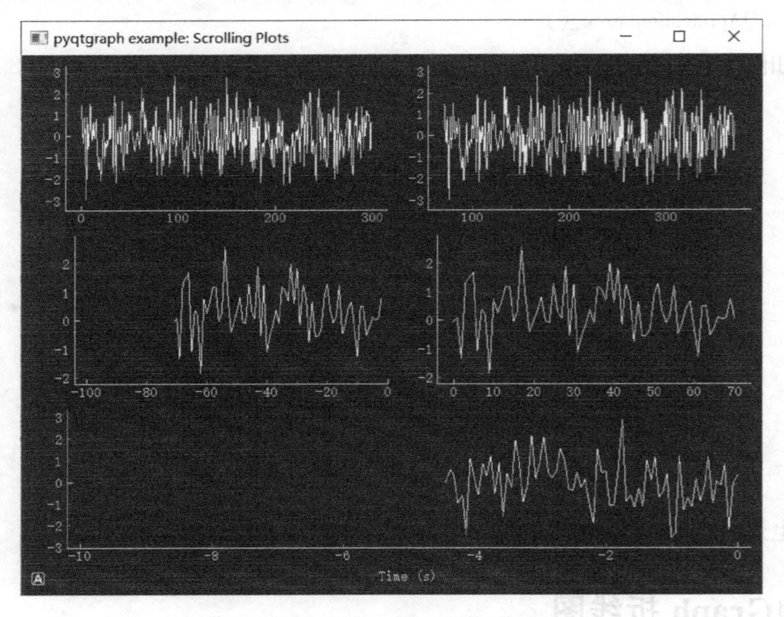

图 14-8　Scrolling plots 的示例界面

界面上有外观相似的多个图表，查看源代码，发现是用三种不同的方式实现的。通过阅读注释，感觉第一种方式（对应界面上部第一排的两个图表）最简单，也能满足需求，可以使用此方法。

创建一个 Python 文件 scrollingplot. py，将示例代码全部复制过来。将 import initExample 一句注释掉（通过注释符号使该句不起作用），就可以直接运行。源代码分为三个部分，分别对应三种方法，将方法 2）和 3）对应的部分删除，再次执行，界面上只剩下原来第一排的两个图表。两个图表的外观完全相同，但第一个图表的处理方法更简单一些，相关代码量看起来更少。继续在代码中删除与 p2 和 curve2 相关的部分，去掉不必要的注释，剩余代码如下：

```
import pyqtgraph as pg
from pyqtgraph. Qt import QtCore, QtGui
importnumpy as np

win = pg. GraphicsWindow( )
win. setWindowTitle('pyqtgraph example: Scrolling Plots')

# 1) Simplest approach -- update data in the array such that plot appears to scroll
#     In these examples, the array size is fixed.
p1 = win. addPlot( )
data1 = np. random. normal( size=300)
curve1 = p1. plot( data1)

def update( ):
    global data1, curve1,ptr1
    data1[ :-1] = data1[1:]  # shift data in the array one sample left
    data1[-1] = np. random. normal( )
    curve1. setData( data1)

timer = pg. QtCore. QTimer( )
timer. timeout. connect( update)
timer. start(50)

## Start Qt event loop unless running in interactive mode or usingpyside.
if __name__ == '__main__':
    import sys

    if (sys. flags. interactive != 1) or nothasattr( QtCore, 'PYQT_VERSION'):
        QtGui. QApplication. instance( ). exec_( )
```

这就是继续实现功能的基础代码。

在 Python 中，可用如下方法很方便地获取 CPU 的实时利用率。

```
import psutil
rate = psutil. cpu_percent( interval=1)
```

得到的 rate 是一个 0~100 的浮点数值。利用这一技术，只需要修改文件 scrollingplot. py 中的五行语句，即可完成本例的需求。相关代码如下：

```
import psutil                                           # ①
p1. showGrid( x=True, y=True)                           # ②
p1. setYRange( max=100, min=0)                          # ③
data1 = np. zeros(100)                                  # ④
def update( ):
    data1[-1] =psutil. cpu_percent( interval=1)         # ⑤
```

增加第①行：导入 psutil 模块。

增加第②行：设置图表上显示网格线，以增强效果。

增加第③行：设置图表 Y 轴的取值范围为 0~100，这样运行时 Y 轴范围就不会频繁自动调整，显示效果看起来也更合理。

修改第④行：将 data1 初始化为 100 个 0。本行的目的是保证程序启动时已经有 100 个值为 0 的数据，新增数会从图表右侧进入图表。

修改第⑤行：在计时器中，新增数据取实时的 CPU 利用率。

现在程序的执行效果如图 14-9 所示。

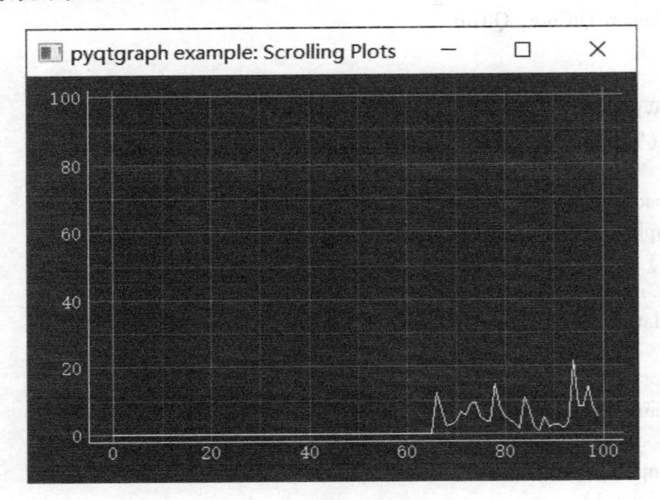

图 14-9　查看 CPU 利用率（一）

现在已经解决了所有技术问题，但这可能还不是我们想要的最终效果。在一个应用程序中，图表显示通常只是其中的一部分功能，甚至只表现为某个窗口的一个局部。因此，我们继续讨论如何将上述 CPU 利用率功能嵌入到 PyQt5 窗口中。创建一个 Python 文件 scrolling-plot2. py，代码如下：

```
import sys
from PyQt5.QtWidgets import QWidget, QVBoxLayout, QApplication
from PyQt5.QtCore import QTimer
import pyqtgraph as pg
import numpy as np
import psutil

class Widget(QWidget):
    def __init__(self):
        super().__init__()
        self.initUI()

    def initUI(self):
        self.pw = pg.PlotWidget()
        self.pw.showGrid(x=True, y=True)
        self.pw.setYRange(max=100, min=0)
        self.data1 = np.zeros(100)
        self.curve1 = self.pw.plot(self.data1)

        vbox = QVBoxLayout()
        vbox.addWidget(self.pw)
```

```
        self.setLayout(vbox)
        self.timer = QTimer()
        self.timer.timeout.connect(self.OnTimer)
        self.timer.start(100)

        self.setGeometry(300, 300, 500, 300)
        self.setWindowTitle('CPU 利用率')
        self.show()

    def OnTimer(self):
        self.data1[:-1] = self.data1[1:]
        self.data1[-1] =psutil.cpu_percent(interval=1)
        self.curve1.setData(self.data1)

if __name__ == '__main__':
    app =QApplication(sys.argv)
    w = Widget()
    sys.exit(app.exec_())
```

执行结果如图 14-10 所示。

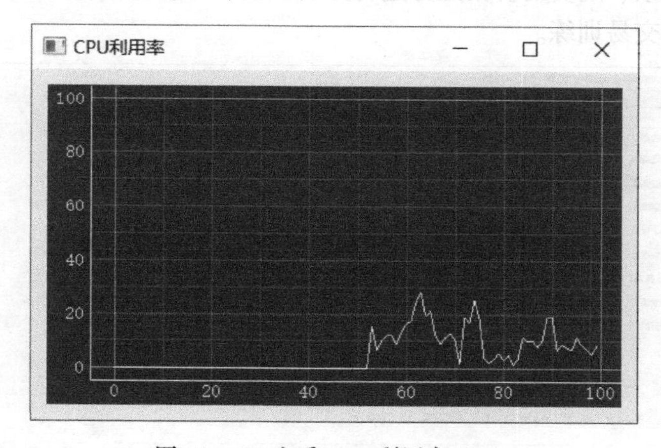

图 14-10　查看 CPU 利用率（二）

PyQt5 的窗口操作和布局管理使用了本书一贯的编程风格，QTimer 的使用在 13.7 节已经介绍，代码不需要进一步说明。

本节除介绍 PyQtGraph 的基本知识外，更重要的是方法。本节介绍的编程方法，对使用其他第三方包甚至其他编程语言来说，也有参考价值。

14.6　习题

1. 除 14.2 节介绍的 drawText 和 drawPoint 等方法外，QPainter 还支持 drawLine、drawEllipse、drawRect 和 drawPolygon 等方法，请上网查找资料搞清这些方法的功能，并完成一个使用这些方法的示例。

2. 简述图形视图架构的三个坐标系。

3. 继续修改 14.3 节示例，增加用鼠标选择图元后，用键盘上的箭头键控制其移动的功能。

第 15 章　案例二　普吸金行情分析系统

第 10 章的案例一是控制台应用程序。大多数产品化的应用程序都有精美的图形界面，本部分主要介绍图形用户界面（GUI）的编程技术。本章案例综合运用本部分知识，开发一个专业化的窗口应用程序。

使用 PyCharm 创建一个新的项目 ch15，用来验证本章案例。

15.1　系统目标

本书作者使用自研的软件“普吸金 - 缠论/波浪理论分析/训练软件（2.0）”进行行情分析与交易训练，界面如图 15-1 和图 15-2 所示，使用包括缠论、艾略特波浪理论在内的各种智能分析手段，对股票、期货的价格走势进行分析预测，对各种操作策略进行模拟，模拟最真实的操作环境以进行交易训练。

普吸金 - 缠论/波浪理论分析/训练软件(2.0公众版 QQ群：881645236)

系统(S)　股票(T)　期货(F)　训练(T)　帮助(H)

技术分析

	代码	名称	涨幅%	收盘	涨跌	开盘	最高价	最低价	成交量(手)	成交额
1	1A0001	上证指数	-1.20	3086.40	-37.43	3108.16	3129.21	3085.81	28087万	2748亿
2	399006	创业板指	-0.73	1657.82	-12.16	1664.04	1682.46	1653.69	8230万	967亿
3	399001	深证成指	-1.28	9780.82	-126.81	9852.94	9927.74	9774.75	33976万	3492亿
4	399005	中小板指	-1.92	6102.36	-119.44	6174.18	6199.54	6100.69	15005万	1501亿
5	000001	平安银行	-2.41	13.79	-0.34	14.08	14.25	13.70	101万	140799万
6	000002	万科A	-1.05	29.08	-0.31	29.10	29.38	28.90	396883	115574万
7	600000	浦发银行	-1.91	11.32	-0.22	11.43	11.56	11.28	424695	48527万
8	600004	白云机场	0.42	14.51	0.06	14.31	14.80	14.26	154257	22588万

上证A股 | 深证A股 | 指数 | 中小企业 | 创业板 | 科创板 | ETF基金 | 自选股 | 自定义板块

图 15-1　普吸金系统界面（一）

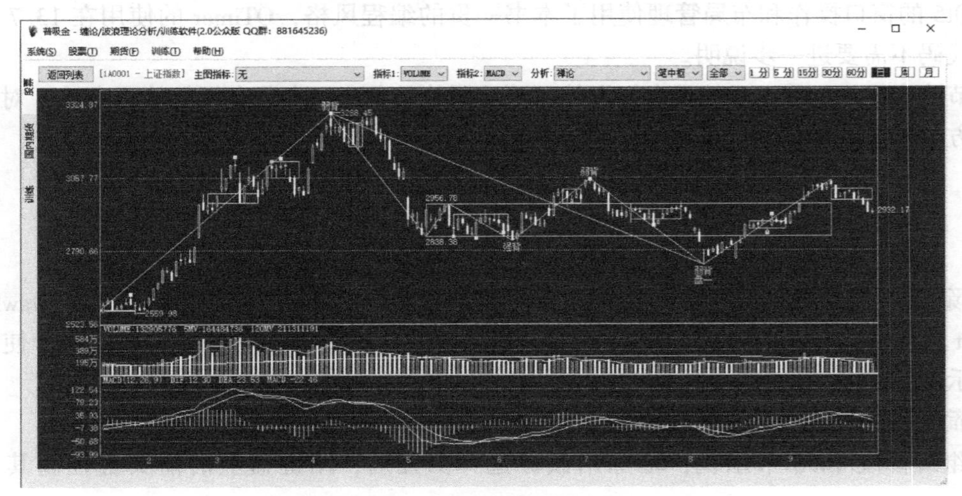

图 15-2　普吸金系统界面（二）

本章将引导读者一步步地实现一个简化的行情分析软件“普吸金-行情分析软件”（简称“普吸金”），界面如图 15-3 所示。这里的简化只是少用一些控件，少一些重复操作，在技术复杂度与编程技巧上并没有简化，掌握了本章内容，就完全能够自行实现与“普吸金 - 缠论/波浪理论分析/训练软件（2.0）”同样专业的系统。

普吸金是典型的 Windows 风格界面，从上到下分别为标题栏、菜单栏、工作区和状态栏。工作区有三个页面，页面标题在左侧，分别为股票、期货和训练。在“股票”页面上，初始时为股票列表界面。

股票列表界面的中部是一个表格控件（QTableWidget）。本案例专注于可视化界面设计，只是将表格控件布局于此，并没有真正编程显示股票列表，读者可参考 13.10 节内容自行实现此功能。界面的下部是一排按钮，模拟改变列表中的股票种类。界面的上部是“技术分析”按钮，模拟在列表中选中一只股票后，打开它的技术分析界面，如图 15-4 所示。由于没有实际的列表，本案例固定打开浦发银行（股票代码为 600000）的技术分析界面。

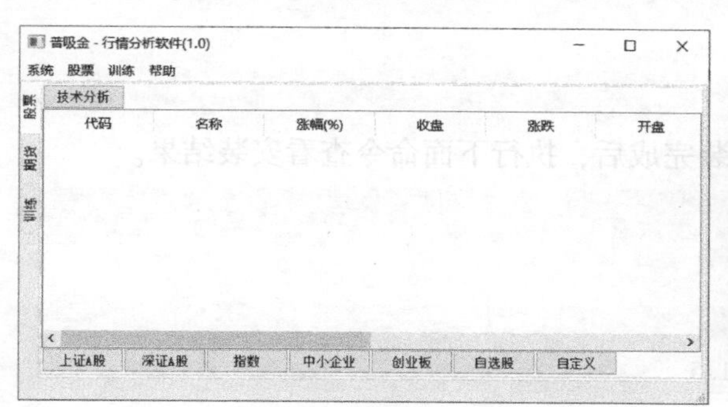

图 15-3 简化的普吸金系统界面

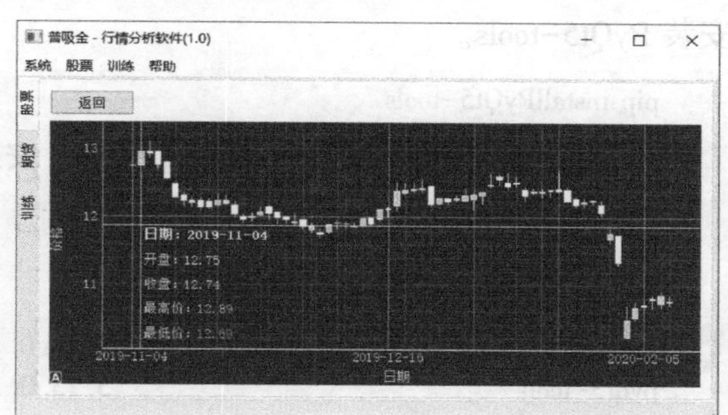

图 15-4 技术分析界面

系统在原来显示股票列表的区域显示当前股票的 K 线图。移动鼠标时有十字线跟随定位，并显示鼠标所指向 K 线的具体行情信息。

单元“返回”按钮返回到股票列表界面。

15.2 界面设计

Qt Designer 即 Qt 设计师，是一个强大、灵活的可视化 GUI 设计工具，可以加快 PyQt5 程序的开发速度。Qt Designer 是专门用来制作 PyQt5 程序中 UI 界面的工具，它生成的 UI 界面是一个扩展名为 .ui 的文件。该文件通过编译可以转换为 .py 格式的文件，并被其他 Python 程序使用[8]。

使用 PyQt5 进行界面编程有两种方法：一种就是如本部分前面各章所述，编写代码实现界面和功能；另一种方法，是先使用 Qt Designer 进行可视化的界面设计，然后将设计结果编译成可执行的 Python 程序。

第一种方法是基础。虽然 Qt Designer 用可视化、所见即所得的方式进行界面设计，但终究要跟功能编码结合才能构成完整系统，所以使用 Qt Designer 也最好有编程基础。如果第一种方法掌握得好，第二种方法在稍有了解的基础上就可以通过自学掌握。两种方法各有优势，都掌握才能针对实际需求做灵活选择。

使用 Python 的 IDE 进行编程时，需要以外部程序的形式调用 Qt Designer，以及对 IDE 进行配置。对于初学者来说，这些概念可能比较抽象。本案例以一个功能比较全面的示例为主线，逐步引导读者完成各项操作，做过一遍之后，读者对 Qt Designer 可以做到基本掌握。Qt Designer 本来就是可视化工具，所见即所得，特别适合用这种方法进行介绍。

学习可视化编程，最好的方法是三步走：跟着做、总结经验、继续探索。本案例包含第一步和第二步的一部分，在带领读者逐步操作的同时进行了一定程度的总结，后续需要读者自我总结提高。

15.2.1 Qt Designer 基础

11.2 节介绍了 PyQt5 的安装，但是 PyQt5 并不包含 Qt Designer，若要实现可视化的界面设计，还需要安装并配置 PyQt5-tools。

1. 安装 PyQt5-tools

PyQt5-tools 包含程序 designer.exe，可实现 PyQt5 的可视化界面设计。使用 pip 命令下载安装 PyQt5-tools。

```
pip installPyQt5-tools
```

包比较大，下载安装需要较长的时间。安装完成后，执行下面命令查看安装结果。

```
pip list
```

应该可以看到类似下面两行的内容：

```
PyQt5                    5.13.0
pyqt5-tools              5.13.0.1.5
```

2. 配置 PyCharm 开发环境

PyQt5-tools 安装完成后，如果要使用 PyCharm 进行 PyQt5 可视化开发，还需要对 PyCharm 进行一些配置。

(1) 配置解释器

确保在使用 PyCharm 创建新项目 ch15 时，已经选择了合适的解释器。可用如下方法检查解释器配置是否支持 PyQt5-tools 开发。

在 PyCharm 中打开项目 ch15。系统菜单中选择“File→Settings…”进入配置界面。在配置界面中选择“Project：ch15→Project Interpreter”，如图 15-5 所示。

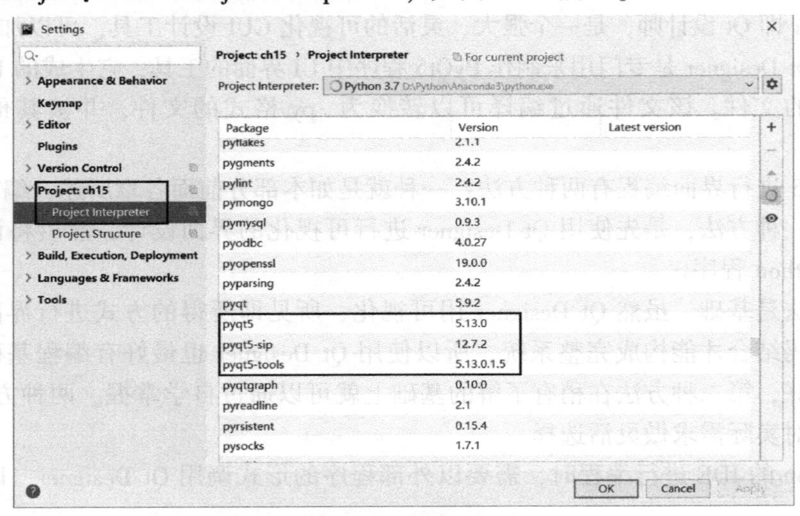

图 15-5　配置解释器

如果能看到 PyQt5 包和 PyQt5-tools 包，配置就完成了。

（2）增加外部工具

为完成可视化开发，PyQt5-tools 提供了三个强有力的工具：

- Qt Designer：Qt 设计师工具。该工具以图形化的方式设计界面，将设计成果保存为 .ui 文件。
- pyuic5：UI 文件编译器。该工具将设计师工具生成的界面文件（扩展名为 .ui）编译为 .py 文件，使其可以在 Python 中执行。
- pyrcc5：资源文件编译器。该工具将 Qt 资源文件（扩展名为 .rcc）编译为 .py 文件。

这三个工具都可以独立运行，但手工启动时需要输入参数，不太方便。为了发挥 IDE 集成开发的优势，最好能在 PyCharm 中直接调用这些工具，直接对项目中的文件进行操作。为达到此目的，需要对 PyCharm 进行配置。

在上述 PyCharm 配置界面中选择 Tools→External Tools，为系统配置外部（扩展）工具，如图 15-6 所示。

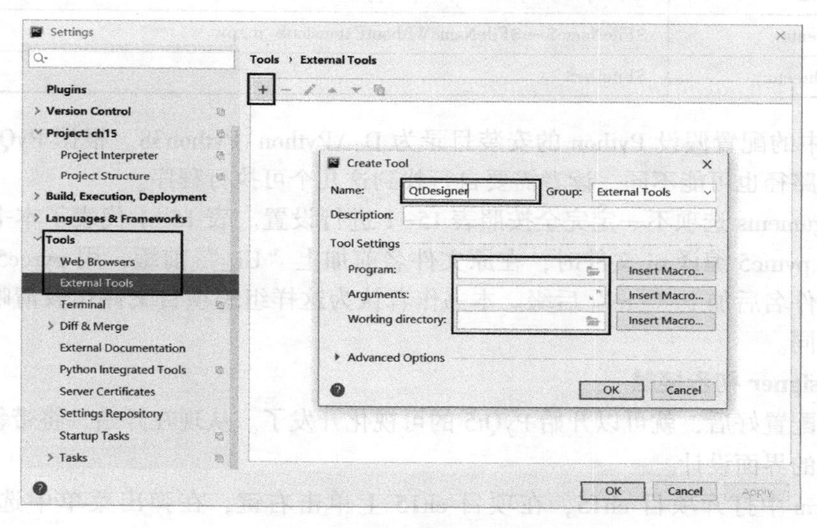

图 15-6　配置外部工具

单击加号，弹出 Create Tool 界面，创建外部工具。每个工具需要指定一些选项，包括：

- 名称（Name）：外部工具的名称，可自定义。
- 描述（Description）：对外部工具进行描述，可选。
- 程序（Pragram）：外部工具的可执行文件，需要包含完整的路径名。
- 参数（Arguments）：为外部工具指明源文件和目标文件等参数。
- 工作目录（Working directory）：为外部工具指明工作目录，操作该目录下的文件时可以不带路径。

在图 15-6 的界面中，增加三个外部工具，各选项值见表 15-1。

表 15-1　PyCharm 的 PyQt5-tools 外部工具

选　项	配置内容
1）Qt 设计师	
Name	QtDesigner

（续）

选　项	配 置 内 容
Pragram	D:\Python\Python38\Lib\site-packages\pyqt5_tools\designer. exe
Arguments	$FileName$
Working directory	$ProjectFileDir$
2）Ui 文件编译器	
Name	pyuic5
Pragram	D:\Python\Python38\Scripts\pyuic5. exe
Arguments	$FileName$-o Ui_$FileNameWithoutExtension$. py
Working directory	$FileDir$
3）资源文件编译器	
Name	pyrcc5
Pragram	D:\Python\Python38\Scripts\pyrcc5. exe
Arguments	$FileName$-o$FileNameWithoutExtension$_rc. py
Working directory	$FileDir$

注 1：表中的配置假设 Python 的安装目录为 D:\Python\Python38。根据 PyQt5-tools 版本的不同，相对路径也可能不同，读者需要自行找到这几个可执行程序。

注 2：Arguments 选项不一定完全按照表 15-1 进行设置。表 15-1 代表了本书作者的编程习惯，例如用 pyuic5 编译 ui 文件时，在原文件名前加上“Ui_”前缀；用 pyrcc5 编译资源文件时，在原文件名后加上“_rc”后缀。本书作者认为这样组织项目文件比较清晰，但不同的人习惯可能不同。

3. Qt Designer 初步接触

外部工具配置好后，就可以开始 PyQt5 的可视化开发了。从现在开始，将带领读者一步步地完成普吸金的界面设计。

在 PyCharm 中打开项目 ch15，在项目 ch15 上单击右键，在弹出菜单中选择“External Tools→QtDesigner”，打开“New Form”对话框，如图 15-7 所示。

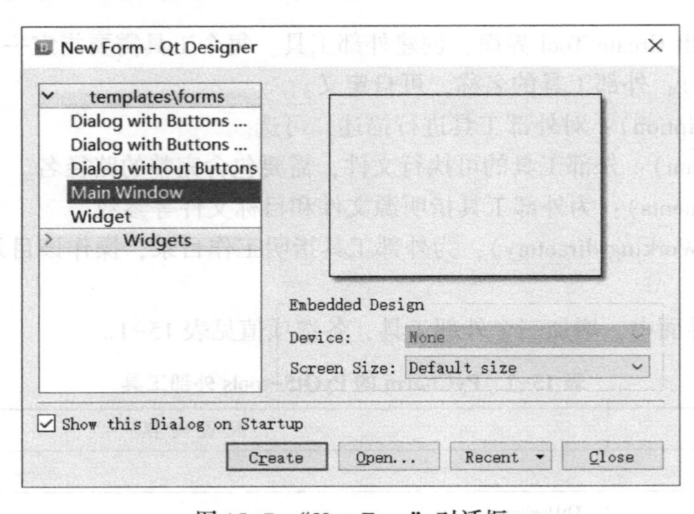

图 15-7 “New Form”对话框

“templates \ forms”列表列出了可选择的窗口模板，其中 Widget（通用窗口）和 MainWindow（主窗口）最为常用，本例选择 MainWindow。单击“Create”按钮，进入 Qt Designer 主界面，如图 15-8 所示。

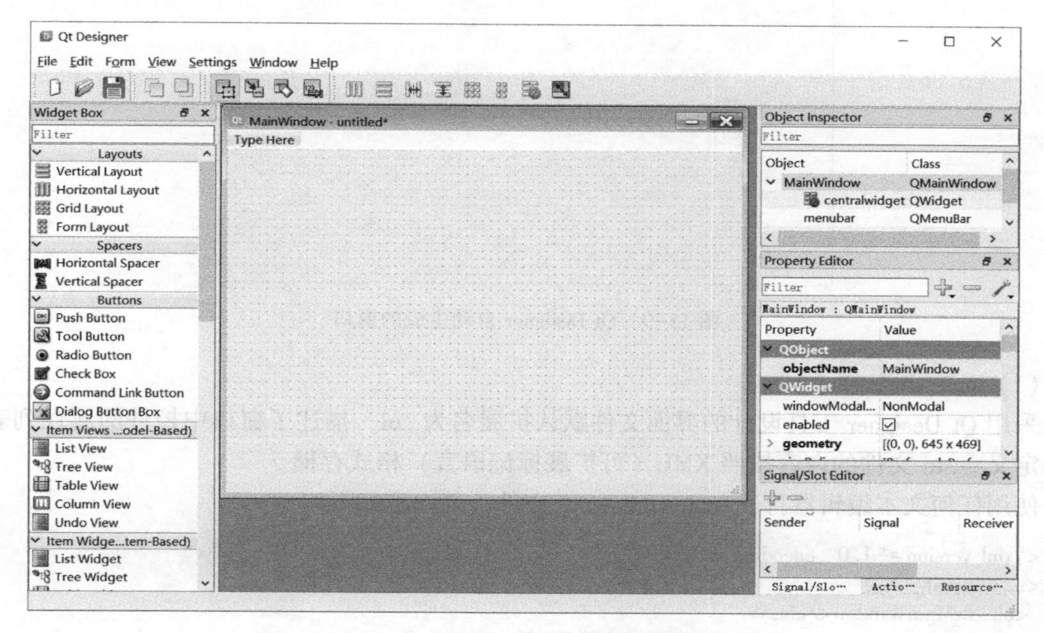

图 15-8　在 Qt Designer 中设计主窗口

工作区中有一个打开的 MainWindow 窗口，暂时不对它做任何修改，直接保存，保存为 mainwindow. ui，可以看到这个文件出现在 PyCharm 项目中。

在 mainwindow. ui 上单击右键，在弹出菜单中选择“External Tools→pyuic5”，对 Ui 文件进行编译，可以看到项目中又增加了一个文件 Ui_mainwindow. py。

创建一个 Python 文件 mainwindow. py，代码如下：

```
import sys
from PyQt5.QtWidgets import QApplication, QMainWindow

from Ui_mainwindow import Ui_MainWindow

class MainWindow(QMainWindow, Ui_MainWindow):
    def __init__(self):
        super(MainWindow, self).__init__()
        self.setupUi(self)

if __name__ == '__main__':
    app = QApplication(sys.argv)
    ui = MainWindow()
    ui.show()
    sys.exit(app.exec_())
```

运行该程序，窗口如图 15-9 所示。

4. Qt Designer 的编程机制

现在项目中有三个文件，下面对这三个文件分别进行分析说明。

图 15-9　Qt Designer 自动生成的窗口

（1）mainwindow. ui

采用 Qt Designer 工具设计的界面文件默认扩展名为 . ui，描述了窗口中控件的属性列表和布局定义。. ui 文件的内容按照 XML（可扩展标记语言）格式存储。

使用任何文本编辑器打开 mainwindow. ui 文件，其内容如下：

```
<?xml version="1.0" encoding="UTF-8"?>
<ui version="4.0">
 <class>MainWindow</class>
 <widget class="QMainWindow" name="MainWindow">
  <property name="geometry">
   <rect>
    <x>0</x>
    <y>0</y>
    <width>800</width>
    <height>600</height>
   </rect>
  </property>
  <property name="windowTitle">
   <string>MainWindow</string>
  </property>
  <widget class="QWidget" name="centralwidget"/>
  <widget class="QMenuBar" name="menubar">
   <property name="geometry">
    <rect>
     <x>0</x>
     <y>0</y>
     <width>800</width>
     <height>26</height>
    </rect>
   </property>
  </widget>
  <widget class="QStatusBar" name="statusbar"/>
 </widget>
 <resources/>
 <connections/>
</ui>
```

可以看到，文件中定义了一个继承自 QMainWindow 的主窗口类，并定义了属性 geometry。还定义了菜单栏和状态栏。目前主窗口上还没有其他控件，菜单栏上也还没有子菜单和行为。

（2）Ui_mainwindow. py

mainwindow. ui 文件经 pyuic5 编译后，生成的文件为 Ui_mainwindow. py。其中前缀 Ui_ 是通过 pyuic5 参数设置加上去的，这是本书作者的编程习惯，表示该文件是通过界面文件编译获得的。Ui_mainwindow. py 的代码如下：

```
from PyQt5 import QtCore, QtGui, QtWidgets

class Ui_MainWindow(object):
    def setupUi(self, MainWindow):
        MainWindow.setObjectName("MainWindow")
        MainWindow.resize(800, 600)
        self.centralwidget = QtWidgets.QWidget(MainWindow)
        self.centralwidget.setObjectName("centralwidget")
        MainWindow.setCentralWidget(self.centralwidget)
        self.menubar = QtWidgets.QMenuBar(MainWindow)
        self.menubar.setGeometry(QtCore.QRect(0, 0, 800, 26))
        self.menubar.setObjectName("menubar")
        MainWindow.setMenuBar(self.menubar)
        self.statusbar = QtWidgets.QStatusBar(MainWindow)
        self.statusbar.setObjectName("statusbar")
        MainWindow.setStatusBar(self.statusbar)

        self.retranslateUi(MainWindow)
        QtCore.QMetaObject.connectSlotsByName(MainWindow)

    def retranslateUi(self, MainWindow):
        _translate = QtCore.QCoreApplication.translate
        MainWindow.setWindowTitle(_translate("MainWindow", "MainWindow"))
```

代码中定义了一个 Ui_MainWindow 类，包含两个方法，其中最关键的是 setupUi 方法。该方法接收一个名称为 MainWindow 的参数，将来传入的是一个 QMainWindow 对象。该方法的每条语句都是从 . ui 文件中的定义转化而来的 Python 语句。编译生成的程序结构规范，也是 Python 编程推荐使用的方法。

在本部分前面的示例中，窗口大多使用 QWidget，使用 QMainWindow 较少。QMainWindow 继承自 QWidget。使用 QWidget 编程更为简单，当不需要菜单栏、状态栏时，如简单界面的应用程序，或应用程序中大量的子窗口，通常都使用 QWidget。

在主窗口中添加控件，推荐使用上述代码中的方法。先创建一个 QWidget 对象，将所有控件添加到该 QWidget 对象之上，再使用主窗口的 setCentralWidget 方法，将 QWidget 对象设为主窗口的中心 Widget。因为主窗口通常比较复杂，可能包含一些特殊区域，如停靠窗口等，使用上述方法更加灵活。比如可以将各区域实现为不同的类（继承自 QWidget），并将这些类存储于相同或不同的模块中。12. 4 节的示例，使用将控件直接添加到主窗口上的方法，看似简单，但实际编程中并不推荐。

（3）mainwindow. py

这是编程人员自行编写的一个 Python 程序文件，本书作者习惯于与 . ui 文件同名。

程序中定义了一个名为 MainWindow 的类，该类从 QMainWindow 和 Ui_MainWindow 多重继承，从 QMainWindow 中继承主窗口的一般特征，从 Ui_MainWindow 中继承对主窗口进行初始化的方法 setupUi。在该类的初始化方法__init__中，先调用父类 QMainWindow 的初始化方法，再调用 setupUi 方法。

除 MainWindow 类的定义外，其他代码与本部分前面示例的代码非常相似。也许读者会有疑问："这段代码没比前几章的代码简单呀！Qt Designer 的优势到底体现在哪儿？" 这是因为本例还没有在界面上增加任何控件，事实上，越复杂的界面，Qt Designer 的优势越明显。

15.2.2 控件及属性

本小节介绍如何为窗口增加控件及如何定义控件的属性。

1. Qt Designer 的界面布局

先对 Qt Designer 工具的界面布局进行说明。在 Qt Designer 中打开 mainwindow.ui 文件，其工作区可分为五个功能区域，如图 15-10 所示。

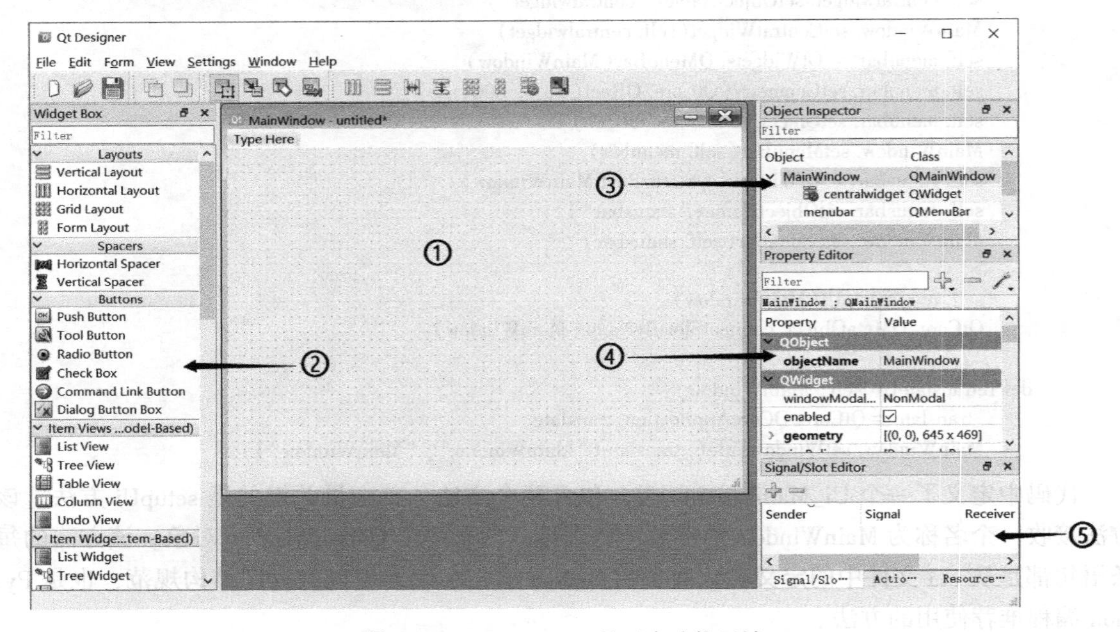

图 15-10 Qt Designer 的五个功能区域

区域①：预览区

在此区域预览要定义的窗口，可以同时预览多个。Qt Designer 是所见即所得的编辑器，所定义的窗口，以与实际执行时非常相似的外观在此区域中预览。可以通过拖、拉的方式改变目标窗口的外观，可以随意地在窗口中增加、删除控件。

区域②：工具箱

工具箱中提供了很多控件，每个控件都有自己的名称，提供不同的功能，比如常用的按钮、下拉列表和行编辑框等，可以直接拖放到目标窗口中。

区域③：对象查看器

在对象查看器中，用树型列表的方式，对目标窗口中所有的对象进行查看。树型列表是一种层次结构，而窗口中的控件也是按层次结构组织的。在树型列表中，根节点是窗口本身。当前有三个子节点，分别是 centralwidget、menubar 和 statusbar，都在前面的 .ui 文件中看到过。将来添加的控件，都会继续添加到根节点或者这三个子节点下面。

区域④：属性编辑器

属性编辑器提供了对窗口、控件、布局等对象的属性编辑功能。每类对象具有的属性各不相同，当在窗口中选择不同的对象时，属性编辑器中的内容会随之改变。

区域⑤：其他编辑器

还有一些其他使用不太频繁的编辑器，包括信号/槽编辑器、动作编辑器和资源浏览器等，将它们组合在一起，放在 Qt Designer 窗口的右下部。

2. 修改控件的属性

在 Qt Designer 中打开 mainwindow.ui 文件，继续操作。

在预览区用鼠标单击主窗口的空白部分，在右侧属性编辑器中可以编辑主窗口的属性。现在主窗口上还没有其他控件，很容易单击在“空白”处。在一个布满了控件的窗口上，特别是使用了布局对象，很难在主窗口中单击到主窗口本身。在这种情况下，也可以在对象查看器中单击希望编辑的对象。

在属性编辑器中将 windowTitle 属性改为“普吸金－行情分析软件（1.0）”。在 windowIcon 属性右侧向下的小三角上单击鼠标，弹出下拉式窗口，在其中选择“Choose File…”，选择图标文件，如第 12 章使用过的 YuLan.png。此时的属性编辑界面如图 15-11 所示。

现在可以执行保存 UI 文件，编译 UI 文件，执行 mainwindow.py 文件等一系列操作，检验前面修改的效果。现在应该可以看到主窗口的标题栏和图标都已经做了预期的改变。需要说明的是，这些步骤可以经常做，既保存文件又检验效果，初学者还可以适时地查看 .ui 文件和编译后文件中的内容，这样可以增强学习效果。什么时候需要做这些工作由读者自行决定，本章后面不再提醒。

从工具箱拖两个 Push Button 按钮到主窗口中。在属性编辑器中，将第一个按钮的 objectName 属性改为 btnTest1，Text 属性改为“按钮 1”，将第二个按钮的 objectName 属性改为 btnTest2，Text 属性改为“按钮 2”，如图 15-12 所示。

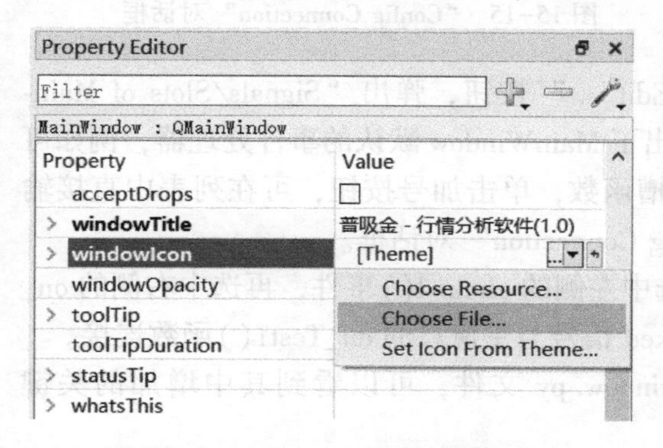

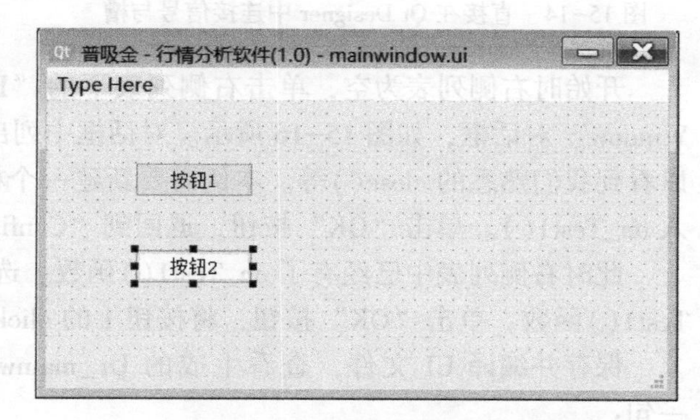

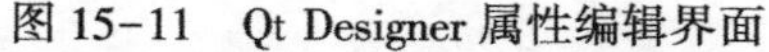

图 15-11　Qt Designer 属性编辑界面　　图 15-12　Qt Designer 中增加了控件的窗口

objectName 属性也可以在对象查看器中通过双击节点名称的方式进行修改，Text 属性也可以在按钮上通过双击的方式直接修改。

15.2.3　Qt Designer 中的信号与槽

上一小节为窗口添加了两个按钮，本小节为这两个按钮添加槽函数。除使用 12.4 节编程的方法外，使用 Qt Designer 进行界面设计，还可以使用两种方法将信号与槽连接。

1. 方法一

第一种方法是直接在 Qt Designer 中连接信号与槽。

在 Qt Designer 的工具栏上有如图 15-13 所示的一组按钮，默认情况下选中第①个按钮，Qt Designer 处于"Edit Widgets"状态，可以在窗口中添加控件、修改控件等。选中第②个按钮，切换到"Edit Signals/Slots"状态，可以对信号和槽进行编辑。

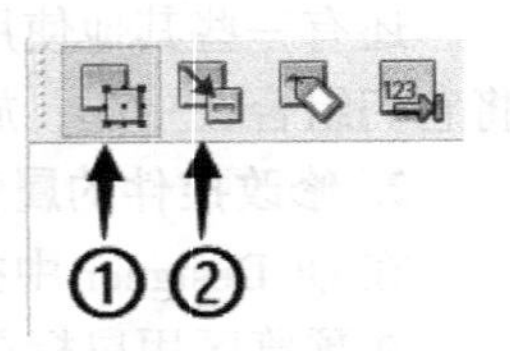

图 15-13　Qt Designer 的工具栏局部

在可视化状态下对信号和槽进行编辑，原理与 12.4 节相同，需要先指明发送者和接收者，再确定信号和槽函数。鼠标单击"按钮 1"，然后移动鼠标，在主窗口的任意空白处释放，执行结果如图 15-14 所示。这样操作的含义是：按钮 1 的某个信号，要交给主窗口的某个槽函数进行处理。

鼠标释放后，弹出"Config Connection"对话框，如图 15-15 所示。对话框的上部是两个列表，左侧列表列出了按钮 1 可处理的事件，右侧列表列出了主窗口可选择的槽函数。出现这个界面再一次说明事件的发送者和接收者已经确定；这也是一个纠错的机会，如果出现这个界面时两侧的对象与预想不符，说明前面拖动鼠标时操作有误。

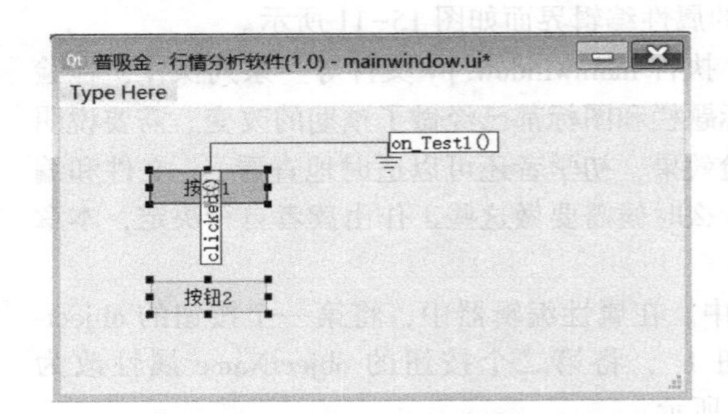

图 15-14　直接在 Qt Designer 中连接信号与槽

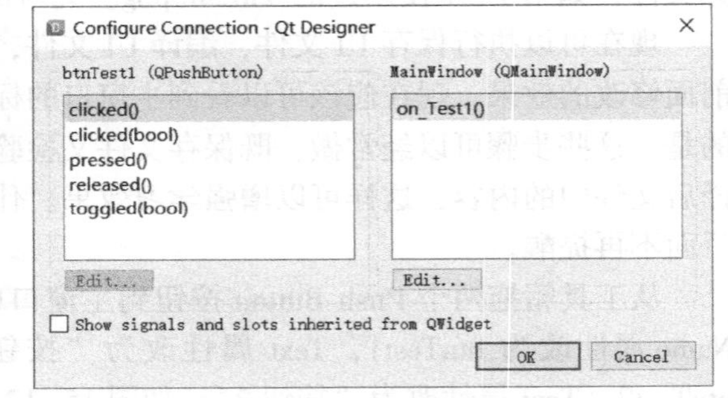

图 15-15　"Config Connection"对话框

开始时右侧列表为空，单击右侧列表下的"Edit..."按钮，弹出"Signals/Slots of MainWindow"对话框，如图 15-16 所示。对话框中列出了 MainWindow 默认的事件处理器，例如可以看到我们熟悉的 close()等。本例需要新建一个槽函数，单击加号按钮，可在列表中直接输入 on_Test1()。单击"OK"按钮，退回到"Config Connection"对话框。

此时右侧列表中已经有了 on_Test1()函数。选中左侧的 clicked()事件，再选中右侧的 on_Test1()函数，单击"OK"按钮，将按钮 1 的 clicked 信号与主窗口的 on_Test1()函数连接。

保存并编译 UI 文件，查看生成的 Ui_mainwindow.py 文件，可以看到其中增加的关键一句：

```
self.btnTest1.clicked.connect(MainWindow.on_Test1)
```

修改 mainwindow.py 文件，相关代码如下：

```
from PyQt5.QtWidgets import QApplication, QMainWindow, QMessageBox

class MainWindow(QMainWindow, Ui_MainWindow):
    ......
```

```
    def on_Test1(self):
        QMessageBox.information(self, '提示信息', '按钮 1 被按下。')
```

增加对 QMessageBox 的导入，在 MainWindow 类中增加一个 on_Test1 方法。

执行 mainwindow.py，可以看到窗口上有两个按钮。单击“按钮 1”，弹出提示信息对话框。

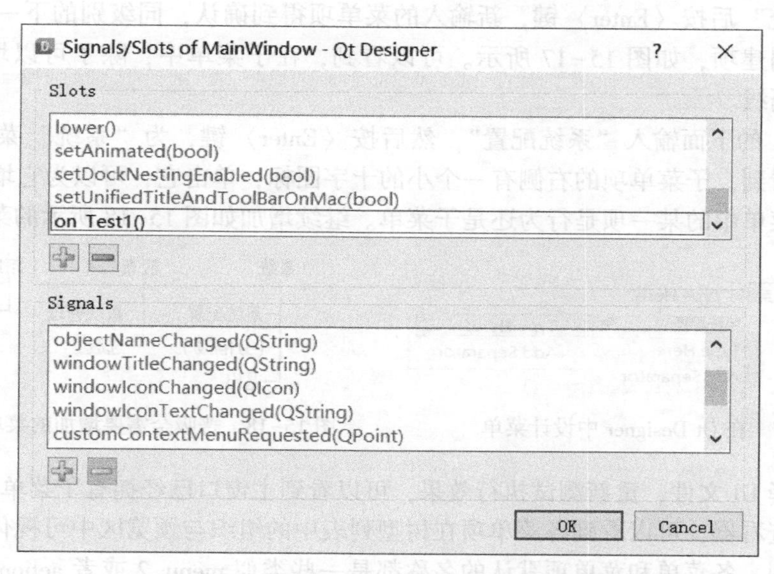

图 15-16 “Signals/Slots of MainWindow”对话框

2. 方法二

除上述可视化的方法外，还可以采用手工编程的方法实现信号与槽的连接。不用在 Qt Designer 中进行额外操作，直接修改 mainwindow.py 文件，相关代码如下：

```
from PyQt5.QtCore import pyqtSlot

class MainWindow(QMainWindow, Ui_MainWindow):
……
    @pyqtSlot()
    def on_btnTest2_clicked(self):
        QMessageBox.information(self, '提示信息', '按钮 2 被按下。')
```

增加对 pyqtSlot 的导入。在 MainWindow 类中再增加一个 on_btnTest2_clicked 方法。注意，在该方法前面使用了@pyqtSlot()装饰器，该装饰器指明跟随的方法是一个 PyQt5 槽函数，命名需要符合 PyQt5 槽函数的规则，即：

```
on_控件名称_信号名称()
```

如果使用了@pyqtSlot()装饰器，并且函数名称符合上述规则，信号和槽函数会自动连接。执行 mainwindow.py，单击“按钮 2”，弹出提示信息对话框。

上述两种方法各有利弊。第一种方法操作稍复杂，但过程清晰，适应性强。第二种方法操作简单，但对槽函数命名有固定要求，且需要编程人员对信号名称有准确把握。在条件允许的情况下，本书作者会尽量使用第二种方法。

15.2.4 菜单

本小节为系统增加菜单，并连接必要的槽函数。

在 Qt Designer 中打开 mainwindow. ui 文件，继续操作。

初始时菜单栏中只有一个待创建的项“Type Here”，双击该处，可以输入要创建的菜单项。输入“系统”后按〈Enter〉键，新输入的菜单项得到确认，同级别的下一位置和下级位置出现新的待创建项，如图 15-17 所示。可以看到，在子菜单中，除了可以增加菜单项外，还可以增加分隔线。

在“系统”的下面输入“系统配置”，然后按〈Enter〉键，为“系统”菜单增加一个子菜单项。可以看到，子菜单项的右侧有一个小的十字图标，单击它，可以为它增加子菜单。系统会自动识别菜单中的某一项是行为还是子菜单。继续增加如图 15-18 所示的菜单项。

图 15-17 在 Qt Designer 中设计菜单

系统
├系统配置
├(分隔线)
└退出

股票
├板块管理
└选股

帮助
└关于…

图 15-18 普吸金需要增加的菜单和菜单项

保存并编译 UI 文件，重新测试执行效果，可以看到主窗口已经拥有了菜单。

观察对象查看器，可以看到各菜单项在树型列表中的组织与预览区中可视化的结果是一致的。同时也看到，各菜单和菜单项默认的名称都是一些类似 menu_2 或者 action_3 之类的含义不明确的名称，需要有针对性地修改，例如将“系统配置”的名称改为 actSysConfig，将“退出”的名称改为 actExit。

修改 mainwindow. py 文件，相关代码如下：

```
class MainWindow(QMainWindow, Ui_MainWindow):
    ……
    @pyqtSlot()
    def on_actSysConfig_triggered(self):
        QMessageBox.information(self, '提示信息', '系统配置功能。')

    @pyqtSlot()
    def on_actExit_triggered(self):
        self.close()
```

增加了两个槽函数。“退出”菜单项实现了退出系统的功能，“系统配置”菜单项目前只是弹出一个提示性的对话框。

15.2.5 工作区设计

本小节对普吸金的工作区界面进行设计，重点演示如何使用布局管理。

1. 创建主 Tab Widget

首先从界面上删除两个按钮，以及 mainwindow. py 文件中两个相关的槽函数。

从工具箱拖一个 Tab Widget 控件到主窗口上，将其 objectName 属性值修改为“mainWidget”。初始时 mainWidget 中有两个 Tab 页，选中第二个 Tab 页，在其上单击鼠标右键，在弹出式菜单中选择“Insert Page→After Current Page”，在两个 Tab 页后面再增加一个 Tab 页。

下面修改三个 Tab 页的标题。先选中第一个 Tab 页，此时对象查看器中的当前对象应该是该 Tab 页的父对象 mainWidget。如果不是，请手工选中它。在属性编辑器中将 currentTabText 属性值修改为“股票”。再用同样的方法修改后两个 Tab 页的标题。

将 mainWidget 的 tabPosition 属性值修改为 West，表示 Tab 页标题在左侧。经过修改后，mainWidget 的外观如图 15-19 所示。

下面使用布局对象使 mainWidget 充满客户区，并随主窗口的大小改变。在主窗口的空白处（或者在对象查看器中的主窗口对象上）单击右键，在弹出式菜单中选择“Lay Out→Lay Out Vertically”。该操作的含义是在主窗口上使用一个 QVBoxLayout 布局对象，并把主窗口上现有的所有对象，以默认方式（通常是按位置从上到下的次序）添加到该布局当中。

此时可以看到 mainWidget 已经基本充满了客户区，但周围有较大的间隙。这样既不好看也浪费了宝贵的界面空间。在对象查看器中选中 centralwidget（mainWidget 的父对象），可以看到其属性编辑器中增加了一个分支 Layout（使用布局之前没有该分支），如图 15-20 所示。

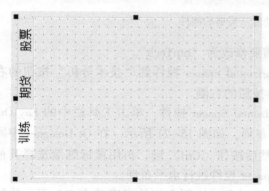

图 15-19　主 Tab Widget 控件的外观

Layout	
layoutName	verticalLayout
layoutLeftMargin	0
layoutTopMargin	0
layoutRightMargin	0
layoutBottomMargin	0
layoutSpacing	0
layoutStretch	0
layoutSizeConstraint	SetDefaultConstraint

图 15-20　配置 Layout 属性

将该分支下的属性值都改为 0，界面变得非常紧凑。

2. 设计股票列表界面

股票列表界面的设计目标是这样的：与股票相关的功能集中在 mainWidget 的“股票”页上，需要在股票列表和技术分析之间切换。实现时将两个功能分别放在一个 Tab Widget 控件（将 objectName 设为“stockWidget”）的两个 Tab 页上。程序执行时隐藏 stockWidget 的标签标题，使用户不能手工在 Tab 页之间切换，只能通过程序切换。stockWidget 的第二个 Tab 页将来需要通过程序创建并添加，在 Qt Designer 设计阶段，stockWidget 只需要一个 Tab 页。

将 mainWidget 的 Tab 页切换到“股票”页。从工具箱拖拽一个 Tab Widget 控件到该 Tab 页上，将其 objectName 属性值修改为“stockWidget”。可以通过对象查看器确认，stockWidget 应该是 mainWidget 第一个 Tab 页的子控件。

初始时 stockWidget 中有两个 Tab 页，现在需要删除第二个 Tab 页。选中第二个 Tab 页，在其上单击鼠标右键，在弹出式菜单中选择“Page 2 of 2→Delete”，将第二个 Tab 页删除。

使用与 mainWidget 相同的方法，通过布局对象，使 stockWidget 充满整个 Tab 页。

下面要在 stockWidget 的唯一 Tab 页上添加股票列表功能所需要的控件。

从工具箱拖一个 Push Button 控件到该 Tab 页的上部，拖一个 Table Widget 控件到该 Tab 页的中部，再拖若干个 Push Button 控件到该 Tab 页的下部，并修改其属性，如图 15-21 所示。

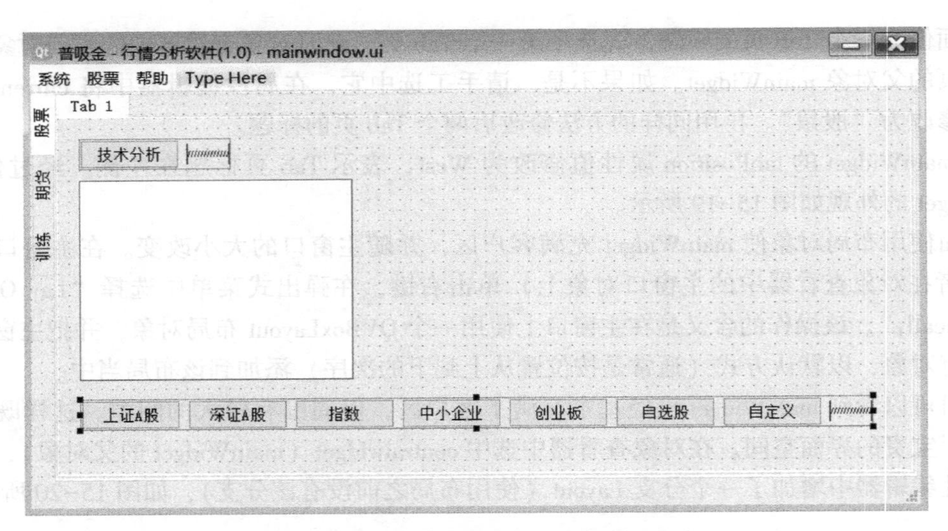

图 15-21　股票列表功能所需要的控件

其中，“技术分析”按钮的 objectName 属性需要修改为“btnTech”。

下面对界面进行布局。从工具箱拖拽一个 Horizontal Spacer 控件到“技术分析”按钮的右侧，再拖拽一个 Horizontal Spacer 控件到下部一排按钮的右侧。

同时选中“技术分析”按钮及其右侧的 Horizontal Spacer 控件，单击工具栏中的 Lay Out Horizontally 按钮，将同时选中的控件进行水平布局，如图 15-21 所示。在 Qt Designer 中同时选中多个控件的方法是：先选中第一个控件，然后按住〈Ctrl〉键，再用鼠标继续选择其他控件。用同样的方法将下部的按钮与 Horizontal Spacer 控件进行水平布局。

使用与 mainWidget 相同的方法，通过垂直布局对象，让所有控件充满整个 Tab 页，执行结果如图 15-22 所示。

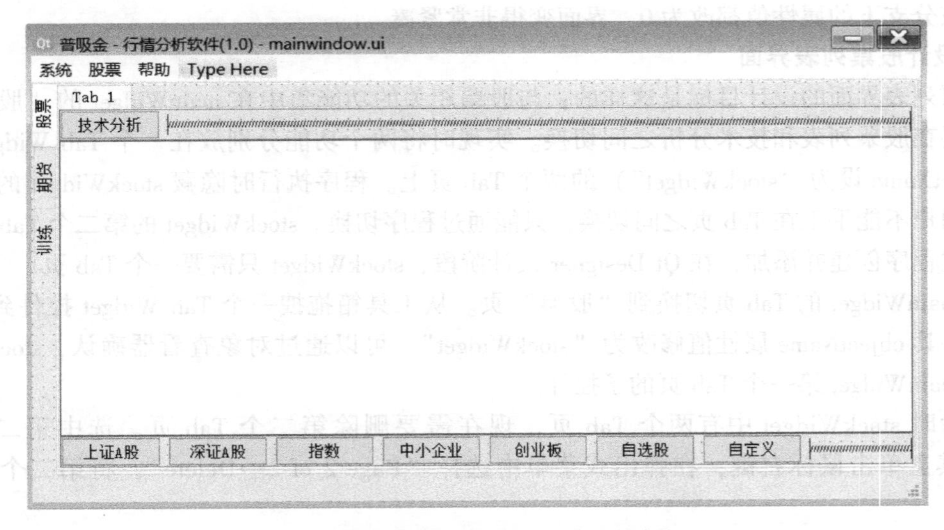

图 15-22　布局完成后的股票列表功能

保存并编译 UI 文件，重新测试执行效果。

修改 mainwindow. py 文件，相关代码如下：

```
class MainWindow(QMainWindow, Ui_MainWindow):
……
    @pyqtSlot()
    def on_btnTech_clicked(self):
        QMessageBox.information(self, '提示信息', '技术分析按钮被按下。')
```

为“技术分析”按钮增加了一个槽函数。

15.2.6 打开子窗口

一个复杂的系统，其所有功能不可能都在主窗口中完成。需要将部分功能，特别是一些辅助功能，放到子窗口中，需要时再打开执行。本节为“系统配置”功能打开一个子窗口。

在项目 ch15 上单击右键，在弹出菜单中选择“External Tools→QtDesigner”，打开“New Form”对话框，如图 15-7 所示。在“templates\forms”列表中选择 Widget。

在 Qt Designer 界面中，将新创建窗口的 objectName 属性修改为“SysConfig”，windowTitle 属性改为“系统配置”。在窗口上添加一个“退出”按钮，将其 objectName 属性修改为“btnExit”。

将窗口文件保存为 sys_config.ui，编译生成文件 Ui_sys_config.py。

创建一个 Python 文件 sys_config.py，代码如下：

```
import sys
from PyQt5.QtWidgets import QApplication, QDialog

from Ui_sys_config import Ui_SysConfig

classSysConfig(QDialog, Ui_SysConfig):
    def __init__(self):
        super(SysConfig, self).__init__()
        self.setupUi(self)

        self.btnExit.clicked.connect(self.on_btnExit)

    def on_btnExit(self):
        self.close()

if __name__ == '__main__':
    app = QApplication(sys.argv)
    ui = SysConfig()
    ui.show()
    sys.exit(app.exec_())
```

使用 Qt Designer 创建的窗口，也可以使用传统的 connect 方法进行信号与槽函数的连接，如上述代码所示。程序的最后部分用于子窗口的单独测试，实际编程时可以不用。

修改 mainwindow.py 文件，相关代码如下：

```
from sys_config importSysConfig

class MainWindow(QMainWindow, Ui_MainWindow):
……
    @pyqtSlot()
```

```
    def on_actSysConfig_triggered(self):
        w =SysConfig()
        w.exec_()
```

在程序中增加导入子窗口的语句。对原有的 on_actSysConfig_triggered()槽函数进行修改，在其中创建并打开子窗口。需要注意的是，在 sys_config.py 的测试代码中，打开窗口用的是 show 方法，show 方法是将窗口作为主窗口打开，后续的 app.exec_ 方法让程序进入消息循环。如果在主程序中也使用 show 方法打开子窗口，因为已经在消息循环当中，子窗口将会一闪即逝。本例使用 exec_方法，以模态窗口的形式打开子窗口。

执行结果如图 15-23 所示。

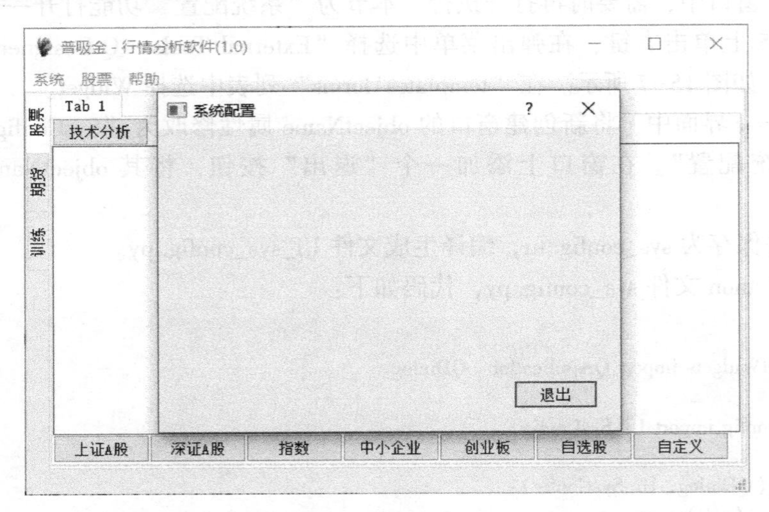

图 15-23　打开子窗口

在主窗口的菜单中选择“系统配置”，打开子窗口。在子窗口上单击“退出”按钮，关闭子窗口。

至此，普吸金用到的界面技术已经全部介绍完毕。下一节介绍如何使用 PyQtGraph 绘制 K 线图。

15.3　绘制 K 线图

本书 14.2 和 14.3 两节介绍了 PyQt5 的两种绘图机制，读者应该已经体会到图形视图架构的强大功能，但强大的功能也会带来编程的复杂性。

图形视图架构非常强调场景中的图形应该独立于设备这一概念，无论是将图形显示在不同分辨率的屏幕上，还是从打印机输出，或者导出到 SVG 文件上等，都应该能够获得相同的图形效果。这在原则上是好的，但却会给编程带来麻烦，比如前面深感困扰的三种坐标系的转换。PyQtGraph 对图表（视图）、图元和场景使用同样的实数坐标系，可以简化三个坐标系之间的转换，将图表坐标到屏幕像素之间的转换交给 PyQtGraph 自动进行，不需要编程控制。

更进一步，PyQtGraph 的 GraphicsObject 类，从 GraphicsItem 和 QGraphicsObject 类多重继承，在 GraphicsItem 的基础上增加了信号/槽处理机制，在属性管理上也进行了扩展。GraphicsObject 是 PyQtGraph 自定义绘图的首选类。

14.4 和 14.5 两节介绍了如何使用 PyQtGraph 预定义的图表，本节使用 PyQtGraph 进行自定义绘图。从 PyQtGraph 的官方示例中找到 Custom Graphics，执行它，发现是一个显示股票 K 线图的示例，如图 15-24 所示。股票的 K 线有实体部分，还有上下影线，实体部分还需要根据涨跌显示为红色或绿色，这些都需要编程人员自行编程绘制。普吸金的 K 线图功能可参考该示例进行设计。

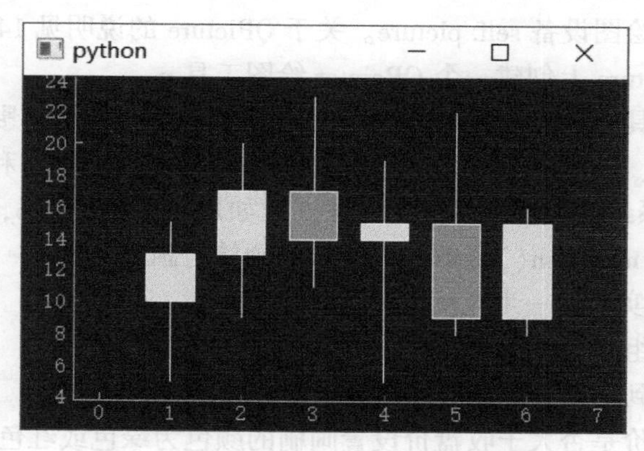

图 15-24　Custom Graphics 的示例界面

15.3.1　K 线图绘制类

在将 K 线图功能加入到普吸金之前，先创建一个专门用于绘制 K 线的类。

在 PyCharm 中打开项目 ch15。创建一个 Python 文件 candlesbarchart.py，然后创建一个继承自 PyQtGraph.GraphicsObject 的 CandlesBarItem 类，用于绘制 K 线图，代码如下：

```
# K 线图绘制类
class CandlesBarItem(pg.GraphicsObject):
    def __init__(self, data):
        pg.GraphicsObject.__init__(self)
        self.data = data
        self.generatePicture()

    defgeneratePicture(self):
        self.picture = QtGui.QPicture()                              # ①
        p = QtGui.QPainter(self.picture)                             # ②
        p.setPen(pg.mkPen('w'))                                      # ③
        w = (self.data[1][0] - self.data[0][0]) / 3.                 # ④
        for (i, open, close, low, high) in self.data:                # ⑤
            p.drawLine(QtCore.QPointF(i, low), QtCore.QPointF(i, high))   # ⑥
            if open > close:                                         # ⑦
                p.setBrush(pg.mkBrush('g'))
            else:
                p.setBrush(pg.mkBrush('r'))
            p.drawRect(QtCore.QRectF(i - w, open, w * 2, close - open))   # ⑧
        p.end()                                                      # ⑨

    def paint(self, p, *args):
        p.drawPicture(0, 0, self.picture)
```

```
defboundingRect(self):
    returnQtCore.QRectF(self.picture.boundingRect())
```

该类的__init__方法需要一个参数 data。data 是一个元组列表，每个元组包含 5 个数值元素，分别为序号、开盘价、收盘价、最低价和最高价。

generatePicture 方法完成绘制 K 线图的主要工作。

第①行：创建一个绘图设备 self. picture。关于 QPicture 的说明见 14. 1 节。

第②行：在 self. picture 上创建一个 QPainter 绘图工具 p。

第③行：将绘图工具的画笔设为白色（用于画 K 线的边框和上下影线）

PyQt5 依靠 QColor、QPen 和 QBrush 类为所有绘图指定线条和填充样式。在内部，PyQtGraph 使用相同的系统，但有很多简写方法，比如用单字符串（b,g,r,c,m,y,k 和 w）表示颜色，用 mkPen()和 mkBrush()函数构建复杂的画笔与画刷。

第④行：计算 K 线实体的一半宽度 w。

第⑤行：取每个元组，每个元组画一个 K 线。

第⑥行：从最低价到最高价绘制一根影线。

第⑦行：根据开盘价是否大于收盘价设置画刷的颜色为绿色或红色，用于画 K 线的实体。

第⑧行：画一个矩形作为 K 线实体。

第⑨行：结束绘制。注意，在 PyQtGraph 中，绘制开始时不需要调用 begin 方法。

重写 GraphicsObject 类的 paint 方法，该方法在图表需要重画时被自动调用。在该方法中，调用绘图工具的 drawPicture 方法，在坐标（0,0）处绘制 self. picture。

重写 GraphicsObject 类的 boundingRect 方法，该方法在 paint 方法执行时被调用。paint 方法只重新绘制由 boundingRect 确定的范围，在本例中，该范围是 self. picture 的整个范围。

15. 3. 2　K 线图表类

在将 K 线图功能加入到普吸金之前，还需要创建一个专门用于显示 K 线的图表类。该图表类使用前面创建的 CandlesBarItem 类绘制 K 线图，效果如图 15-25 所示。

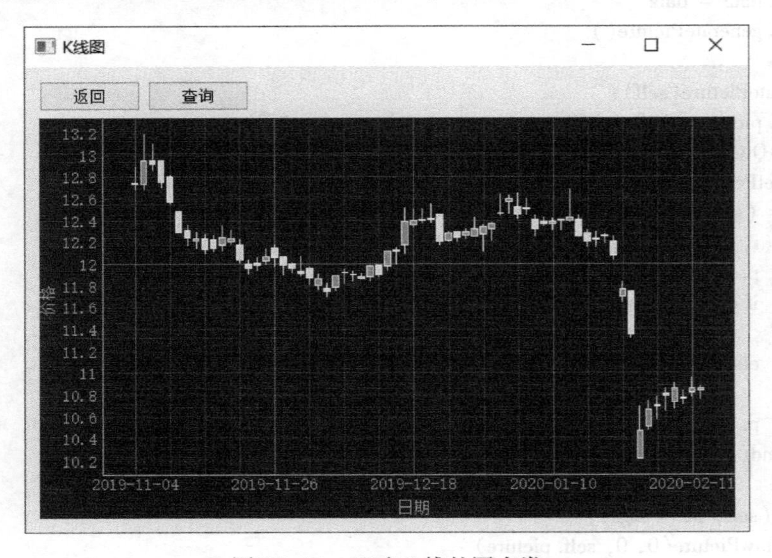

图 15-25　显示 K 线的图表类

设计目标是该窗口既能独立运行（用于测试效果），也能嵌入到其他窗口中作为控件使用。窗口的上部是两个按钮，下部是一个 PyQtGraph 的 PlotWidget 图表控件。单击“查询”按钮，在下部的图表中显示 K 线图。如果是独立运行，单击“返回”按钮退出执行；如果是嵌入到其他窗口中，单击“返回”按钮调用父窗口的 retureToList 方法，在普吸金中的功能是返回股票列表。

创建一个继承自 QWidget 的 CandlesBarChart 类用于布局图表控件，基本上都是读者已经熟悉的代码：

```
# K 线图表类
class CandlesBarChart(QWidget):
    def __init__(self, parent):
        super().__init__()
        self.parent = parent
        self.setWindowTitle("K 线图")

        self.btnReture = QPushButton("返回")
        self.btnReture.clicked.connect(self.on_btnReture)
        self.btnQuery = QPushButton("查询")
        self.btnQuery.clicked.connect(self.on_btnQuery)
        hbox = QHBoxLayout()
        hbox.addWidget(self.btnReture)
        hbox.addWidget(self.btnQuery)
        hbox.addStretch(4)

        self.k_plt = pg.PlotWidget()
        self.k_plt.showGrid(x=True, y=True)
        self.k_plt.setLabel(axis='left', text='价格')
        self.k_plt.setLabel(axis='bottom', text='日期')

        vbox = QVBoxLayout()
        vbox.addLayout(hbox)
        vbox.addWidget(self.k_plt)
        self.setLayout(vbox)

    # 附加的初始化操作
    def extInit(self):
        # 嵌入其他窗口被调用,使“查询”按钮不可见
        self.btnQuery.setVisible(False)

    # “返回”按钮的槽函数
    def on_btnReture(self):
        if self.parent:
            self.parent.retureToList()
        else:
            self.close()

    # “查询”按钮的槽函数
    def on_btnQuery(self):
        self.stockQuery('600000')

    # 查询股票行情信息
```

```
    def stockQuery(self,stock_code):
        try:
            date_sel = 100
            start_date = datetime.datetime.today()-datetime.timedelta(days=date_sel+1)
            start_date_str = datetime.datetime.strftime(start_date, "%Y-%m-%d")
            end_date = datetime.datetime.today()-datetime.timedelta(days=1)
            end_date_str = datetime.datetime.strftime(end_date, "%Y-%m-%d")
            self.displayKPlt(code=stock_code, start=start_date_str, end=end_date_str)
        except:
            QMessageBox.information(self, '提示信息', '查询行情信息失败。')

    # 取行情数据并画 K 线图
    def displayKPlt(self, code=None, start=None, end=None):
        self.data = ts.get_hist_data(code=code, start=start, end=end).sort_index()   # ①

        y_min = self.data['low'].min()                              # ②
        y_max = self.data['high'].max()

        data_list = []                                              # ③
        i = 0
        for dates, row in self.data.iterrows():
            open, high, close, low = row[:4]
            da = (i, open, close, low, high)
            data_list.append(da)
            i += 1

        self.axis_dict = dict(enumerate(self.data.index))           # ④
        axis_4 = [(i, list(self.data.index)[i]) for i in
                  range(0, len(self.data.index), 4)]
        axis_16 = [(i, list(self.data.index)[i]) for i in
                  range(0, len(self.data.index), 16)]
        self.k_plt.getAxis("bottom").setTicks([axis_16,
                  axis_4, self.axis_dict.items()])

        self.k_plt.plotItem.clear()                                 # ⑤
        item =CandlesBarItem(data_list)                             # ⑥
        self.k_plt.addItem(item, )                                  # ⑦
        self.k_plt.setYRange(y_min,y_max)                           # ⑧
```

在该类的__init__方法中，先创建两个按钮，并将它们加入到一个水平布局当中。再创建一个 PyQtGraph.PlotWidget 图表对象 self.k_plt。将水平布局和图表对象加入到一个垂直布局中，并将垂直布局设为窗口布局。图表对象被设置为显示网格线，Y 轴标签被设为“价格”，X 轴标签被设为“日期”。

在槽函数 on_btnReture()中，根据 self.parent 判断运行方式。如果 self.parent 存在，说明是嵌入在其他窗口中运行，调用父窗口的 retureToList 方法；如果 self.parent 不存在（说明是独立运行），则退出程序。

槽函数 on_ btnQuery()在独立运行时才可能被调用，它再调用 stockQuery 方法，固定地查询浦发银行（股票代码为 600000）的行情信息。

stockQuery 方法接收股票代码作为参数，查询指定股票的行情信息。首先计算起止日期的字符串，由于是示例程序，固定取从今天往前 100 个交易日的行情数据。然后调用 displayKPlt

方法，取行情数据并画 K 线图。

在 displayKPlt 方法中：

第①行：调用 Tushare 的 get_hist_data()取行情数据。返回一个 DataFrame 对象 data。

第②部分：取所有行情数据的最低价和最高价，将来用于确定 Y 轴的取值范围。

第③部分：循环取每日的序号、开盘价、收盘价、最低价和最高价，组合成元组，加入到元组列表。

第④部分：默认情况下，GraphicsObject 对象的两个坐标轴上都是显示数值。如果想在 X 轴上使用文字代替数值显示刻度信息，则需要使用轴项类 AxisItem。方法是先创建一个 AxisItem 对象，再调用它的 setTicks 方法，设置横坐标轴的字符信息。

如果显示在 X 轴上的文字信息比较长，每个刻度的文字都显示的话，将会相互覆盖，看不清楚。GraphicsObject 能够智能处理，方法是：定义不同间隔的多个字典，字典的 Key 是序号，Value 是序号所对应的日期字符串。将这多个字典都通过 setTicks 方法赋值给 AxisItem 对象，供 GraphicsObject 对象灵活选择。

PlotWidget 对象的 getAxis 方法，返回 AxisItem 对象。

第⑤行：清空 self. k_plt 中的所有图元。

第⑥行：用查询到的行情数据创建一个 CandlesBarItem K 线图绘制对象。

第⑦行：将 K 线图绘制对象加入到 self. k_plt。

第⑧行：设定 Y 轴的取值范围。

程序其他部分的代码如下：

```
import sys
from PyQt5. QtWidgets import ( QWidget, QPushButton, QApplication,
                              QHBoxLayout, QVBoxLayout, QMessageBox)
from PyQt5 import QtGui, QtCore
import pyqtgraph as pg
importtushare as ts
import datetime

# K 线图绘制类
class CandlesBarItem( pg. GraphicsObject) :
    ……

# K 线图表类
class CandlesBarChart( QWidget) :
    ……

if __name__ = = '__main__':
    app =QApplication( sys. argv)
    w =CandlesBarChart( None)
    w. show( )
    sys. exit( app. exec_( ) )
```

执行程序，界面如图 15-25 所示。

15. 3. 3 嵌入到普吸金

前面设计的 K 线图表已经能够独立运行，本小节介绍如何将它嵌入到其他窗口中，如在普吸金中运行。

打开普吸金的主程序文件 mainwindow. py。导入 CandlesBarChart 类：

```
fromcandlesbarchart import CandlesBarChart
```

在__init__方法中增加代码，为技术分析创建一个新的 Tab 页。

```
def __init__(self, parent=None):
    ......
    self.stockWidget.tabBar().hide()                    # ①
    self.wg =CandlesBarChart(self)                      # ②
    self.stockWidget.addTab(self.wg, 'K 线图')          # ③
    self.wg.extInit()                                   # ④
```

第①行：隐藏 Tab Widget 控件 stockWidget 的标签标题。

第②行：创建一个 CandlesBarChart K 线图表对象 self. wg。注意，创建时将本窗口的引用作为参数传入。

第③行：将 self. wg 作为新的 Tab 页追加到 stockWidget 当中。追加之后，stockWidget 当中有两个 Tab 页。原来股票列表页的序号为 0，新追加的 Tab 页序号为 1，称为技术分析页。

第④行：调用 self. wg 的 extInit 方法，使其“查询”按钮不可见。

将“技术分析”按钮的槽函数修改为：

```
def on_btnTech_clicked (self):
    self.stockWidget.setCurrentIndex(1)
    self.wg.stockQuery('600000')
```

将 stockWidget 的当前的 Tab 页切换到新追加的技术分析页，调用 self. wg 的 stockQuery 方法，显示浦发银行的行情信息。在实际系统中，应该是取股票列表中的当前股票，本示例从简。

增加一个方法，供 K 线图表控件调用。

```
def retureToList(self):
        self.stockWidget.setCurrentIndex(0)
```

当在 K 线图表控件中单击“返回”按钮时，调用此方法。

执行 mainwindow. py，在股票列表界面单击“技术分析”按钮，界面如图 15-26 所示。

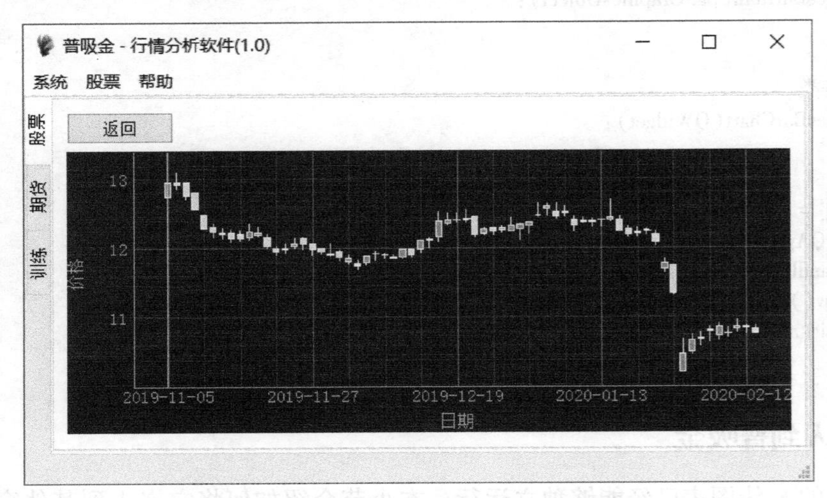

图 15-26　增加了 K 线图表功能的普吸金

15.3.4 增加十字线显示

普吸金现在能够显示最简单的K线图。在实际的行情软件中，技术分析界面的功能要强大得多，除移动平均线等技术指标以及多种标记外，还可能划分为多个子窗口，显示不同的信息。

本节为K线图增加十字线表示功能。当鼠标在图表上移动时，显示横竖两条直线并随鼠标移动，方便用户查看具体信息。当鼠标移动到某个K线范围内时（只关注X轴方向的范围），在浮动的标签上显示该K线的具体信息。

打开candlesbarchart.py文件，对CandlesBarChart类的相关代码进行修改。

```
class CandlesBarChart(QWidget):
    def __init__(self, parent):
        ......
        self.move_slot = pg.SignalProxy(self.k_plt.scene().sigMouseMoved,
                                        rateLimit=50, slot=self.on_pltMouseMove)
```

在__init__方法中，将信号self.k_plt.scene().sigMouseMoved与函数self.on_pltMouseMove连接。这是PyQtGraph特有的连接方式，除了将信号与槽连接外，还能设定槽函数触发的比例。

PyQt5类和PyQtGraph类使用同样的常规方法命名信号。为了加以区别，几乎所有的PyQtGraph信号都以“sig”开头。sigMouseMoved是PyQtGraph定义的鼠标移动信号。

修改displayKPlt方法，相关代码如下：

```
# 取行情数据并画K线图
def displayKPlt(self,code=None,start=None,end=None):
    ......
    self.hLine = pg.InfiniteLine(angle=0, movable=False)    # ⑨
    self.vLine = pg.InfiniteLine(angle=90, movable=False)
    self.k_plt.addItem(self.hLine, ignoreBounds=True)
    self.k_plt.addItem(self.vLine, ignoreBounds=True)

    self.label = pg.TextItem()                              # ⑩
    self.k_plt.addItem(self.label)
```

第⑨部分：创建一条水平直线和一条垂直直线，并将这两条直线添加到self.k_plt，用于显示十字线。

PyQtGraph允许用户选择和标记数据区域，选择和标记分为一维和二维。PyQtGraph使用两个类选择和标记一维数据：LinearRegionItem和InfiniteLine。其中第二个类InfiniteLine专门用于标记沿X或Y轴的特定位置，可以被用户拖动。

第⑩部分：创建一个文本项，并将其添加到self.k_plt。用于浮动显示当前K线的具体信息。

增加on_pltMouseMove()槽函数，相关代码如下：

```
# 响应鼠标移动事件绘制十字光标
def on_pltMouseMove(self, event=None):
    if event is None:                                       # ①
        return
```

```
        pos = event[0]                                          # ②
        try:
            if self.k_plt.sceneBoundingRect().contains(pos):    # ③
                mouse_point =self.k_plt.plotItem.vb.mapSceneToView(pos)   # ④
                index = int(mouse_point.x())                    # ⑤
                if -1 < index < len(self.data.index):           # ⑥
                    self.label.setHtml(                         # ⑦
                        "<p style='color:white'><strong>日期:{0}</strong></p>"
                        "<p style='color:white'>开盘:{1}</p>"
                        "<p style='color:white'>收盘:{2}</p>"
                        "<p style='color:white'>最高价:<span style='color:red;'>"
                        "{3}</span></p>"
                        "<p style='color:white'>最低价:<span style='color:green;'>"
                        "{4}</span></p>"
                            .format(self.axis_dict[index], self.data['open'][index],
                            self.data['close'][index], self.data['high'][index],
                            self.data['low'][index]))
                self.label.setPos(mouse_point.x(), mouse_point.y())   # ⑧
                self.vLine.setPos(mouse_point.x())              # ⑨
                self.hLine.setPos(mouse_point.y())
        except:
            pass
```

第①行：如果事件参数为空，则什么都不做。

第②行：从事件获取鼠标当前坐标。这个坐标是场景坐标。

第③行：如果鼠标坐标在 K 线图范围内，则执行后续操作。

第④行：将场景坐标转换为视图坐标。PyQtGraph 的视图坐标就是对应的 X 轴 Y 轴坐标，具体到本例，X 轴坐标取整后就是 K 线序号，Y 轴坐标就是股票价格。

第⑤行：通过 X 轴坐标计算 K 线序号。

第⑥行：如果是合法的 K 线序号，则执行后续操作。

第⑦行：生成 HTML 格式的标签文本，并设置到图表文本项。本示例最高价固定用红色显示，最低价固定用绿色显示（只是展示技术，实际的行情软件并不是如此规定）。

第⑧行：设置图表文本项的位置。

第⑨部分：设置水平直线和垂直直线的位置，组成十字线。

15.4 习题

1. 继续完成系统配置子窗口的设计。
2. 自行设计实现股票列表的相关功能。
3. 为 K 线图表增加移动平均线。

第 16 章　案例三　量化交易平台

量化交易（Quantitative Trading）是指利用统计学、数学、计算机技术和现代金融理论来辅助投资者更好赢利的方法。量化交易在国外已经有三十多年历史，在这些年的交易当中，量化交易的业绩相当稳定，得到了越来越多交易者的认可，市场也不断扩大，甚至有超过非量化交易的趋势。

本章以 vn. py 作为案例平台，强化前面所学知识，并将读者带入高水平实践的氛围。vn. py 是一个开源量化交易平台，其功能也许不如大型商业化平台复杂，但如果真正看懂其上万行的代码，并能运用于今后的开发实践，已经足够进入专业程序员层次。

在众多 Python 开源系统中，本书为何选择 vn. py？主要有三方面的原因：

- Python 在金融量化投资领域占据重要地位，大量从事金融和经济领域专业应用开发的读者，对此系统会感到亲切。
- 计算机专业的读者，在提高编程技巧的同时，也能较深入地了解一个专业领域，拓展未来的就业面。
- vn. py 是作者所知编程水平比较高的平台之一。其中用到了很多专业技巧，对提高读者编程水平会有很大帮助。

学习本章，就会理解本书前面的知识在实际编程中是如何运用的。

16.1　概述

为便于非金融专业的读者理解，本节简单介绍量化交易的基本概念。

16.1.1　量化交易概念

量化交易是指投资者利用计算机技术、金融工程建模等方法，对自己的交易策略进行定义和描述，以帮助投资者形成交易决策，并且严格按照设定的规则去执行交易的一种方式。量化交易可以帮助交易者制定交易决策，减少交易成本，套利和对冲风险。

与量化交易接近的概念包括算法交易、机械化交易、程序化交易等，与量化交易相对的概念是主观交易或人工交易。主观交易是交易者凭借自己的知识和经验，借助外来信息进行交易。量化交易以先进的数学模型替代人为的主观判断，利用计算机技术从庞大的历史数据中海选出能带来超额收益的多种“大概率”事件以制定策略，极大地减少投资者情绪波动的影响，避免在市场极度狂热或悲观的情况下做出非理性的投资决策。相比较而言，量化交易的纪律性、系统性、可控制性和可复制性都更强，效率也更高。

量化交易在美国已经发展了三十多年，在国内才发展几年时间，只是在股指期货推出后才发展较快。美国约 70%的交易通过计算机实现，量化交易是主流。美国有些存在多年的量化基金，比如大奖章，规模很大，技术至今没有公开。国内搞量化的有机构也有个人，规模都比较小，还没有出现领头羊。技术上，目前国内还处于模仿学习国外的阶段。

量化交易无论对于金融界人士还是计算机界人士都是机遇。量化交易是多学科结合应用的领域，包括金融学、计算机学、统计学、数学和物理学等。本书不是金融书籍，对量化交易概念仅做简单说明，主要从计算机学的角度讨论量化交易。

16.1.2 源码下载、安装与运行

vn. py 的早期版本只提供源代码，从 2.0 开始提供发行版——VN Studio。VN Studio 可通过向导式安装界面直接安装，且不需要任何手工配置即可运行。

本书以研究实现方法为目的，不需要安装 VN Studio，可以直接安装源代码，然后使用 Python 解释器，或者在集成开发环境中运行。

1. 源码下载、安装

vn. py 的官网地址是 http://www. vnpy. com/。单击主页上的“获取源码”按钮，转到 GitHub 去下载，作者写作本书时 vn. py 的版本是 2. 1. 0。如果读者使用的是 Windows 操作系统，请下载 Zip 文件。GitHub 的下载速度非常慢且经常中断，建议读者到码云上，搜索 vn. py 并下载。

安装 vn. py 源码之前，至少要有基本的 Python 环境，vn. py 2. 1. 0 要求 Python 版本在 3. 7 以上。

下载的 Zip 文件中包含一个目录，将该目录解压到 D：盘的根目录并改名为 D:\vnpy210，本书后续内容都假设 vn. py 安装在此目录当中。该目录中应该包含 install. bat 等文件。执行 D:\vnpy210 中的 install. bat 批处理文件进行安装，自动下载安装需要的包。

根据计算机操作系统的不同及网络情况的差异，安装过程中可能会遇到一些问题，导致安装不成功，可以多尝试几次。

根据本书写作时各相关软件的版本情况，本书推荐的方法是：安装 Anaconda3，使用“conda create -n vnpy210 python=3. 7. 4”命令，创建一个名为 vnpy210 的虚拟环境，然后切换到新的虚拟环境中进行安装及后续的定制开发，这样，遇到问题的可能性比基本 Python 环境要小。

2. vn. py 的运行

vn. py 提供的源码中没有主程序。vn. py 在启动过程中可以只加载需要的模块，因此需要使用者自己根据需要创建主程序。在 D:\vnpy210 中创建一个新的 Python 文件 run. py，代码如下：

```
from vnpy. event import EventEngine
from vnpy. trader. engine import MainEngine
from vnpy. trader. ui import MainWindow, create_qapp
from vnpy. gateway. ctp import CtpGateway
from vnpy. app. cta_strategy import CtaStrategyApp
from vnpy. app. cta_backtester import CtaBacktesterApp
from vnpy. app. csv_loader import CsvLoaderApp

def main( ):
    """Start VN Trader"""
    qapp = create_qapp( )                                    # ①

    event_engine = EventEngine( )                            # ②
    main_engine = MainEngine( event_engine)                  # ③
```

```
    main_engine.add_gateway(CtpGateway)                        # ④
    main_engine.add_app(CtaStrategyApp)                        # ⑤
    main_engine.add_app(CtaBacktesterApp)                      # ⑥
    main_engine.add_app(CsvLoaderApp)                          # ⑦

    main_window = MainWindow(main_engine, event_engine)        # ⑧
    main_window.showMaximized()                                # ⑨

    qapp.exec()                                                # ⑩

if __name__ == "__main__":
    main()
```

打开 CMD 命令行工具，转到 D:\vnpy210 目录，执行如下命令：

```
python run.py
```

就可以启动 vn.py。或者在 PyCharm 中选择执行 run.py。vn.py 的主界面称为 VN Trader，如图 16-1 所示。

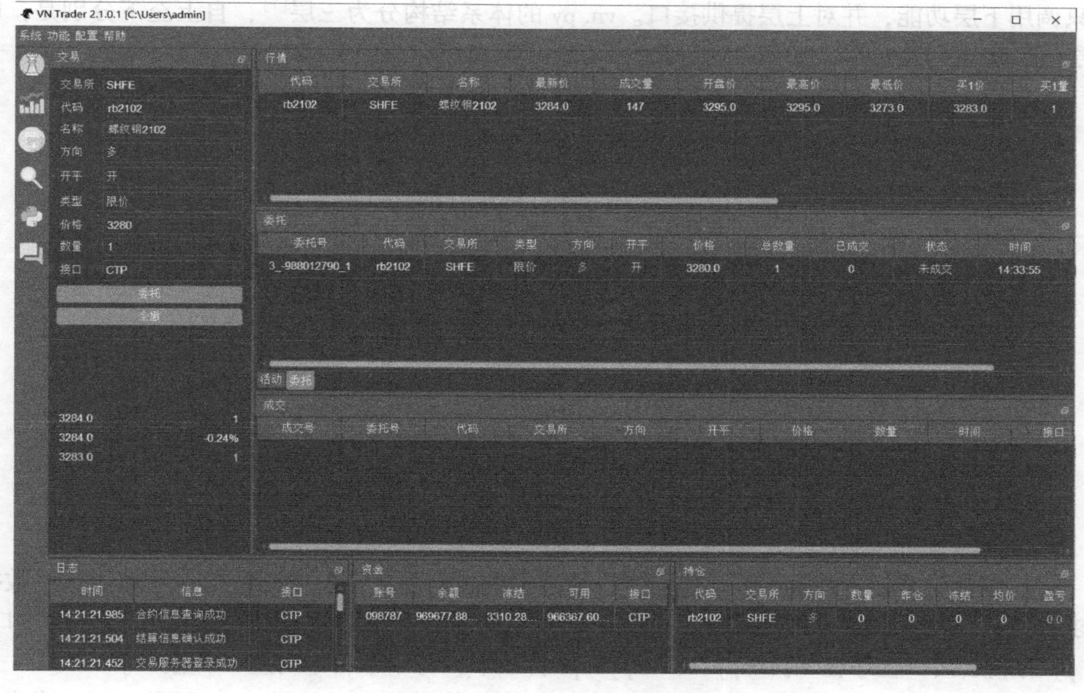

图 16-1 VN Trader 主界面

3. 程序主函数

程序执行的入口也是分析的入口。下面对主程序各行进行简单说明：

第①行：创建一个应用程序对象，详见 16.3 节。

第②行：创建一个事件引擎。

第③行：用上一行创建的事件引擎作参数，创建主引擎，详见 16.2 节。

第④行：将 CTP 底层接口加入到主引擎。

第⑤行：将"CTA 策略"上层应用加入到主引擎。

第⑥行：将“CTA 回测”上层应用加入到主引擎。

第⑦行：将“CSV 载入”功能加入到主引擎。

第⑧行：创建主窗口。

第⑨行：主窗口最大化显示。

第⑩行：执行应用程序，进入消息循环。

本书后续将进行 vn. py 代码的深入分析，读者将会看到真实系统代码与本书前面教学代码的区别：

- 教学代码往往会假设已经具备某些先决条件，实际编程中这些条件需要系统自己来保证。
- 教学代码往往忽略不重要的内容，只突出所在章节需要说明的内容。实际系统相关功能代码交织在一起，辅助功能所占的代码量很大，甚至可能超过主要功能。

16.1.3 vn. py 体系结构

分层是解决复杂编程问题的常用方法，将不同的功能放在不同的层次上。每个层次上的模块只调用下层功能，并对上层提供接口。vn. py 的体系结构分为三层[7]，自上至下分别是：应用层、引擎层和接口层，如图 16-2 所示。

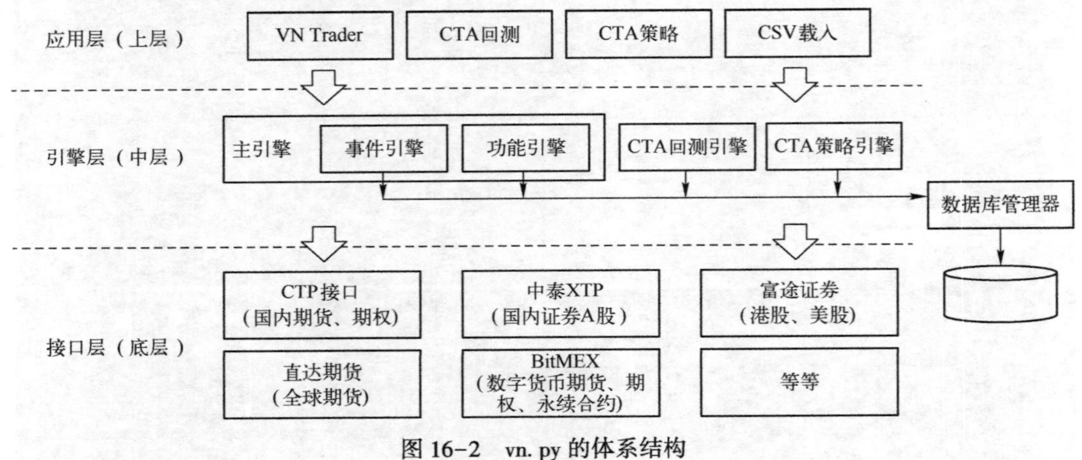

图 16-2　vn. py 的体系结构

接口层负责对接行情和交易 API，将行情数据推送到系统，发送交易指令（如下单、数据请求）等。按照 vn. py 官网的说法，vn. py 目前支持 CTP、中泰 XTP 等超过 30 种交易接口。vn. py 的底层接口程序在 D:\vnpy210\vnpy\api 目录下，每个子目录对应一种接口。

引擎层包括主引擎中的事件引擎和功能引擎等公共引擎，还包括 CTA 回测、CTA 策略等专用引擎。引擎层向下对接各种交易接口，向上服务于各种上层应用。中层引擎将系统的各个组成部分结合成一个有机整体。除各类引擎外，数据库管理器为系统提供基础的数据存储功能，被各个引擎所调用。在 vn. py 的早期版本中，数据库管理器被实现为数据库引擎，在引擎层与其他引擎并列，但这样就形成了同层之间的调用，也会造成层次关系的混乱。现在将其实现为公共的数据库管理器模块，可以看作是处于引擎层底部的一个子层，为所有引擎提供服务。

在引擎层，主引擎是整个系统的核心，而事件引擎又是主引擎乃至整个 vn. py 的核心组件，也是大多数交易系统或回测引擎、甚至大多数交互程序的设计基础。

应用层至少包含 GUI 图形界面模块 VN Trader，其他可选的上层应用包括 CTA 回测、CTA 策略、CSV 载入、价差套利、算法交易、期权策略、脚本策略、交易风险管理、投资组合模块和 RPC 服务模块等。这些应用是系统与用户的接口，为用户直接提供功能。

16.2 主引擎

对于程序员来说，分析程序代码也是一种重要能力。程序设计可分为自顶向下和自底向上两种方法，代码分析也可以采用相同的思路，采用自顶向下和自底向上两种方法。自顶向下就是从程序主函数、主框架、主窗口或者主线程等入手，先理解大的功能划分，再逐步进入功能细节；自底向上则是按照先底层再上层，先基础类再功能类，先单元类再组件类再主窗口，先模块再主体等线索来进行分析。实际的分析工作，特别是复杂系统的分析工作，两种方法要结合使用。

按照自顶向下的原则，上一节已经分析了程序的主函数，本节继续分析主引擎。从上一节可以看出，在主函数不多的几行代码中，大多都在操作一个叫 main_engine 的东西，它是 MainEngine 类的一个实例，被称作主引擎。

16.2.1 初始化函数

MainEngine 主引擎在 D:\vnpy210\vnpy\trader 目录下的 engine. py 文件中定义。

通过初始化函数可以看出，主引擎是一个容器，把对程序运行至关重要的一些东西容纳进来，包括：

- 一个事件引擎。
- 一个底层接口字典。
- 一个功能引擎字典。
- 一个上层应用字典。
- 一个交易所列表。

初始化函数的代码如下：

```
def __init__(self, event_engine:EventEngine = None):
    """"""
    if event_engine:                                              # ①
        self.event_engine:EventEngine = event_engine
    else:
        self.event_engine = EventEngine()
    self.event_engine.start()                                     # ②

    self.gateways:Dict[str, BaseGateway] = {}                     # ③
    self.engines:Dict[str, BaseEngine] = {}                       # ④
    self.apps:Dict[str, BaseApp] = {}                             # ⑤
    self.exchanges: List[Exchange] = []                           # ⑥

    os.chdir(TRADER_DIR)                                          # ⑦
    self.init_engines()                                           # ⑧
```

可以看出，主引擎的功能就是将系统的各类构件组织在一起。

第①行：如果参数传入一个事件引擎，则将其赋给成员变量 event_engine；如果没有参数，则为该成员变量创建一个事件引擎。

第②行：启动事件引擎。事件引擎是主引擎乃至整个 vn. py 的核心组件。

第③行：创建一个空的底层接口字典。

第④行：创建一个空的功能引擎字典。

第⑤行：创建一个空的上层应用字典。

第⑥行：创建一个空的交易所列表。向底层接口字典增加接口时，同时向本列表增加该接口支持的交易所，见 16.2.5 节。

第⑦行：将工作路径改到 C:\Users\admin。工作路径 TRADER_DIR 在同目录的 utility. py 文件中定义。

程序启动后，会将工作目录切换到 C:\Users\admin（其中的 admin 是操作系统用户名，在读者的系统中可能有所不同），称为 vn. py 工作目录。vn. py 运行产生的数据存放在该目录下的 . vntrader 目录中，包括：

- connect_ctp. json：保存 CTP 连接信息，在“连接 CTP”功能中使用。
- vt_setting. json：存放全局配置参数，在“全局配置”功能中使用。
- database. db：保存行情数据的 SQLite3 文件，相关的功能包括“CSV 载入”等。
- cta_strategy_setting. json：CTA 策略配置文件。保存添加到“CTA 策略”上层应用的所有策略，这些策略可应用于实盘交易。
- cta_strategy_data. json：CTA 策略数据文件。

第⑧行：调用 init_engines 方法，初始化功能引擎。

下面介绍主引擎的几个方法。

16.2.2 初始化功能引擎

初始化功能引擎的代码如下：

```
def init_engines(self):
    self.add_engine(LogEngine)
    self.add_engine(OmsEngine)
    self.add_engine(EmailEngine)
```

调用 add_engine 方法，将日志引擎、Oms 引擎和邮件引擎加入到功能引擎字典中。这三个引擎与主引擎在同一个文件中定义，它们都是以 BaseEngine 为基类，而在 BaseEngine 的注释中自称为功能引擎，所以将这三个引擎统称为功能引擎。

事实上，功能引擎字典中不止这三个引擎，这三个引擎是单独增加的。在增加上层应用时，除将上层应用的应用类加入到上层应用字典外，还要将其引擎类加入到功能引擎字典，具体见 16.2.5 节。

16.2.3 增加功能引擎

本方法被 init_engines 方法所调用。

```
def add_engine(self, engine_class: Any):
```

传入的参数是类名称。

```
engine = engine_class(self, self.event_engine)
```

根据类名称创建引擎实例。注意，第一个参数是主引擎本身，第二个参数是事件引擎，这两个参数将传递给相应功能引擎类的构造函数。

```
self.engines[engine.engine_name] = engine
```

将新创建的引擎实例加入到功能引擎字典。

```
return engine
```

返回创建的引擎实例。

16.2.4 增加底层接口

增加底层接口的代码如下：

```
def add_gateway(self, gateway_class: Type[BaseGateway]):
```

参数是底层接口类名称。

```
gateway = gateway_class(self.event_engine)
```

根据类名称，创建一个底层接口实例。

```
self.gateways[gateway.gateway_name] = gateway
```

加入到主引擎的底层接口字典中。

```
# Add gateway supported exchanges into engine
for exchange in gateway.exchanges:
    if exchange not in self.exchanges:
        self.exchanges.append(exchange)
```

将该底层接口支持的交易所加入到交易所列表中。主引擎的底层接口字典和交易所列表都可以通过本方法建立。

```
return gateway
```

返回创建的底层接口实例。

16.2.5 增加上层应用

增加上层应用的代码如下：

```
def add_app(self, app_class: Type[BaseApp]):
    app = app_class()
```

创建上层应用实例。

```
self.apps[app.app_name] = app
```

加入到上层应用字典。

```
engine = self.add_engine(app.engine_class)
```

将上层应用对应的引擎类加入到功能引擎字典中。由此可见，功能引擎字典中不止包括前述 init_engines 方法增加的三个引擎，还包括各上层应用引擎等。

```
return engine
```

返回创建的上层应用实例。

从 16.1 节可以看出，程序中只加入了三个上层应用。执行程序，在“功能”菜单下可以看到这三个应用，同时还会将这三个应用的图标加入到界面左侧的功能导航栏中，相关代码见16.5节。

16.3 主界面

对系统的体系结构及主引擎有所了解之后，本节分析 VN Trader 的主界面编程。

16.3.1 创建应用程序

主函数中调用 create_qapp()函数创建应用程序，create_qapp()函数在 D:\vnpy210\vnpy\trader\ui 的__init__.py 中定义。该__init__.py 有两个作用：

- 定义本系统的异常弹出窗口。当系统捕捉到异常时，用此窗口弹出提示信息，界面更友好。
- 定义 create_qapp()函数。create_qapp()的功能是创建一个应用程序对象，设置其图标、字体等。其核心代码是：

```
qapp = QtWidgets.QApplication([])
```

可见创建的是一个 PyQt5 应用程序。

16.3.2 主窗口的初始化

VN Trader 主窗口在 D:\vnpy210\vnpy\trader\ui 的 mainwindow.py 中定义。初始化方法的代码如下：

```
class MainWindow(QtWidgets.QMainWindow):
    def __init__(self, main_engine:MainEngine, event_engine: EventEngine):
        """"""
        super(MainWindow, self).__init__()
        self.main_engine:MainEngine = main_engine              # ①
        self.event_engine:EventEngine = event_engine

        self.window_title: str = f"VN Trader {vnpy.__version__} [{TRADER_DIR}]"   # ②
        self.widgets:Dict[str, QtWidgets.QWidget] = {}

        self.init_ui()                                          # ③

    def init_ui(self) -> None:
        """"""
        self.setWindowTitle(self.window_title)
        self.init_dock()
        self.init_toolbar()                                     # ④
        self.init_menu()
        self.load_window_setting("custom")
```

代码说明如下：

第①行：记住主引擎和事件引擎。这两个引擎作为参数在程序主函数第⑧行创建主窗口时传入。

第②行：生成主窗口标题为“程序名+版本号+工作路径”，保存到属性 self.window_title 中，并没有实际地修改窗口标题。TRADER_DIR 在主函数的第⑦行有说明。

第③行：调用 init_ui 方法，对窗口界面进行初始化。

第④行：创建工具栏，在 vn. py 中称为功能导航栏。注意，只创建功能导航栏对象，并没有在其上增加按钮。增加按钮的工作在 init_menu 方法中完成。所以，init_toolbar 一定要在 init_menu 的前面调用。

mainwindow. py 是典型的 PyQt5 窗体代码，请读者自行分析。

16.4 窗口组件

对于初学编程的读者，可能已经习惯了本书前面讲解代码的方式，也因此形成了自己的阅读代码的习惯，就是顺序阅读。实际系统，特别是图形界面的系统，组织代码运行的不只是代码顺序这个线索，还有事件驱动的线索、消息传递的线索、线程之间通信的线索、层次间调用的线索以及数据流转的线索等，同一功能的相关代码分布在程序的各处，甚至不在同一个模块中，给代码的阅读分析造成了困难。

本章先介绍程序的主函数，用的是自顶向下的分析方法。主引擎一节先简单分析，不涉及细节，也是自顶向下的方法。本节用自底向上的方法进行分析，先分析基类，再派生类。先单元类，再组件类，再主窗口，vn. py 的该部分代码也是按这个次序组织的。本节以及后续一节只涉及界面，对功能部分暂不涉及。

VN Trader 主界面如图 16-1 所示。通过选择主菜单项或者单击功能导航栏上的按钮，可以打开功能窗口，如 CTP 回测、CSV 导入和合约查询等。

主界面被划分成不同的区域，在 vn. py 中被称为"监控组件"。除"交易"组件外，其他组件具有相同的风格，都是一个表格，让读者很容易联想到 13. 10 节介绍的 QTableWidget 控件，事实上也确实使用了 QTableWidget 控件。细心的读者还会发现，这些组件都以停靠窗口的形式存在：可以通过鼠标拖拉移动它们的停靠位置，或单击悬浮窗口右上角的"悬浮"图标，使它们悬浮于主窗口之上。本节讨论这些监控组件的界面实现。

这么多组件都具有相同的风格，如果分别编程显然不是专业方法。vn. py 的实现方法是定义一个继承自 QTableWidget 的 BaseMonitor 类，作为 VN Trader 所有监控组件的基类。在定义 BaseMonitor 类之前，先定义一个继承自 QTableWidgetItem 的 BaseCell 类，既可作为 BaseMonitor 的普通单元格的控件类，也可作为其他特殊单元格（如枚举数据单元格、买卖方向单元格、买价单元格、卖价单元格和盈亏单元格等）的基类。

本节先介绍单元格类，再介绍监控组件类，再介绍监控组件是如何加载到主窗口中的。

16.4.1 单元格类

单元格类在 D:\vnpy210\vnpy\trader\ui 的 widget. py 中定义。先看普通单元格类的定义，代码如下：

```
class BaseCell(QtWidgets.QTableWidgetItem):
    """
    监控组件的普通单元格,也是其他特殊单元格的基类
    """

    def __init__(self, content: Any, data: Any):
        """"""
        super(BaseCell, self).__init__()
```

```
        self.setTextAlignment(QtCore.Qt.AlignCenter)          # ①
        self.set_content(content, data)

    def set_content(self, content: Any, data: Any) -> None:
        """
        设置单元格内容
        """
        self.setText(str(content))                            # ②
        self._data = data                                     # ③

    def get_data(self) -> Any:                                # ④
        """
        取数据对象
        """
        return self._data
```

第①行：设置文字居中显示。默认文字居左显示，在此一次性设置，效果是 vn.py 主界面上所有监控组件的单元格都居中显示，这体现了使用类和继承的好处。

第②行：设置单元格文字。

第③行：设置单元格数据。本来 QTableWidgetItem 只有文字显示功能，没有数据的保存功能。根据功能需要，本类为单元格增加了 self._data 属性，可以保存监控组件得到的一条数据，以备后用。

第④行：self._data 属性通过 get_data 方法来获取。

vn.py 为监控组件定义了多种特殊单元格，如枚举数据单元格继承自普通单元格，买卖方向单元格又继承自枚举数据单元格。下面选择买卖方向单元格类，作为特殊单元格的代表进行介绍。在买卖方向单元格中，使用特定的颜色显示代表方向的文字，“多”用红色，“空”用绿色，代码如下：

```
class DirectionCell(EnumCell):
    """
    买卖方向单元格
    """

    def __init__(self, content: str, data: Any):
        """"""
        super(DirectionCell, self).__init__(content, data)

    def set_content(self, content: Any, data: Any) -> None:
        """
        根据方向设置文本颜色
        """
        super(DirectionCell, self).set_content(content, data)

        if content is Direction.SHORT:
            self.setForeground(COLOR_SHORT)
        else:
            self.setForeground(COLOR_LONG)
```

可以看到，只是在 set_content 方法中增加了根据方向设置文本颜色的功能。COLOR_SHORT 和 COLOR_LONG 等颜色值在文件开头处定义。如果读者也使用 PyCharm，可以在标识符 COLOR_SHORT 上单击鼠标右键，在弹出菜单中选择“Go To-Declarations or Usages”，就会转到该标识符的定义处。在函数名称上也可以使用同样的方法，能够方便地在模块内部或模块之间阅读程序。

16.4.2 监控组件类

监控组件类也在 D:\vnpy210\vnpy\trader\ui 的 widget.py 中定义。监控组件与主窗口在不同的模块中定义，可以避免主窗口模块过于庞大、杂乱。将所有监控组件类组织在相同模块中，便于代码的编写和阅读。模块是集中还是分开，其间的分寸需要程序设计人员灵活把握。先看监控组件基类的定义，本节只讨论与界面有关的代码，其中没有给出解释的代码大多与事件引擎有关，请读者自行分析。相关代码如下：

```
class BaseMonitor(QtWidgets.QTableWidget):
    """
    监控组件基类
    """

    event_type: str = ""
    data_key: str = ""
    sorting: bool = False                                          # ①
    headers:Dict[str, dict] = {}                                   # ②

    signal:QtCore.pyqtSignal = QtCore.pyqtSignal(Event)

    def __init__(self, main_engine:MainEngine, event_engine: EventEngine):
        """"""
        super(BaseMonitor, self).__init__()

        self.main_engine:MainEngine = main_engine
        self.event_engine:EventEngine = event_engine
        self.cells:Dict[str, dict] = {}

        self.init_ui()                                             # ③
        self.register_event()

    def init_ui(self) -> None:
        """初始化界面"""
        self.init_table()                                          # ④
        self.init_menu()                                           # ⑤
```

第①行：默认不根据表头进行排序，需要排序的组件可以将 sorting 设为 True。

第②行：表头字典，字典中的每项代表一列。字典的 Key 是列的英文名，Value 又是一个字典。Value 字典包含三项，包括：显示内容、单元格实例和是否允许修改等，如：{"display":"代码","cell":BaseCell,"update":False}。

第③行：初始化界面。

第④行：初始化表格。

第⑤行：初始化右键菜单。

初始化表格的相关代码如下：

```
def init_table(self) -> None:
    """
    初始化表格
    """
    self.setColumnCount(len(self.headers))                              # ①

    labels = [d["display"] for d in self.headers.values()]              # ②
    self.setHorizontalHeaderLabels(labels)                              # ③

    self.verticalHeader().setVisible(False)                             # ④
    self.setEditTriggers(self.NoEditTriggers)                           # ⑤
    self.setAlternatingRowColors(True)                                  # ⑥
    self.setSortingEnabled(self.sorting)                                # ⑦
```

第①行：设置表格的列数。单从此基类看，此时 self. headers 字典中还没有内容。这不要紧，子类中会对此字典进行重写。

第②行：设置列表头。对字典进行遍历，取每个字典项的 display 元素，加入到一个列表中。

第③行：用生成的列表设置横向表头。

第④行：关闭左边的垂直表头。

第⑤行：设为不可编辑。

第⑥行：设为行交替颜色。

第⑦行：根据 self. sorting 设置是否允许排序。

代码中用到了一些 QTableWidget 的外观配置方法，读者可以参考相关资料。

初始化右键菜单的相关代码如下：

```
def init_menu(self) -> None:
    """
    初始化右键菜单
    """
    self.menu = QtWidgets.QMenu(self)

    resize_action = QtWidgets.QAction("调整列宽", self)
    resize_action.triggered.connect(self.resize_columns)
    self.menu.addAction(resize_action)

    save_action = QtWidgets.QAction("保存数据", self)
    save_action.triggered.connect(self.save_csv)
    self.menu.addAction(save_action)
```

右键菜单的相关编程已在 12. 3 节说明。与 12. 3 节相比，vn. py 的实现方法更合理。init_menu 方法负责创建弹出式菜单，在重写的 contextMenuEvent 方法中只需要弹出该菜单就行了，而不是像 12. 3 节那样在每次弹出之前创建，这就是教学代码与实际代码的差别，请读者认真理解。

弹出菜单中有两个功能，一个是调整列宽，连接到 resize_columns( ) 槽函数。另一个是将表格内容保存到 CSV 文件，连接到 save_csv( ) 槽函数，读者可以对照本书 9. 2 节内容自行研究 save_csv( ) 槽函数的实现方法。

介绍完监控组件基类，下面选择日志监控组件类，作为监控组件类的代表进行介绍，代码如下：

```
class LogMonitor(BaseMonitor):
    """
    日志监控组件
    """

    event_type = EVENT_LOG
    data_key = ""
    sorting = False

    headers = {
        "time": {"display": "时间", "cell":TimeCell, "update": False},
        "msg": {"display": "信息", "cell":MsgCell, "update": False},
        "gateway_name": {"display": "接口", "cell":BaseCell, "update": False},
    }
```

可以看出，具体的组件子类基本不需要做更多工作，主要是重写类属性，如表头字典headers。

其他的监控组件类不再赘述。

16.4.3 初始化悬浮窗口

理解了单元格类和监控组件类后，本小节分析各监控组件是如何添加到主窗口的，相关代码如下：

```
class MainWindow(QtWidgets.QMainWindow):
    def __init__(self, main_engine:MainEngine, event_engine: EventEngine):
        ......
        self.init_ui()

    def init_ui(self) -> None:
        ......
        self.init_dock()

    def init_dock(self) -> None:
        ......
        log_widget, log_dock = self.create_dock(
            LogMonitor, "日志", QtCore.Qt.BottomDockWidgetArea
        )

    def create_dock(
        self,
        widget_class:QtWidgets.QWidget,
        name: str,
        area: int
    ) ->Tuple[QtWidgets.QWidget, QtWidgets.QDockWidget]:
        """
        初始化一个停靠窗口
        """
        widget = widget_class(self.main_engine, self.event_engine)  # ①

        dock =QtWidgets.QDockWidget(name)                            # ②
        dock.setWidget(widget)                                       # ③
```

```
        dock.setObjectName(name)                                                    # ④
        dock.setFeatures(dock.DockWidgetFloatable | dock.DockWidgetMovable)        # ⑤
        self.addDockWidget(area, dock)                                              # ⑥
        return widget, dock
```

在主窗口类的初始化方法__init__中调用 init_ui 方法初始化界面；在 init_ui 方法中调用 init_dock 方法初始化停靠窗口；在 init_dock 方法中调用 create_dock 方法将监控组件创建为停靠窗口。调用 create_dock 方法时传入三个参数：监控窗口类、停靠窗口标题和停靠区域。

第①行：创建一个监控组件类实例。

第②行：根据标题创建一个停靠窗口。

第③行：将监控组件设为停靠窗口的窗体。

第④行：设置停靠窗口的对象名。

第⑤行：将停靠窗口设为可悬浮，可拖动。

第⑥行：将停靠窗口停靠到主窗口的指定区域。

至此，主窗口的主体部分（各停靠窗口）就全部生成了。

16.5 菜单

vn.py 的菜单初始化表现了比较高的编程水平，相关代码在 init_menu 方法中，代码比较长，下面分几部分进行分析。

16.5.1 底层接口加入菜单

本小节介绍 vn.py 底层接口的组织方法。

1. 创建“系统”菜单

这部分代码的功能是：将所有的底层接口加入到“系统”菜单，另外再添加一个“退出”项到“系统”菜单，代码如下：

```
sys_menu = bar.addMenu("系统")

gateway_names = self.main_engine.get_all_gateway_names()                    # ①
for name in gateway_names:                                                   # ②
    func = partial(self.connect, name)                                       # ③
    self.add_menu_action(sys_menu, f"连接{name}", "connect.ico", func)       # ④

sys_menu.addSeparator()

self.add_menu_action(sys_menu, "退出", "exit.ico", self.close)   # ⑤
```

第①行：从主引擎中取得所有底层接口名称。16.1 节介绍的主函数代码中只加载了 CTP 接口，事实上 vn.py 允许加载多个底层接口。这些接口被加载到主引擎的底层接口字典中（见 16.2 节），调用主引擎的 get_all_gateway_names 方法可以取得所有接口的名称。

第②行：遍历每个接口进行下面的③、④、⑤操作。

第③行：将 self.connect 方法装饰成一个新的函数，作为该接口的菜单项槽函数。

Python 提供内置的 functools 模块，包含一些函数装饰器和便捷的功能函数。其中：

```
newFunc = functools.partial(oriFunc, *args, **keywords)
```

用于为 oriFunc 函数的部分参数指定参数值，从而得到一个转换后的函数 newFunc。以后调用转换后的函数时，就可以少传入那些已指定值的参数。

主窗口类的 self. connect 方法，作为一个通用函数，接受一个底层接口名称，可以打开对应该接口的连接对话框，并进行连接。这里为 self. connect 方法指定了接口名称，并装饰成为一个新的函数。新函数被调用时不需要再指定参数，正好可以作为菜单项的槽函数。

第④行：调用 add_menu_action 方法，将接口添加为菜单项。

第⑤行：调用 add_menu_action 方法，为“系统”菜单添加一个“退出”项，触发窗口的关闭事件。

2. 添加菜单项

所有菜单项都通过调用 add_menu_action 方法添加，代码如下：

```
def add_menu_action(
    self,
    menu:QtWidgets. QMenu,
    action_name: str,
    icon_name: str,
    func: Callable,
) -> None:
    """"""
    icon =QtGui. QIcon(get_icon_path(__file__, icon_name))    # ①

    action =QtWidgets. QAction(action_name, self)              # ②
    action. triggered. connect(func)                            # ③
    action. setIcon(icon)                                       # ④

    menu. addAction(action)                                     # ⑤
```

方法接受四个参数，分别为：

- menu：父菜单对象。
- action_name：菜单标题。
- icon_name：图标文件名。
- func：槽函数。

第①行：根据图标文件名称创建图标对象。

第②行：根据菜单标题创建行为对象。

第③行：将行为的触发信号连接到槽函数。

第④行：为行为设置图标。

第⑤行：将行为添加到父菜单。

在 12. 3 节，菜单项是固定不变的，而 vn. py 的菜单项是可变的。为了能够灵活地加载多种底层接口，vn. py 的菜单项根据用户需求自动生成。本小节的代码语句的大部分在 12. 3 节都曾介绍，但经过灵活组织就可以达到更“高级”的效果。

16. 5. 2　上层应用加入菜单

本小节介绍 vn. py 上层应用的组织方法。

1. 上层应用程序类

在 D:\vnpy210\vnpy\trader 目录下的 app. py 文件中，定义所有上层应用的基类。

```
class BaseApp(ABC):
    """
    App 的基类
    """

    app_name =""                    # 用于创建引擎和窗口的唯一名称
    app_module =""                  # App 的模块字符串,在 import 模块时使用
    app_path =""                    # App 的绝对路径
    display_name =""                # 显示在菜单中的名称
    engine_class = None             # App 的引擎类
    widget_name =""                 # 窗口的类名称
    icon_name =""                   # 窗口图标的文件名
```

可以看到，类中只定义了表示上层应用信息的属性，没有定义方法。有些属性用来组织功能，如类属性 engine_class 用于指明引擎类，其他属性用于注册应用程序和创建菜单等。除 engine_class 外，都是字符串属性。

所有应用程序都以 BaseApp 为基类，本节以 CTA 回测为例进行说明。vn.py 的所有上层应用代码都放在 D:\vnpy210\vnpy\app 目录中，每个应用一个子目录，子目录名就是应用名。每个应用所在的目录被当作一个包（该目录中有__init__.py 文件，参 6.2 节）。CTA 回测的应用类在 D:\vnpy210\vnpy\app\cta_backtester 目录下的__init__.py 文件中定义：

```
class CtaBacktesterApp(BaseApp):
    app_name = APP_NAME
    app_module = __module__
    app_path = Path(__file__).parent
    display_name = "CTA 回测"
    engine_class =BacktesterEngine
    widget_name = "BacktesterManager"
    icon_name = "backtester.ico"
```

程序启动时，上述代码被自动执行，结果为：

```
app_name = "CtaBacktester"
app_module = "vnpy.app.cta_backtester"
app_path = "D:\vnpy210\vnpy\app\cta_backtester"
display_name = "CTA 回测"
engine_class =BacktesterEngine
widget_name = "BacktesterManager"
icon_name = "backtester.ico"
```

执行之后，指明了引擎类是 BacktesterEngine，该类在同目录下的 engine.py 文件中定义。在应用程序目录下还有一个名为 ui 的子目录，存放与上层应用界面相关的代码，ui 目录就是 vn.py 所谓的上层应用界面模块。回测窗口类是 BacktesterManager，在 ui 子目录的 widget.py 文件中定义。

2. 创建“功能”菜单

这部分代码的功能是：将所有上层应用加入到“功能”菜单。这部分代码相对复杂，代码如下：

```
app_menu = bar.addMenu("功能")

all_apps = self.main_engine.get_all_apps()                    # ①
for app in all_apps:                                          # ②
```

```
        ui_module = import_module(app.app_module + ".ui")                    # ③
        widget_class =getattr(ui_module, app.widget_name)                    # ④

        func = partial(self.open_widget, widget_class, app.app_name)        # ⑤
        icon_path = str(app.app_path.joinpath("ui", app.icon_name))         # ⑥
        self.add_menu_action(                                                # ⑦
            app_menu, app.display_name, icon_path,func
        )
        self.add_toolbar_action(                                             # ⑧
            app.display_name, icon_path,func
        )
```

第①行：从主引擎中取得所有上层应用对象。注意，不是应用名称。

第②行：遍历每个上层应用进行下面的③、④操作。

第③行：取得上层应用界面模块。import_module()是内置模块 importlib 中用于动态导入对象的函数，importlib 模块曾在 6.1 节简述。

第④行：取得上层应用界面类。

getattr()是 Python 内置函数，用于返回一个对象的属性值，格式为：

```
getattr(object, name[, default])
```

其中：

- object：对象。
- name：字符串，对象属性名。
- default：默认返回值，如果不提供该参数，在没有对应属性时，将触发 AttributeError。

本行代码逻辑比较曲折，初学者理解起来可能会感到比较困难，下面来详细分解，先看两个实参的值。

如前所述，ui_module 是上层应用界面模块，对于 CTA 回测来说，就是 vnpy.app.cta_backtester.ui。该模块的内容由 D:\vnpy210\vnpy\app\cta_backtester\ui 目录下的__init__.py 文件定义，该文件只有一行：

```
from .widget importBacktesterManager
```

也就是说该模块中只有一个类 BacktesterManager。

如前所述，app.widget_name 的值为"BacktesterManager"。

理解了这些先决条件，就可以理解 getattr()函数的执行结果：从 vnpy.app.cta_backtester.ui 模块中取名为"BacktesterManager"的属性值，返回的就是 BacktesterManager 类。注意，返回值类型是“类”，值为<class 'vnpy.app.cta_ backtester.ui.widget.BacktesterManager'>。

以本书作者多年教学的经验，初学者往往对本书第 6 章、第 7 章这样的章节不够重视，认为介绍的是辅助内容。学习的初期可以这么认为，一旦进入实际编程，就需要把原来忽视的内容补上。否则在实际开发时有些“高级”编程技术就没有思路，读别人的代码也会比较困难。事实上，无论在设计时还是编码时，这部分的工作量占比都很大。忽视类似内容的学习，很难成为高手。

还有一个代码分析技巧，就是边执行、边分析，充分利用 IDE 的 debug 功能，将断点设在要分析的代码上，当执行中断时，仔细观察各变量的值，看与自己的预想是否相同，相信会有收获。

第⑤行：将 open_widget 方法装饰成一个新的函数，作为该上层应用菜单项的槽函数。

第⑥行：获得图标文件路径。

第⑦行：调用 add_menu_action 方法，将上层应用添加为菜单项。

第⑧行：调用 add_toolbar_action 方法，将上层应用添加到界面左侧的功能导航栏中。add_toolbar_action 方法请读者自行分析。

其他菜单项，如配置、查询合约等，方法与 12.3 节方法相同，不再赘述。读者还可以自行分析窗口布局的保存与恢复等内容。至此，关于 VN Trader 主界面的分析全部完成。

16.6 习题

1. 本章主要介绍 vn.py 的界面实现，特别是 mainwindow.py 中的代码。请读者分析 mainwindow.py，目的有两个：

1）对本章已经分析的代码建立全局认识。

2）自行分析本章未涉及的代码，完全掌握 vn.py 的界面实现技术。

2. 第一次执行 vn.py，主窗口有一个默认的布局，各监控组件均匀分布。用户可以通过拖拉等方式改变主窗口的布局。用户自定义的布局会被保存，下次进入时仍然是用户定义好的布局。如果想恢复默认的布局，可选择菜单“帮助→还原窗口”。请分析此功能的实现方法。

3. 事件引擎是 vn.py 的核心组件，通过对接底层接口和上层应用，维持整个交易系统的正常运行。vn.py 的事件引擎采用事件驱动的方法实现。请读者自行分析事件引擎的实现方法，然后重新分析 16.4.2 节代码，重点分析其中对事件引擎的操作。

4. 分析 vn.py 中与 CSV 文件相关的功能：

1）打开 D:\vnpy210\vnpy\trader\ui 下的 widget.py 文件，分析其中的 save_csv 方法。本书前面已经多次介绍了 CSV 文件的操作，请比较这些方法的异同。

2）分析 vn.py 的“CSV 载入”功能的实现方法。

5. 与数据库相关的程序在 D:\vnpy210\vnpy\trader\database 目录下，请读者自行分析 vn.py 数据库操作的实现方法。参照本书 9.4 节和 9.5 节的内容，读者完全有能力完成上述分析工作，并能应对今后专业应用程序中数据库相关功能的开发。

参 考 文 献

[1] 齐伟 . Python 大学实用教程 [M]. 北京：电子工业出版社，2019.
[2] MATTHES E. Python 编程：从入门到实践 [M]. 袁国忠，译 . 北京：人民邮电出版社，2016.
[3] 张彦桥，梁雷超 . Python 量化交易：策略、技巧与实战 [M]. 北京：电子工业出版社，2019.
[4] MCKINNEY W. 利用 Python 进行数据分析 [M]. 唐学韬，译 . 北京：机械工业出版社，2014.
[5] 朝乐门 . Python 编程从数据分析到数据科学 [M]. 北京：电子工业出版社，2019.
[6] 张杨飞 . Python 量化交易 [M]. 北京：电子工业出版社，2019.
[7] 王硕，孙洋洋 . PyQt5 快速开发与实战 [M]. 北京：电子工业出版社，2017.
[8] 陆文周 . Qt 5 开发及实例 [M]. 4 版 . 北京：电子工业出版社，2019.
[9] 高屹，高岩 . 数据库原理与实现 [M]. 北京：清华大学出版社，2013.
[10] CHUN W. Python 核心编程 [M]. 3 版 . 孙波翔，李斌，李晗，译 . 北京：人民邮电出版社，2016.
[11] AI Sweigart. Python 编程快速上手——让繁工作自动化 [M]. 王海鹏，译 . 北京：人民邮电出版社，2016.
[12] 李航 . 学习统计方法 [M]. 北京：清华大学出版社，2012.
[13] The Python Tutorial [OL]. https://www.python.org/.
[14] Riverbank Computing Limited. PyQt5 Reference Guide [OL]. https://www.riverbankcomputing.com/static/Docs/PyQt5/.
[15] Jan Bodnar. PyQt5 tutorial [OL]. http://zetcode.com/gui/pyqt5/.